员工岗位技能培训系列教材

采油工标准化操作

中国石油大港油田公司 编

石油工业出版社

内 容 提 要

本书主要包括油气水井操作、设备保养及故障处理、自动化系统及工具仪表、其他设备等采油工岗位日常操作项目,详细介绍了每个操作项目的操作流程以及安全风险识别、不安全行为、风险控制措施等内容。本书内容紧密结合油田生产实际,具有很强的实用性和可操作性。

本书适合从事采油工作的操作人员阅读,也可作为采油工岗位技能培训和职业技能等级培训用书。

图书在版编目(CIP)数据

采油工标准化操作/中国石油大港油田公司编.
北京:石油工业出版社,2019.4
员工岗位技能培训系列教材
ISBN 978-7-5183-3267-0

Ⅰ.①采… Ⅱ.①中… Ⅲ.①石油开采-技术培训-教材 Ⅳ.①TE35

中国版本图书馆 CIP 数据核字(2019)第 052896 号

出版发行:石油工业出版社
   (北京安定门外安华里2区1号 100011)
   网 址:www.petropub.com
   编辑部:(010)64269289
   图书营销中心:(010)64523633
经 销:全国新华书店
印 刷:北京中石油彩色印刷有限责任公司

2019年4月第1版 2019年4月第1次印刷
710×1000毫米 开本:1/16 印张:23.25
字数:455千字

定价:58.00元
(如出现印装质量问题,我社图书营销中心负责调换)
版权所有,翻印必究

《采油工标准化操作》
编委会

主　　任：熊金良

副 主 任：刘洪冬　李　军

委　　员：陈少华　陈善勇　井会中　薛利民

　　　　　王世军　张家良　戴清涛　邓　东

　　　　　郭　伟

《采油工标准化操作》
编审组

主　　编：周小东

副 主 编：张宝红　韩　伟

成　　员（排名不分先后，按姓氏笔画排列）：

于兴才　于春玲　孔红芳　尤立红

王　真　王世谦　王立新　王海林

王祯元　冯萌萌　田园园　刘劲松

刘建林　刘念英　匡艳红　孙德盛

齐玉梅　张　健　张相军　李士澜

李永梅　李亚军　李国凤　李崧菱

苏建斌　陈　伟　陈　亮　周　凯

尚延安　宫艳红　唐桂玲　夏良明

徐　辉　徐立鑫　蒋远国　魏大力

前 言

为了满足技能培训需要，指导岗位实践，规范操作行为，全面提升员工标准化操作技能，根据中国石油天然气集团有限公司（以下简称集团公司）及大港油田公司有关技能员工培训工作的相关要求，大港油田公司组织编写了《采油工标准化操作》。本书对于推进技能培训标准化课程体系建设，实现快速、规范、全面、系统提高员工岗位操作技能和岗位胜任能力有着重要意义。

本书由大港油田公司人才开发中心组织编写。在充分调研员工学习需求的基础上，根据新形势下油田公司发展对员工岗位素质能力的基本要求，结合采油工岗位实际，本着统筹规划、协同开发、资源共享的原则，专门成立了以第五采油厂为主编单位、其他采油厂共同参与的编写组，并多次组织教材评审会，充分吸纳基层班组员工及技能专家的意见和建议，保证了教材编写的质量。

本书共分为四章二十节，涵盖了采油工岗位 151 个主要操作项目。其中第一章为油气水井日常标准操作项目，主要包含自喷井、气井等各类井的日常操作；第二章为设备保养与故障处理标准操作，主要包含抽油机等设备的规范保养及故障处理操作；第三章为仪器仪表、自动化系统及工具、用具的日常标准操作项目，主要包含仪器仪表安装及参数设定等与工具、用具的使用方法；第四章为其他相关标准操作项目，主要包含水套加热炉等设备操作方法。本书内容系统全面、操作流程清晰、要求规范、紧贴实际，是一本实用性和可操作性很强的培训教材。

在此特别感谢参与本书编审工作的技能专家以及提供大力支持的各采油厂相关人员。

由于编者水平有限，本书难免有不足之处，敬请广大读者批评指正。

编者
2019 年 2 月

目 录

第一章 油气水井日常标准操作项目 ·· 1
第一节 自喷井 ·· 1
项目一　自喷井巡回检查操作 ··· 1
项目二　自喷井开井操作 ·· 2
项目三　自喷井关井操作 ·· 4
项目四　自喷井用刮蜡片清蜡操作 ······································· 6
项目五　自喷井更换油嘴操作 ··· 8
第二节 游梁式抽油机井 ··· 10
项目一　游梁式抽油机井巡回检查操作 ······························· 10
项目二　游梁式抽油机井开井操作 ····································· 12
项目三　游梁式抽油机井关井操作 ····································· 15
项目四　抽油机井调整防冲距操作 ····································· 17
项目五　取抽油机井井口油样操作 ····································· 20
项目六　更换抽油机井光杆密封圈操作 ······························· 21
项目七　控放油井套管气操作 ·· 23
项目八　抽油机井井口憋压操作 ··· 26
项目九　抽油机井双翼流程不停产查嘴掏蜡操作 ·················· 28
项目十　抽油机井停产查嘴掏蜡操作 ·································· 30
项目十一　油井掺水水嘴更换操作 ····································· 32
项目十二　调整掺水流程（管汇）单井水量 ························ 34
项目十三　打捞抽油机井光杆操作 ····································· 35
项目十四　更换抽油机井回压阀门操作 ······························· 38
第三节 游梁式抽油机 ··· 40
项目一　游梁式抽油机调整曲柄平衡操作 ··························· 40
项目二　游梁式抽油机调冲程操作 ····································· 44
项目三　游梁式抽油机调整冲次操作 ·································· 46
项目四　游梁式抽油机更换曲柄销总成操作 ························ 51
项目五　游梁式抽油机更换毛辫子操作 ······························· 54

  项目六 游梁式抽油机更换电动机操作 …………………………… 57
  项目七 游梁式抽油机更换减速箱操作 …………………………… 59
  项目八 使用水平尺测量游梁式抽油机剪刀差操作 ……………… 62
  项目九 游梁式抽油机更换刹车片操作 …………………………… 65
  项目十 游梁式抽油机更换曲柄销操作 …………………………… 67
  项目十一 游梁式抽油机安装操作 …………………………………… 70
  项目十二 游梁式抽油机更换刹车蹄片总成操作 …………………… 74
  项目十三 抽油机更换皮带操作 ……………………………………… 76
  项目十四 游梁式抽油机调整抽油机驴头对中操作 ……………… 79
  项目十五 检查、验收游梁式抽油机安装质量 …………………… 82
  项目十六 抽油机井碰泵操作 ………………………………………… 86
  项目十七 游梁式抽油机调底座水平操作 ………………………… 89
  项目十八 游梁式抽油机外抱式刹车的调整操作 ………………… 91
 第四节 ROTAFLEX 皮带抽油机井 …………………………………… 93
  项目一 ROTAFLEX 皮带抽油机井巡回检查 …………………… 93
  项目二 ROTAFLEX 皮带抽油机井开井操作 …………………… 96
  项目三 ROTAFLEX 皮带抽油机井关井操作 …………………… 98
  项目四 ROTAFLEX 皮带抽油机调冲次操作 …………………… 100
  项目五 ROTAFLEX 皮带抽油机调平衡操作 …………………… 102
  项目六 ROTAFLEX 皮带抽油机更换电动机操作 ……………… 105
  项目七 ROTAFLEX 皮带抽油机安装操作 ……………………… 107
  项目八 ROTAFLEX 皮带抽油机调整刹车操作 ………………… 110
  项目九 ROTAFLEX 皮带抽油机更换刹车片操作 ……………… 112
 第五节 复式永磁电动机抽油机井 …………………………………… 114
  项目一 复式永磁电动机抽油机井巡回检查 …………………… 114
  项目二 复式永磁电动机抽油机井开井操作 …………………… 116
  项目三 复式永磁电动机抽油机井关井操作 …………………… 119
  项目四 复式永磁电动机抽油机调冲次操作 …………………… 121
  项目五 复式永磁电动机抽油机调冲程操作 …………………… 122
  项目六 复式永磁电动机抽油机安装操作 ……………………… 125
 第六节 螺杆泵井及电动潜油泵井 …………………………………… 129
  项目一 螺杆泵井开井操作 ……………………………………… 129
  项目二 螺杆泵井关井操作 ……………………………………… 131

项目三　螺杆泵井的巡回检查……………………………………………… 133
　项目四　螺杆泵井更换皮带操作…………………………………………… 135
　项目五　电动潜油泵井巡回检查…………………………………………… 137
　项目六　电动潜油泵井开井操作…………………………………………… 138
　项目七　电动潜油泵井关井操作…………………………………………… 141
　项目八　电动潜油泵井更换电流卡片操作………………………………… 142
　项目九　电动潜油泵井过载、欠载整定值设定操作……………………… 144
　项目十　电动潜油泵井检查更换油嘴操作………………………………… 146

第七节　气井…………………………………………………………………… 148
　项目一　气井更换油嘴操作………………………………………………… 148
　项目二　气井开井操作……………………………………………………… 150
　项目三　气井关井操作……………………………………………………… 152
　项目四　气井巡回检查……………………………………………………… 154

第八节　注水井………………………………………………………………… 155
　项目一　注水井巡回检查…………………………………………………… 155
　项目二　注水井开井操作…………………………………………………… 157
　项目三　注水井关井操作…………………………………………………… 158
　项目四　测注水井全井指示曲线操作……………………………………… 160
　项目五　取注水井水样操作………………………………………………… 162
　项目六　更换注水井涡轮流量计操作……………………………………… 163
　项目七　注水井洗井操作…………………………………………………… 165
　项目八　注水井清洗井口过滤缸操作……………………………………… 167

第二章　设备保养与故障处理标准操作……………………………………… 171
第一节　抽油机………………………………………………………………… 171
　项目一　游梁式抽油机曲柄销、轴承座磨曲柄故障处理操作…………… 171
　项目二　游梁式抽油机曲柄外移故障处理操作…………………………… 174
　项目三　游梁式抽油机曲柄销子退扣故障处理操作……………………… 178
　项目四　游梁式抽油机减速箱有冲击声故障的原因分析及处理操作…… 181
　项目五　游梁式抽油机减速箱漏油故障的原因分析及处理操作………… 184
　项目六　作业后抽油机启动不起来故障的原因分析及处理操作………… 186
　项目七　抽油机井回压高故障的原因分析及处理操作…………………… 188
　项目八　抽油机井作业后不出油故障的原因分析及处理操作…………… 190
　项目九　游梁式抽油机剧烈振动故障的原因分析及排除操作…………… 193

项目十　游梁式抽油机电动机振动大故障的原因分析及处理操作……… 195

　　项目十一　钳形电流表测抽油机井平衡操作…………………………… 197

　　项目十二　抽油机井热洗操作（洗井车组）…………………………… 199

　　项目十三　油井套管加药操作…………………………………………… 201

　　项目十四　游梁式抽油机一级保养……………………………………… 202

　　项目十五　游梁式抽油机二级保养……………………………………… 205

第二节　采油树……………………………………………………………… 207

　　项目一　采油树更换钢圈操作…………………………………………… 207

　　项目二　处理油井采油树卡箍渗漏操作………………………………… 213

　　项目三　制作、更换采油树回压阀门上法兰垫片操作………………… 215

　　项目四　更换闸阀密封填料操作………………………………………… 218

　　项目五　压力变送器故障原因判断……………………………………… 220

　　项目六　采油树更换阀门操作…………………………………………… 222

　　项目七　采油树更换密封盒操作………………………………………… 227

　　项目八　更换井口压力表操作…………………………………………… 229

第三节　管线流程…………………………………………………………… 231

　　项目一　处理单井和集输干线管线冻结操作…………………………… 231

　　项目二　油井进系统管道法兰渗漏处理操作…………………………… 235

　　项目三　单井管道扫线操作……………………………………………… 237

　　项目四　工艺管道通球操作……………………………………………… 241

　　项目五　更换计量站总机关快速阀操作………………………………… 245

第三章　仪器仪表、自动化系统及常用工具、用具的日常标准操作项目…… 249

第一节　仪器仪表安装及参数设定………………………………………… 249

　　项目一　油水井压力变送器功能及基本参数设置……………………… 249

　　项目二　压力变送器的拆装操作………………………………………… 252

　　项目三　载荷变送器的安装操作………………………………………… 254

　　项目四　转速变送器的设置及安装操作………………………………… 256

　　项目五　温度变送器的更换操作………………………………………… 259

　　项目六　流量计（磁电流量计）的拆装清理…………………………… 261

　　项目七　LUCB 型流量计的基本设置操作……………………………… 263

　　项目八　电动阀的接线、常规检测及应急操作………………………… 264

第二节　仪器仪表故障分析及维护保养…………………………………… 268

　　项目一　压力变送器的巡检和维护保养（有线、无线）……………… 268

项目二　油水井测控主机常见故障判断与处理……………………… 269
　　项目三　电动阀常见故障判断与处理…………………………………… 272
　　项目四　液位计常见故障判断与处理…………………………………… 274
　　项目五　油井数据异常原因分析及处理………………………………… 275
　　项目六　智能流量控制器故障判断与处理……………………………… 279
　　项目七　转速变送器故障判断与处理…………………………………… 280
　　项目八　数字化机柜的巡检……………………………………………… 282
　　项目九　UPS 故障原因分析与处理……………………………………… 284
　第三节　自动化管理系统…………………………………………………… 286
　　项目一　站库无人值守系统操作………………………………………… 286
　　项目二　站库无人值守系统故障判断与处理…………………………… 301
　　项目三　站库网络传输故障原因分析与处理…………………………… 302
　第四节　常用工具、用具…………………………………………………… 304
　　项目一　游标卡尺的使用………………………………………………… 304
　　项目二　外径千分尺的使用……………………………………………… 307
　　项目三　数字式钳形电流表的使用……………………………………… 309
　　项目四　活动扳手的使用………………………………………………… 311
　　项目五　管钳的使用……………………………………………………… 313
　　项目六　梅花扳手的使用………………………………………………… 315
　　项目七　手钢锯的使用…………………………………………………… 316
　　项目八　锉刀的使用……………………………………………………… 318
　　项目九　拉马的使用……………………………………………………… 320
　　项目十　螺旋千斤顶的使用……………………………………………… 322
　　项目十一　一体式液压千斤顶的使用…………………………………… 324

第四章　其他相关标准操作项目……………………………………………… 326
　第一节　水套加热炉………………………………………………………… 326
　　项目一　水套加热炉的检查操作………………………………………… 326
　　项目二　水套加热炉加水操作…………………………………………… 328
　　项目三　水套加热炉的点炉操作………………………………………… 330
　　项目四　水套加热炉的停炉操作………………………………………… 331
　　项目五　水套加热炉安全阀的更换操作………………………………… 333
　第二节　分气包……………………………………………………………… 335
　　项目一　分气包运行检查………………………………………………… 335

  项目二 分气包的参数调整操作……336
  项目三 分气包安全阀的更换操作……337
 第三节 电加热器……339
  项目一 井口电加热器巡回检查……339
  项目二 井口电加热器的启停操作……341
  项目三 井口电加热器的参数调整……343
 第四节 计量分离器……345
  项目一 计量分离器更换液位计操作……345
  项目二 计量分离器量油操作……346
  项目三 计量分离器安全阀的更换操作……348
  项目四 计量分离器冲砂操作……350
  项目五 计量核产车量油操作……351
 第五节 灭火器的使用……354
  项目一 干粉灭火器的使用……354
  项目二 二氧化碳灭火器的使用……356

参考文献……358

第一章 油气水井日常标准操作项目

第一节 自喷井

项目一 自喷井巡回检查操作

一、操作目的

自喷井巡回检查是采油工必须掌握的一项操作技能。主要目的是通过巡检发现自喷井在管理和生产过程中存在的问题,做到及时处理,确保自喷井正常生产。

二、操作流程

准备工作──→检查采油树──→检查井场水套加热炉──→检查外输管线及其他设施──→录取相关资料。

三、准备工作

(一) 项目操作人员及劳保要求

1. 操作人员1人,持有初级及以上职业资格证。
2. 按照 HSE 要求正确穿戴劳动保护用品。
3. 女工不得长发外露。

(二) 安全风险识别及风险控制措施

安全风险:
1. 未正确使用和有序摆放工具、用具,造成人身伤害。
2. 未按巡回检查路线进行巡检,造成人身伤害。
3. 开关阀门操作不当,造成人身伤害。
4. 倒错流程,造成污染和人身伤害。
5. 加热炉点火前未排放炉膛内余气,未按操作要求点火,造成人身伤害。

风险控制措施:
1. 正确选择使用工具、用具,并有序摆放。
2. 按巡回检查路线进行检查。

3. 侧身缓慢开关阀门。
4. 正确倒流程并确认。
5. 加热炉点火前先排放炉膛内余气,侧身点火。
操作前先学习操作步骤,操作中应严格按照采油工标准化操作程序进行。

(三) 工具、用具、材料

300mm 活动扳手 1 把,F 形扳手 1 把,点火用具 1 套,擦布若干,记录本,记录笔。

四、操作步骤

(一) 检查采油树

1. 检查采油树各阀门是否灵活好用,连接是否紧固,有无渗漏。
2. 检查仪器、仪表是否齐全完好。
3. 听出油声音,检查油井生产情况。

(二) 检查井场水套加热炉

1. 检查井场水套加热炉炉火是否正常,出口温度是否正常,水位是否保持在 1/2~2/3。
2. 检查井场水套加热炉各部配件是否齐全完好、安全阀是否灵活好用,工作是否正常。

(三) 检查外输管线及其他设施

1. 按照巡回检查路线检查管网流程有无损坏、穿孔。
2. 检查清蜡绞车、钢丝、扒杆、滑轮、绷绳等设施是否齐全完好。

(四) 录取相关资料

1. 录取井口油管压力、套管压力、回压数据。
2. 清理现场,收拾工具、用具,填写报表。

五、不安全行为

1. 未按 HSE 要求正确穿戴劳动保护用品。
2. 未按巡检规定路线检查。
3. 正对手轮开关阀门。
4. 未确认流程是否正确。
5. 加热炉点火前未排放炉膛内余气。
6. 未侧身点火。

项目二 自喷井开井操作

一、操作目的

自喷井开井操作是采油工必须掌握的一项操作技能。主要目的是通过开井,建立液体从地层到地面的流动通道，保证自喷井正常生产。

二、操作流程

准备工作──→开井前准备工作──→开井操作──→检查井口设施──→录取相关资料──→清理现场。

三、准备工作

（一）项目操作人员及劳保要求

1. 操作人员 2 人，持有初级及以上职业资格证。
2. 按照 HSE 要求正确穿戴劳动保护用品。
3. 女工不得长发外露。

（二）安全风险识别及风险控制措施

安全风险：

1. 未正确使用和有序摆放工具、用具，造成人身伤害。
2. 加热炉点火未按"三不点火"（天然气无控制不点火，不检查不点火，炉膛内有余气不点火。）规定操作，造成人身伤害。
3. 更换压力表、油嘴前，未放净余压，造成人身伤害。
4. 开关阀门操作不当，造成人身伤害。
5. 倒错流程，造成污染和人身伤害。
6. 高空作业时未系安全带，造成人身伤害。

风险控制措施：

1. 正确选择使用工具、用具，并有序摆放。
2. 严格按"三不点火"规定操作。
3. 更换压力表、油嘴前，必须放净余压。
4. 侧身缓慢开关阀门。
5. 正确倒流程并确认。
6. 高空作业时要系好安全带。

操作前先学习操作步骤，操作中应严格按照采油工标准化操作程序进行。

（三）工具、用具、材料

200mm、300mm 活动扳手各 1 把，F 形扳手 1 把，600mm 管钳 1 把，油嘴扳手 1 把，合格油嘴 1 个，通针 1 根，150mm 游标卡尺 1 把，合格压力表 3 块，点火用具 1 套，钢丝刷 1 把，擦布 2 块，污油桶，记录本，记录笔。

四、操作步骤

（一）开井前准备工作

1. 检查采油树配件是否齐全、完好。

2. 检查仪表是否齐全、完好。

3. 检查流程是否正确。

4. 检查井场水套加热炉水位是否在 1/2~2/3，并提前 2h 点火预热。

5. 检查安全阀定压是否符合要求，安全阀是否灵活好用，是否在校验期内。

6. 按地质配产要求更换合格油嘴。

7. 记录开井前油管压力、套管压力数据。

（二）开井操作

1. 关闭取样阀门。

2. 侧身缓慢打开 T 接点阀门、回压阀门、生产阀门。

3. 调节水套加热炉炉火、控制水套加热炉温度。

（三）检查井口设施

1. 检查采油树有无渗漏。

2. 检查现场有无异常情况。

3. 检查油井生产是否正常。

（四）录取相关资料

记录油管压力、套管压力、回压数据和开井时间。

（五）清理现场

清理现场，收拾工具、用具，填写报表。

五、不安全行为

1. 未按 HSE 要求正确穿戴劳动保护用品。

2. 正对手轮开关阀门。

3. 更换压力表、油嘴前，未泄净余压。

4. 未确认流程是否正确。

5. 高空作业时未系安全带。

项目三 自喷井关井操作

一、操作目的

自喷井关井操作是采油工必须掌握的一项操作技能。主要目的是通过自喷井关井，切断自喷井液体流动通道，保证测试、维修、钻井、修井等各项作业施工的正常进行。

二、操作流程

准备工作──→关井前的检查──→关井操作──→录取相关资料──→清理现场。

三、准备工作

(一) 项目操作人员及劳保要求

1. 操作人员2人,持有初级及以上职业资格证。
2. 按照 HSE 要求正确穿戴劳动保护用品。
3. 女工不得长发外露。

(二) 安全风险识别及风险控制措施

安全风险:

1. 未正确使用和有序摆放工具、用具,造成人身伤害。
2. 开关阀门操作不当,造成人身伤害。
3. 倒错流程,造成污染和人身伤害。
4. 高空作业时未系安全带,造成人身伤害。

风险控制措施:

1. 正确选择使用工具、用具,并有序摆放。
2. 侧身缓慢开关阀门。
3. 正确倒流程并确认。
4. 登高作业时要系好安全带。

操作前先学习操作步骤,操作中应严格按照采油工标准化操作程序进行。

(三) 工具、用具、材料

300mm、375mm 活动扳手各1把,600mm 管钳1把,F 形扳手1把,清蜡工具1套,关井警示牌1块,擦布1块,记录本,记录笔。

四、操作步骤

(一) 关井前的检查

1. 了解关井原因。
2. 关井前进行一次刮蜡片深通清蜡。
3. 关井前半小时停运水套加热炉。
4. 检查采油树、工艺流程有无渗漏。
5. 录取关井前的油管压力、套管压力、回压数据。

(二) 关井操作

1. 侧身缓慢关闭生产阀门、回压阀门、T 接点阀门。
2. 缓慢打开取样阀门,放掉死油后关闭取样阀门。
3. 冬季关井超过 2h 要进行扫线,并放净水套加热炉内的水。
4. 挂关井警示牌。

(三) 录取相关资料

1. 记录关井时间、填写关井原因。

2. 记录关井后油管压力、套管压力数据。
(四) 清理现场
清理现场，收拾工具、用具，填写报表。

五、不安全行为

1. 未按 HSE 要求正确穿戴劳动保护用品。
2. 正对手轮开关阀门。
3. 高空作业时未系安全带。
4. 未确认流程是否正确。

项目四 自喷井用刮蜡片清蜡操作

一、操作目的

自喷井用刮蜡片清蜡操作是采油工必须掌握的一项操作技能。主要目的是利用刮蜡片清除油管壁上的集蜡，增大油流通道、降低油流阻力，减少结蜡对自喷井的影响。

二、操作流程

准备工作──清蜡前的检查──清蜡操作──录取相关资料──清理现场。

三、准备工作

(一) 项目操作人员及劳保要求
1. 操作人员 2 人，持有初级及以上职业资格证。
2. 按照 HSE 要求正确穿戴劳动保护用品。
3. 女工不得长发外露。
(二) 安全风险识别及风险控制措施
安全风险：
1. 未正确使用和有序摆放工具、用具，造成人身伤害。
2. 开关阀门操作不当，造成人身伤害。
3. 倒错流程，造成污染和人身伤害。
4. 清蜡绞车失控，造成人身伤害。
5. 卸防喷管丝堵前未放净余压，造成人身伤害。
6. 高空作业时未系安全带，造成人身伤害。
风险控制措施：
1. 正确选择使用工具、用具，并有序摆放。
2. 侧身缓慢开关阀门。

3. 正确倒流程并确认。
4. 检查并确认清蜡绞车刹车灵活好用。
5. 操作前必须放净余压。
6. 高空作业时要系好安全带。

操作前先学习操作步骤,操作中应严格按照采油工标准化操作程序进行。

(三) 工具、用具、材料

300mm 活动扳手 1 把,600mm 管钳 1 把,F 形扳手 1 把,150mm 游标卡尺 1 把,清蜡设施 1 套,手钳子 1 把,安全带 1 副,擦布 1 块,污油桶,记录本,记录笔。

四、操作步骤

(一) 清蜡前的检查

1. 检查刮蜡片有无变形、卷刃、裂痕,连接部位是否牢固,上下转动是否灵活好用。
2. 测量刮蜡片的直径,刮蜡片直径是否上小下大,是否符合标准。
3. 检查防跳器与滑轮是否啮合,绞车的刹车是否灵敏,钢丝是否有死、活记号。
4. 检查标志桩、钢丝记号,钢丝死记号是否对准标志桩。
5. 检查防喷管、滑轮、绞车是否"三点一线"。

(二) 清蜡操作

1. 将连接好的铅锤和刮蜡片放入防喷管中,上紧防喷管丝堵,关闭防喷管放空阀门。
2. 绷紧清蜡钢丝,侧身缓慢稍开清蜡阀门,观察丝堵、密封填料有无刺漏,调整好密封填料松紧度,再全部打开清蜡阀门。
3. 下放刮蜡片,速度不能过快(不超过 50m/min),控制好刹车,防止钢丝打扭、跳槽。
4. 到结蜡点位置,反复压钢丝,上下活动刮蜡片。
5. 下到预定深度后停止 20~30min,再上提刮蜡片。
6. 上提刮蜡片时,钢丝排列要整齐,遇卡时,缓慢上下活动刮蜡片,严禁硬拔。
7. 发生顶钻应加快摇绞车,严重时拉着钢丝沿正前方跑,同时关闭生产阀门,以防钢丝打扭、掉刮蜡片。
8. 刮蜡片距井口 50m 时,注意观察钢丝活记号,见到活记号后,慢摇绞车,并在井口观察,听到清蜡工具进入防喷管的声音后,立即通知摇绞车人,停止摇绞车,检查钢丝死记号是否对齐标志桩。

9. 确认刮蜡片已进入防喷管，一人绷紧钢丝，另一人慢关清蜡阀门，关到 2/3 位置时，松钢丝，听到铅锤撞击清蜡阀门闸板的声音，确认刮蜡片及铅锤在清蜡阀门之上，关闭清蜡阀门。

10. 打开防喷管放空阀门，放净余压，卸丝堵，提出清蜡工具，清理刮蜡片。

11. 检查刮蜡量和蜡性，测量刮蜡片是否变形。

（三）录取相关资料

记录清蜡时间、深度、蜡性、结蜡深度数据。

（四）清理现场

清理现场，收拾工具、用具，填写报表。

五、不安全行为

1. 未按 HSE 要求正确穿戴劳动保护用品。
2. 正对手轮开关阀门。
3. 未检查确认清蜡绞车刹车是否灵活好用。
4. 高空作业时未系安全带。
5. 不探闸板就关闭清蜡阀门。

项目五 自喷井更换油嘴操作

一、操作目的

自喷井更换油嘴操作是采油工必须掌握的一项操作技能。主要目的是通过检查油嘴有无刺大、损伤、砂蜡堵等现象，确定准确的油嘴直径，保证油井在合理的工作制度下生产。

二、操作流程

准备工作──检查流程──倒流程、放空──检查更换油嘴──恢复流程──录取相关资料──清理现场。

三、准备工作

（一）项目操作人员及劳保要求

1. 操作人员 2 人，持有初级及以上职业资格证。
2. 按照 HSE 要求正确穿戴劳动保护用品。
3. 女工不得长发外露。

（二）安全风险识别及风险控制措施

安全风险：

1. 未正确使用和有序摆放工具、用具，造成人身伤害。

2. 未放净余压，造成人身伤害。
3. 开关阀门操作不当，造成人身伤害。
4. 卸丝堵、油嘴操作不当，造成人身伤害。
5. 倒错流程，造成污染和人身伤害。
风险控制措施：
1. 正确选择使用工具、用具，并有序摆放。
2. 操作前必须放净压力。
3. 侧身缓慢开关阀门。
4. 侧身缓慢卸丝堵、油嘴。
5. 正确倒流程并确认。
操作前先学习操作步骤，操作中应严格按照采油工标准化操作程序进行。

（三）工具、用具、材料

600mm 管钳 1 把，F 形扳手 1 把，油嘴扳手 1 把，150mm 游标卡尺 1 把，合格的油嘴 1 个，通针 1 根，掏蜡工具 1 件，钢丝刷 1 把，污油桶，擦布，记录本，记录笔。

四、操作步骤

（一）检查流程
1. 检查流程是否正确。
2. 检查采油树配件是否齐全、完好。
3. 检查采油树有无渗漏。
4. 如果井口有水套加热炉，应提前关小水套加热炉炉火，控制好炉温。
5. 记录油管压力、套管压力、回压数据。

（二）倒流程、放空
1. 侧身缓慢关闭生产阀门、回压阀门。
2. 侧身缓慢打开取样阀门放空，放净余压。
3. 采用双翼流程生产的先倒通备用生产流程，再关闭生产流程进行操作。

（三）检查更换油嘴
1. 侧身边卸边晃动卸掉丝堵，检查螺纹有无损坏。
2. 侧身用通针通油嘴，放净油嘴内余压。
3. 侧身边卸边晃动卸掉油嘴，使用掏蜡工具清理干净油嘴套内油污及蜡。
4. 将旧油嘴清理干净，检查旧油嘴孔径，有无刺大，做好记录。
5. 检查新油嘴孔径，误差不超过 ±0.2mm，将油嘴装入油嘴套内并上紧。
6. 保养油嘴套内螺纹，将丝堵清理干净，上紧油嘴套丝堵。

（四）恢复流程
1. 关闭取样放空阀门。

2. 侧身缓慢稍开回压阀门，试压无渗漏后，全部打开回压阀门。
3. 侧身缓慢开生产阀门，观察压力变化，平稳后全开生产阀门。
4. 双翼流程的采油树先倒通生产流程，再关闭备用流程。
5. 观察油井出油正常后，调大水套加热炉炉火，控制好炉温。

（五）录取相关资料
1. 记录开井时间。
2. 记录油管压力、套管压力、回压、油嘴直径数据。

（六）清理现场
清理现场，收拾工具、用具、填写报表。

五、不安全行为

1. 未按 HSE 要求正确穿戴劳动保护用品。
2. 正对手轮开关阀门。
3. 操作前未泄净压力。
4. 正对丝堵、油嘴进行拆卸操作。
5. 未确认流程是否正确。

第二节　游梁式抽油机井

项目一　游梁式抽油机井巡回检查操作

一、操作目的

游梁式抽油机井巡回检查操作是采油工必须掌握的一项操作技能。主要目的是通过巡回检查，发现抽油设备及油井在运行和生产过程中存在的问题，并及时处理，确保油井的正常生产。

二、操作流程

准备工作──→检查井口设施──→检查抽油设备──→检查电气设备──→检查集油管线──→录取相关资料──→清理现场。

三、准备工作

（一）项目操作人员及劳保要求
1. 操作人员 1 人，持有初级及以上职业资格证。
2. 按照 HSE 要求正确穿戴劳动保护用品。

3. 女工不得长发外露。

(二) 安全风险识别及风险控制措施

安全风险：

1. 未正确使用和有序摆放工具、用具，造成人身伤害。

2. 电气设备操作不当，造成电击、灼伤伤害甚至死亡。

3. 未按巡回检查路线进行检查，造成人身伤害。

4. 检查光杆温度时操作不当，造成人身伤害。

5. 巡检人员过于靠近抽油设备，造成人身伤害。

6. 未停止抽油机就检查抽油机故障，造成人身伤害。

风险控制措施：

1. 正确选择使用工具、用具，并有序摆放。

2. 接触电气设备前先用试电笔验电，戴绝缘手套侧身操作电气设备。

3. 按巡回检查路线进行检查。

4. 光杆上行时检查光杆温度。

5. 巡检人员要在抽油机护栏 0.8m 之外检查各点。

6. 停止抽油机刹车后，检查抽油机故障。

操作前先学习操作步骤，操作中应严格按照采油工标准化操作程序进行。

(三) 工具、用具、材料

250mm 活动扳手 1 把，600mm 管钳 1 把，钳形电流表 1 块，F 形扳手 1 把，试电笔 1 支，绝缘手套 1 副，擦布，记录本，记录笔。

四、操作步骤

(一) 检查井口设施

1. 检查流程是否正确。

2. 检查采油树配件是否齐全、完好。

3. 检查压力变送器、载荷传感器是否齐全、完好。

4. 检查采油树有无渗漏。

5. 检查密封圈松紧度是否合适。

(二) 检查抽油设备

1. 检查抽油机各部件是否齐全、完好。

2. 检查抽油机运转有无异响、振动。

3. 检查悬绳器毛辫子有无打扭、起刺、断股或偏磨驴头现象。

4. 检查各轴承有无异响。

5. 检查各连接件、紧固件有无松动。

6. 检查曲柄销子安全线有无错位、异响。

7. 检查抽油机基础有无下沉，底座有无悬空。

8. 检查刹车装置有无刮碰，刹车片是否完好，刹车行程是否在 1/2~2/3。

9. 检查减速箱有无渗漏，油位是否在检视窗 1/2~2/3 位置。

10. 检查电动机皮带松紧度是否合适。

11. 检查光杆和悬绳器运行是否同步。

（三）检查电气设备

1. 检查配电箱门是否关好。

2. 检查电动机运行是否正常、电动机螺栓是否松动、接线盒塑料布是否完好。

3. 检查接地设施是否齐全、完好。

4. 检查电动机、配电箱电源线绝缘层是否完好，有无焦糊味。

5. 检查高压令克、高压配电箱线路、变压器是否正常。

6. 检查抽油机平衡率，观察运行电流。

（四）检查集油管线

1. 检查集油管线是否漏失。

2. 检查T接点阀门是否齐全、完好，开关是否正确。

（五）录取相关资料

1. 录取井口油管压力、套管压力、回压数据。

2. 录取掺水压力、温度。

3. 录取电流数据。

（六）清理现场

清理现场，收拾工具、用具，填写报表。

五、不安全行为

1. 未按 HSE 要求正确穿戴劳动保护用品。

2. 接触电气设备前未用试电笔验电。

3. 未戴绝缘手套接触电气设备。

4. 未按巡检路线检查。

5. 光杆下行时手抓光杆检查光杆温度。

6. 手抓电动机外壳检查电动机温度。

项目二　游梁式抽油机井开井操作

一、操作目的

游梁式抽油机井开井操作是采油工必须掌握的一项操作技能。主要目的是通过开井建立液体流动通道。启动游梁式抽油机，通过光杆带动井下抽油泵将井内原油举升到地面。

二、操作流程

准备工作──→倒通井口流程──→检查抽油设备──→检查电气设备──→启动抽油机──→检查设备运转情况──→录取相关资料──→清理现场──→核实油井产量。

三、准备工作

（一）项目操作人员及劳保要求

1. 操作人员 2 人，持有初级及以上职业资格证。
2. 按照 HSE 要求正确穿戴劳动保护用品。
3. 女工不得长发外露。

（二）安全风险识别及风险控制措施

安全风险：

1. 未正确使用和有序摆放工具、用具，造成人身伤害。
2. 电气设备操作不当，造成电击、灼伤伤害甚至死亡。
3. 开关阀门操作不当，造成人身伤害。
4. 倒错流程，造成污染和人身伤害。
5. 未清除设备周围障碍物，造成物体打击。
6. 未停机检查抽油机故障，造成人身伤害。

风险控制措施：

1. 正确选择使用工具、用具，并有序摆放。
2. 接触电气设备前先用试电笔验电，戴绝缘手套侧身操作电气设备。
3. 侧身缓慢开关阀门。
4. 正确倒流程并确认。
5. 清理抽油机周围无障碍物后再启动抽油机。
6. 停机刹车后检查抽油机故障。

操作前先学习操作步骤，操作中应严格按照采油工标准化操作程序进行。

（三）工具、用具、材料

300mm 活动扳手 1 把，600mm 管钳 1 把，钳形电流表 1 个，F 形扳手 1 把，试电笔 1 支，绝缘手套 1 副，记录本，记录笔。

四、操作步骤

（一）倒通井口流程

1. 如果井口有水套加热炉，应提前 2h 点火预热，有掺水的提前半小时进行掺水。

2. 检查井口设备设施有无渗漏，井口仪器、仪表是否完好无损坏。
3. 依次侧身缓慢打开 T 接点阀门、回压阀门、生产阀门。

（二）检查抽油设备

1. 检查抽油机基础有无下沉，底座有无悬空。
2. 检查各连接件是否紧固。
3. 检查井口密封盒松紧度是否合适。
4. 检查减速箱油位是否在检视窗 1/2~2/3 处，箱体有无渗漏。
5. 检查各转动部位是否加注润滑油。
6. 检查悬绳器毛辫子有无打扭、起刺、断股或偏磨驴头现象。
7. 检查电动机皮带松紧度是否合适，"四点一线"是否合格"四点一线"是指通过减速箱输入轴皮带轮与电动机皮带轮的中心引一条直线，与减速箱输入轴皮带轮和电动机皮带轮的边缘相交成 4 个点，使减速箱输入轴皮带轮与电动机皮带轮在同一个平面上。护罩安装是否牢固。
8. 检查刹车是否灵活好用，刹车行程是否在 1/2~2/3。
9. 检查光杆卡子是否牢固。

（三）检查电气设备

1. 检查配电箱外壳是否无电。
2. 检查电气设备、接地设施是否齐全、完好。
3. 检查电压是否符合要求。

（四）启动抽油机

1. 检查抽油机周围有无障碍物。
2. 摘下安全警示牌，松开死刹车，松刹车。
3. 摘下安全警示牌，打开配电箱门，戴绝缘手套，侧身合闸送电。
4. 侧身按启动按钮，利用惯性启动抽油机，锁好配电箱门。
5. 调节水套加热炉炉火。
6. 调节掺水压力。

（五）检查设备运转情况

1. 检查抽油设备运转情况，若发现异常情况，及时停止抽油机进行处理。
2. 检查密封盒是否漏油，并调整好松紧度。

（六）录取相关资料

1. 检查油井生产情况，录取油管压力、套管压力、回压、掺水压力数据。
2. 录取电流数据，计算平衡率。

（七）清理现场

清理现场，收拾工具、用具，填写报表。

（八）核实油井产量

按要求量油、取样，核实油井产量、含水率。

五、不安全行为

1. 未按 HSE 要求正确穿戴劳动保护用品。
2. 接触电气设备前未用试电笔验电。
3. 未戴绝缘手套操作电气设备。
4. 未侧身操作电气设备。
5. 光杆下行时手抓光杆检查温度。
6. 正对水套加热炉点火口点火。
7. 水套加热炉点火时先开气，后点火。
8. 正对手轮开关阀门。

项目三 游梁式抽油机井关井操作

一、操作目的

游梁式抽油机井关井操作是采油工必须掌握的一项操作技能。主要目的是通过游梁式抽油机井关井，切断液流通道，实现设备停止运转，便于设备、设施维修保养以及测试、钻井、修井等各项作业施工的进行。

二、操作流程

准备工作──→检查油井生产情况──→停止抽油机──→倒关井流程──→录取相关资料──→清理现场。

三、准备工作

（一）项目操作人员及劳保要求

1. 操作人员 2 人，持有初级及以上职业资格证。
2. 按照 HSE 要求正确穿戴劳动保护用品。
3. 女工不得长发外露。

（二）安全风险识别及风险控制措施

安全风险：

1. 未正确使用和有序摆放工具、用具，造成人身伤害。
2. 电气设备操作不当，造成电击、灼伤伤害甚至死亡。
3. 开关阀门操作不当，造成人身伤害。
4. 倒错流程，造成污染和人身伤害。

风险控制措施：

1. 正确选择使用工具、用具，并有序摆放。
2. 接触电气设备前先用试电笔验电，戴绝缘手套侧身操作电气设备。
3. 侧身缓慢开关阀门。
4. 正确倒流程并确认。

操作前先学习操作步骤，操作中应严格按照采油工标准化操作程序进行。

（三）工具、用具、材料

300mm 活动扳手 1 把，600mm 管钳 1 把，F 形扳手 1 把，试电笔 1 支，绝缘手套 1 副，安全警示牌 2 块，擦布，记录本，记录笔。

四、操作步骤

（一）检查油井生产情况

1. 检查并记录油管压力、套管压力、回压。
2. 检查井口流程有无渗漏，阀门开关是否正确。
3. 检查密封盒是否漏油，并进行调整。

（二）停止抽油机

1. 根据油井生产情况，确定抽油机停止后驴头所处位置。
2. 用试电笔检测配电箱外壳，确认无电后，打开配电箱门。
3. 戴绝缘手套侧身按停止按钮停止抽油机，刹紧刹车，检查刹车是否牢固。
4. 侧身拉闸断电，锁好配电箱门，挂上安全警示牌，记录停止抽油机的时间。
5. 锁紧死刹车，挂上安全警示牌。

（三）倒关井流程

1. 侧身关闭生产阀门、回压阀门。
2. 缓慢打开取样阀门，放掉死油后关闭。
3. 关井后倒地面掺水循环，稠油井关井 2h 以上，倒地下掺水降黏。
4. 冬季关井超过 2h 扫线，放净水套加热炉内的水。

（四）录取相关资料

记录关井时间、油管压力、套管压力数据。

（五）清理现场

清理现场，收拾工具、用具，填写报表。

五、不安全行为

1. 未按 HSE 要求正确穿戴劳动保护用品。
2. 接触电气设备前未用试电笔验电。
3. 未戴绝缘手套操作电气设备。

4. 未侧身操作电气设备。

5. 未锁死刹车。

6. 正对手轮开关阀门。

项目四 抽油机井调整防冲距操作

一、操作目的

抽油机井调整防冲距操作是采油工应掌握的一项操作技能。主要目的是通过确定合理的防冲距，防止活塞在上、下死点时脱出工作筒和碰泵现象的发生，保证抽油井正常生产。

二、操作流程

准备工作──→确定调整值──→停止抽油机──→卸负荷──→调整防冲距──→挂负荷──→启动抽油机──→检查调整效果──→录取相关资料──→清理现场。

三、准备工作

（一）项目操作人员及劳保要求

1. 操作人员2人，持有中级及以上职业资格证。

2. 按照HSE要求正确穿戴劳动保护用品。

3. 女工不得长发外露。

（二）安全风险识别及风险控制措施

安全风险：

1. 未正确使用和有序摆放工具、用具，造成人身伤害。

2. 电气设备操作不当，造成电击、灼伤伤害甚至死亡。

3. 未锁死刹车，发生溜车，造成机械伤害。

4. 拆装光杆卡子时手抓光杆，造成人身伤害。

风险控制措施：

1. 正确选择使用工具、用具，并有序摆放。

2. 接触电气设备前先用试电笔验电，戴绝缘手套侧身操作电气设备。

3. 锁紧死刹车。

4. 拆装光杆卡子时禁止手抓光杆。

操作前由直接领导申报《专项类特殊危险作业项目作业许可证》，明确操作人员，熟悉施工内容和施工步骤，做好安全风险识别并制定风险控制措施，由操作者签字确认；操作中严格按照安全标准化操作进行。

（三）工具、用具、材料

300mm活动扳手1把，24~27mm梅花扳手1把，250mm中平锉1把，光杆卡子1副，绝缘手套1副，试电笔1支，安全警示牌2块，钢板尺1把，黄油，擦布，画线笔，记录本，记录笔。

四、操作步骤

（一）确定调整值

应根据油井实际生产情况和实测示功图，来确定调大或调小防冲距，及其调整值。（现场经验：泵挂深度1000m以内的井，每100m调整0.08m；1000m以上的井，每100m调整0.1m。）

现以调小防冲距0.2m为例进行调整。

（二）停止抽油机

1. 用试电笔检测配电箱外壳，确认无电后，打开配电箱门。

2. 当抽油机驴头接近下死点位置时，戴绝缘手套侧身按停止按钮停止抽油机，刹紧刹车，检查刹车是否牢固。

3. 侧身拉闸断电，锁好配电箱门，挂上安全警示牌，记录停止抽油机的时间。

4. 锁紧死刹车，挂上安全警示牌。

（三）卸负荷

1. 在密封盒上方打紧光杆卡子，如图1-1(a)所示。

2. 检查抽油机周围，确认无障碍物后，缓慢松开死刹车，缓慢松刹车，戴绝缘手套侧身合闸送电，启动抽油机。

3. 驴头向下运行，待光杆卡子接近井口时，侧身按停止按钮，让光杆卡子坐在井口密封盒上卸掉驴头负荷，刹紧刹车，如图1-1(b)所示。

4. 侧身拉闸断电，锁好配电箱门，锁紧死刹车，挂上安全警示牌。

（四）调整防冲距

1. 以悬绳器光杆卡子上平面为基准在光杆上做明显标记，从标记处向上量出0.2m的长度，做好标记。

2. 卸松悬绳器上的光杆卡子，向上移动光杆卡子，使光杆卡子上平面移到标记处为止，紧固光杆卡子，如图1-1(c)所示。

（五）挂负荷

1. 检查抽油机周围，确认无障碍物后，缓慢松开死刹车，缓慢松刹车，使光杆负荷转移到悬绳器上，刹紧刹车，锁紧死刹车。

2. 卸下密封盒上的光杆卡子，锉掉光杆上的毛刺，如图1-1(d)所示。

（六）启动抽油机

1. 检查抽油机周围有无障碍物。

2. 摘下安全警示牌，缓慢松开死刹车，缓慢松刹车。

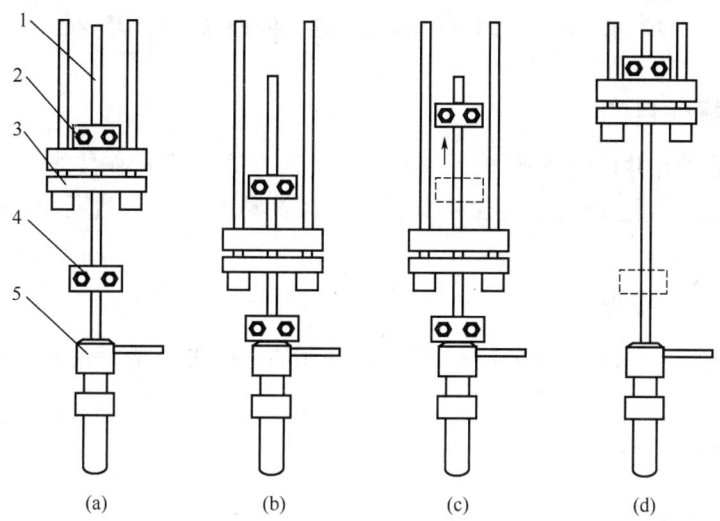

图 1-1　抽油机井调整防冲距示意图

1—光杆；2—光杆卡子；3—悬绳器；4—光杆卡子(卸载)；5—密封盒

3. 摘下安全警示牌，打开配电箱门，戴绝缘手套，侧身合闸送电。

4. 侧身按启动按钮，利用惯性启动抽油机，锁好配电箱门。

（七）检查调整效果

1. 检查光杆上下行程中有无挂、碰现象。

2. 检查井口有无渗漏。

（八）录取相关资料

记录启动抽油机时间，记录油管压力、套管压力、回压数据，检查油井生产情况。

（九）清理现场

清理现场，收拾工具、用具，填写报表。

五、不安全行为

1. 未按 HSE 要求正确穿戴劳动保护用品。

2. 接触电气设备前未用试电笔验电。

3. 未戴绝缘手套操作电气设备。

4. 未侧身操作电气设备。

5. 未锁死刹车。

6. 拆装光杆卡子时手抓光杆。

7. 站在采油树上操作。

项目五 取抽油机井井口油样操作

一、操作目的

取抽油机井井口油样操作,是采油工必须掌握的一项操作技能。主要目的是通过对合格油样进行含水、含砂化验,为计算油井产量和进行单井分析提供依据。

二、操作流程

准备工作──→观察压力──→放掉取样处死油──→取油样──→检查油样桶──→清理现场。

三、准备工作

(一) 项目操作人员及劳保要求

1. 操作人员1人,持有初级及以上职业资格证。
2. 按HSE要求正确穿戴劳动保护用品。
3. 女工不得长发外露。

(二) 安全风险识别及风险控制措施

安全风险:取样时发生着火、中毒、机械伤害和污染事件。

风险控制措施:严格按照标准化操作规程操作。

操作前先学习操作步骤,操作中应严格按照采油工标准化操作程序进行。

(三) 工具、用具、材料

标准取样桶1个,污油桶,擦布,记录本,记录笔,标签。

四、操作步骤

(一) 确定取油样量

一次取油样总量不小于200g,或者是取样桶容积的1/2~2/3。

(二) 观察压力

观察油管压力、套管压力、回压是否正常,油井生产是否正常。

(三) 取油样

1. 检查取样桶有无水、是否干净。
2. 站在上风口侧身缓慢打开取样阀门放掉死油。
3. 取样时用擦布遮挡,在上冲程时取样,分3次取,每次取1/3,每次间隔2min。
4. 取完油样后,立即盖好样桶盖。
5. 在取样桶上贴上标签,填写井号、取样时间、取样人。

（四）检查

1. 检查取油样量是否符合要求。
2. 检查样桶盖是否盖严。
3. 检查标签内容填写是否齐全准确。

（五）清理现场

清理现场，收拾工具、用具，填写报表。

五、不安全行为

1. 未按 HSE 要求正确穿戴劳动保护用品。
2. 现场吸烟或用明火解冻。
3. 站在下风口操作。
4. 正对手轮开关阀门。
5. 不平稳开关阀门。

项目六 更换抽油机井光杆密封圈操作

一、操作目的

更换抽油机井光杆密封圈操作，是采油工必须掌握的一项操作技能。主要目的是通过更换光杆密封圈，使光杆密封圈与防喷盒配合密封光杆，防止油气从防喷盒处泄漏造成事故。

二、操作流程

准备工作──→切割密封圈──→停止抽油机──→更换密封圈──→启动抽油机──→检查──→清理现场。

三、准备工作

（一）项目操作人员及劳保要求

1. 操作人员 1 人，持有初级及以上职业资格证。
2. 按 HSE 要求正确穿戴劳动保护用品。
3. 女工不得长发外露。

（二）安全风险识别及风险控制措施

安全风险：

1. 电气设备操作不当，造成电击、灼伤伤害甚至死亡。
2. 未正确使用和有序摆放工具、用具，造成人身伤害。
3. 密封盒压盖未固定牢固，砸伤手指。
4. 滑倒摔伤。

风险控制措施：
1. 接触电气设备前先用试电笔验电，戴绝缘手套侧身操作电气设备。
2. 正确选择使用工具、用具，并有序摆放。
3. 防喷盒压盖固定牢固。
4. 操作时要站在固定位置或采用工作平台。

操作前先学习操作步骤，操作中应严格按照采油工标准化操作程序进行。

（三）工具、用具、材料

600mm 管钳 2 把，300mm 平口螺丝刀 1 把，钢锯或裁纸刀 1 把，8 号铁丝适量，安全警示牌 2 块，绝缘手套 1 副，试电笔 1 支，符合光杆直径的密封圈若干，黄油，擦布，记录本，记录笔。

四、操作步骤

（一）切割密封圈

按顺时针切割密封圈，斜口与平面成 30°~45°角。

（二）停止抽油机

1. 用试电笔检测配电箱外壳，确认无电后，打开配电箱门。
2. 戴绝缘手套侧身按停止按钮停止抽油机，将抽油机停在接近下死点便于操作的位置，刹紧刹车，检查刹车是否牢固。
3. 侧身拉闸断电，锁好配电箱门，挂上安全警示牌，记录停止抽油机的时间。
4. 锁紧死刹车，挂上安全警示牌。

（三）更换密封圈

1. 同时关闭左右两边胶皮阀门，使光杆居中。
2. 缓慢卸掉密封盒压帽及格兰，用铁丝钩固定。
3. 取出旧密封圈，清理干净密封盒内腔。
4. 新密封圈内圆抹黄油。
5. 加入新密封圈，切口要错开 90°~120°，压实。
6. 取下铁丝钩。
7. 放正格兰，上好压帽，调节松紧度。
8. 同时打开左右两边胶皮阀门。

（四）启动抽油机

1. 检查抽油机周围有无障碍物。
2. 摘下安全警示牌，松开死刹车，松刹车。
3. 摘下安全警示牌，打开配电箱门，戴绝缘手套，侧身合闸送电。
4. 侧身按启动按钮，利用惯性启动抽油机，锁好配电箱门。

（五）检查

1. 检查密封盒是否漏油。
2. 光杆上行时用手背触摸光杆，确认是否发热。
3. 检查抽油机运转情况及油井生产情况。
4. 记录启动抽油机的时间。

（六）清理现场

清理现场，收拾工具、用具，填写报表。

五、不安全行为

1. 未按 HSE 要求正确穿戴劳动保护用品。
2. 接触电气设备前未用试电笔验电。
3. 未戴绝缘手套侧身操作电气设备。
4. 未锁死刹车。

项目七　控放油井套管气操作

一、操作目的

控放油井套管气操作是采油工应掌握的一项操作技能。主要目的是通过合理控放套管气，获得合理的液面高度（即合理的沉没度），确保抽油井正产生产。

二、操作流程

准备工作——录取油管压力、套管压力——连接放套管气流程——确定套管压力值——检查放套管气效果——清理现场——录取相关资料。

三、准备工作

（一）项目操作人员及劳保要求

1. 操作人员 2 人，持有中级及以上职业资格证。
2. 按 HSE 要求正确穿戴劳动保护用品。
3. 女工不得长发外露。

（二）安全风险识别及风险控制措施

安全风险：

1. 未正确使用和有序摆放工具、用具，造成人身伤害。
2. 带压操作，发生着火、机械伤害和污染事故。

风险控制措施：

1. 正确选择使用工具、用具，并有序摆放。
2. 严格按标准化操作规程操作。

操作前先学习操作步骤,操作中应严格按照采油工标准化操作程序进行。

(三) 工具、用具、材料

300mm、375mm 活动扳手各 1 把,450mm 管钳、600mm 管钳各 1 把,F 形扳手 1 把,高压控放套管气流程 1 套,黄油适量,密封带 1 卷,擦布。

四、操作步骤

油井控放套管气条件:套管压力高,动液面低,沉没度小,受气体影响,泵效低,不出砂。

(一) 录取油管压力、套管压力

录取油管压力、套管压力数据,并用标准表核对。

(二) 连接放套管气流程(双翼流程)

1. 倒通备用端生产流程,关闭生产端流程并放空。
2. 卸掉保温套堵头,安装异径短节。
3. 将定压放气阀与套管阀门连接。
4. 中间用高压胶皮管连接,如图 1-2 所示。
5. 倒流程试压。

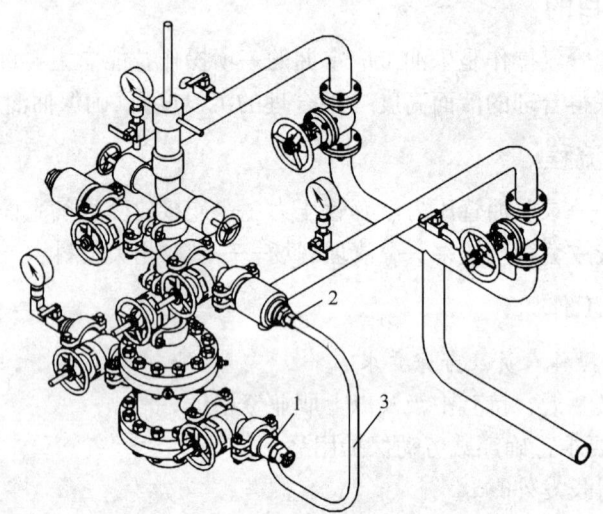

图 1-2 定压放气流程图
1—定压放气阀;2—异径短节;3—高压胶皮管

(三) 确定套管压力值

1. 控放套管压力 24h 不超过 0.5MPa。
2. 每隔 24h 测一次动液面,对应录取油管压力、套管压力、日产液量、日产油量、含水率、含砂率,绘制表格详细记录,如表 1-1 所示,按表格数据绘制曲线图，如图1-3所示。

3. 优选套管压力值控制点，调节定压阀控制本井套管压力值。

4. 发生冻、堵现象应及时处理，确保放气流程畅通。

5. 日产液量为50m³，沉没度为207m时，该井的优选套管压力值为2.2MPa，如图1-3所示。合理套管压力值；产油量高，含水率低，含砂率低。

表1-1 放套气数据对比表

套压 MPa	沉没度 m	日产液量 m³	日产油量 t	含水率 %	含砂率 %
4.0	-10	30	27	40	0.1
3.5	10	35	30	45	0.1
3.0	80	40	35	48	0.1
2.2	207	50	40	52	0.1
1.8	239	34	29	70	5
1.5	240	28	25	75	7

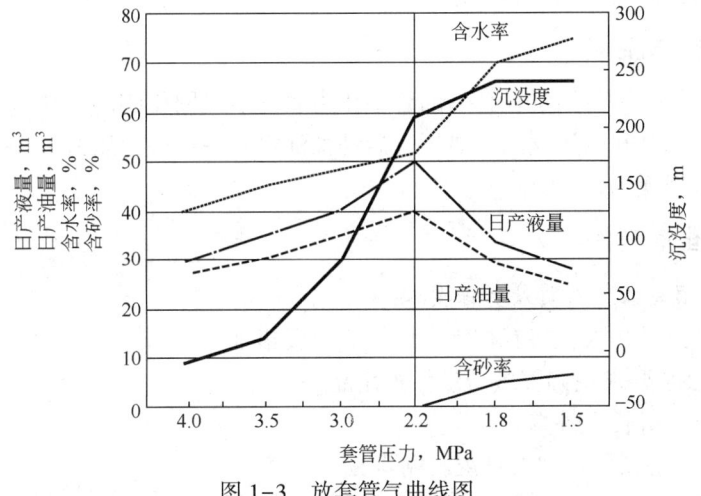

图1-3 放套管气曲线图

（四）检查放套管气效果

核实该井产量并与控放套管气之前的产量对比，计算实际增油效果。

（五）录取相关资料

按要求量油取样，核实产量、含水率。

（六）清理现场

清理现场，收拾工具、用具，填写报表。

五、不安全行为

1. 未按 HSE 要求正确穿戴劳动保护用品。
2. 未倒流程就拆卸油嘴套丝堵。
3. 未打开放空阀门泄压。
4. 正对手轮开关阀门。
5. 定压阀处结冰用明火烧。
6. 定压阀超压使用。
7. 高压软管超压使用或超使用年限。

项目八 抽油机井井口憋压操作

一、操作目的

抽油机井井口憋压操作是采油工必须掌握的一项操作技能。主要目的是通过憋压，检查井下管柱、工具工作情况，抽油泵阀门开闭情况，油层供液情况等，为下一步措施制定提供直接依据。

二、操作流程

准备工作——更换量程合适的合格压力表——关回压阀门，憋压——停止抽油机稳压——打开回压阀门，泄压，启动抽油机——换回原压力表——绘制憋压曲线——清理现场。

三、准备工作

（一）项目操作人员及劳保要求

1. 操作人员 2 人，持有初级及以上职业资格证。
2. 按 HSE 要求正确穿戴劳动保护用品。
3. 女工不得长发外露。

（二）安全风险识别及风险控制措施

安全风险：

1. 电气设备操作不当，造成电击、灼伤伤害甚至死亡。
2. 开关阀门操作不当，造成人身伤害。
3. 未及时停止抽油机或打开阀门，导致憋压过高，造成油气泄漏或人身伤害。

风险控制措施：

1. 接触用电设备前先用试电笔验电，戴绝缘手套侧身操作电气设备。
2. 侧身缓慢开关阀门。

3. 憋压时需两人配合，一人负责观察压力控制阀门，一人负责停止抽油机。操作前先学习操作步骤，操作中应严格按照采油工标准化操作程序进行。

（三）工具、用具、材料

250mm 活动扳手 1 把，F 形扳手 1 把，绝缘手套 1 副，试电笔 1 支，擦布 1 块，在校验期内量程合适的压力表 1 块，米格纸 1 张，记录笔，直尺。

四、操作步骤

（一）准备工作

1. 了解油井冲程、冲次、泵径等参数以及油井正常生产时的泵况，确定合理的憋压数据，一般油井憋压 2.0~2.5MPa。

2. 检查井口生产状况，确认流程无渗漏。

3. 在米格纸上画出抽压坐标，确定比例，纵坐标为抽压值，横坐标为憋压时间，标注井号和憋压日期。

（二）更换量程合适的合格压力表

确认井口油管压力表量程（4MPa），若量程过小，则更换量程合适的合格压力表（步骤参照更换压力表操作）。

（三）关回压阀门，憋压

关井口回压阀门，开始抽压，以抽压次数确定抽压标准，即从关死回压阀门起，记好冲次，每隔 1min 记一次压力值。

（四）停止抽油机，稳压

1. 一人在井口记录压力的同时，另一人在抽油机配电箱位置待命。

2. 当井口憋压数据达到 2.5MPa 时，立即停止抽油机。

3. 停止抽油机 10~15min 后记录稳压数据。

（五）打开回压阀门，泄压，启动抽油机

打开回压阀门，压力下降稳定后，启动抽油机。

（六）换回原压力表

更换回油井原来的油管压力表。

（七）绘制憋压曲线

1. 描绘憋压曲线，把坐标系上的各点用光滑的曲线连起来。

2. 在曲线右上角注明憋压情况：原压力值、抽压次数、停止抽油机时最高压力值、压降等数据。

（八）清理现场

清理现场，收拾工具、用具、填写报表。

五、不安全行为

1. 未按 HSE 要求正确穿戴劳动保护用品。

2. 接触电气设备前未用试电笔验电。
3. 未戴绝缘手套侧身操作电气设备。
4. 正对手轮开关阀门。
5. 未锁死刹车。
6. 启动抽油机时未检查抽油机周围状况。
7. 开关阀门时未侧身。
8. 未及时停止抽油机或打开回压阀门。

项目九　抽油机井双翼流程不停产查嘴掏蜡操作

一、操作目的

抽油机井双翼流程不停产查嘴掏蜡操作是采油工必须掌握的一项操作技能。主要目的是通过油井不停产实现查嘴掏蜡操作，以此来减少出砂井、低能油井等由于停止抽油机造成的沉砂躺井和长时间不出油问题，确保油井正常生产。

二、操作流程

准备工作──操作前确认检查──倒流程放空──查嘴掏蜡──安装新油嘴──关放空、恢复流程──录取相关资料──清理现场。

三、准备工作

（一）项目操作人员及劳保要求

1. 操作人员 1 人，持有初级及以上职业资格证。
2. 按 HSE 要求正确穿戴劳动保护用品。
3. 女工不得长发外露。

（二）安全风险识别及风险控制措施

安全风险：
1. 未正确使用和有序摆放工具、用具，造成人身伤害。
2. 开关阀门操作不当，造成人身伤害。
3. 带压操作，造成人身伤害或污染。

风险控制措施：
1. 正确选择使用工具、用具，并有序摆放。
2. 侧身缓慢开关阀门。
3. 彻底放空，确认无压力后操作。

操作前先学习操作步骤，操作中应严格按照采油工标准化操作程序进行。

（三）工具、用具、材料

600mm 管钳 1 把，F 形扳手 1 把，油嘴扳手 1 把，游标卡尺 1 把，掏蜡工具 1 件，符合标准的合格油嘴 1 个，污油桶，棉纱适量，记录本，记录笔。

四、操作步骤

（一）操作前确认检查

1. 确认油井生产状况：安装油嘴的直径、掏蜡周期。
2. 检查新油嘴直径是否合格，螺纹是否完好，是否有倒角等。
3. 记录油管压力、套管压力值，记录检查或更换油嘴的开始时间。

（二）倒流程放空

1. 确认备用端流程上的取样放空阀门处于关闭状态。
2. 侧身打开备用端回压阀门，侧身缓慢打开备用端生产阀门，确定过液后，观察压力变化（波动小于 0.2MPa），缓慢全开生产阀门。
3. 侧身关闭生产端生产阀门，侧身关闭回压阀门。
4. 打开井口取样阀门，放掉压力，确认压力落零。

（三）查嘴掏蜡

1. 缓慢卸油嘴保温套丝堵，操作要平稳，卸松后要边晃动边卸。
2. 卸掉油嘴。
3. 用棉纱清除油嘴上的油污。
4. 检查油嘴孔径，测量是否有刺大现象，观察油嘴螺纹有无毛刺、是否变形。
5. 用掏蜡工具清除油嘴保温套内的蜡及杂质。

（四）安装新油嘴

1. 安装合格油嘴。
2. 安装油嘴保温套丝堵。

（五）关放空、恢复流程

1. 关闭井口取样放空阀门。
2. 侧身打开生产端回压阀门，检查丝堵处不渗不漏，全部打开回压阀门。
3. 缓慢打开生产阀门，确认过液后，全开生产阀门，确认流程正确。
4. 侧身关闭备用端生产阀门和回压阀门。

（六）录取相关资料

观察并记录油管压力、套管压力、回压数据，记录检查和更换油嘴的时间。

（七）清理现场

清理现场，收拾工具、用具，填写报表。

五、不安全行为

1. 未按 HSE 要求正确穿戴劳动保护用品。

2. 未倒流程泄压就拆卸油嘴套丝堵。
3. 正对手轮开关阀门。
4. 卸油嘴时正对油嘴丝堵或向油嘴套内观望。

项目十　抽油机井停产查嘴掏蜡操作

一、操作目的

抽油机井查嘴掏蜡操作是采油工必须掌握的一项操作技能。主要目的是通过停止抽油机，关井检查油嘴有无刺大、损伤、砂蜡堵等现象，获得准确的油嘴直径，保证油井在合理的工作制度下生产。

二、操作流程

准备工作──→操作前确认检查──→停止抽油机──→倒流程放空──→查嘴掏蜡──→安装新油嘴──→关放空、恢复流程──→启动抽油机──→录取相关资料──→清理现场。

三、准备工作

（一）项目操作人员及劳保要求

1. 操作人员1人，持有初级及以上职业资格证。
2. 按HSE要求正确穿戴劳动保护用品。
3. 女工不得长发外露。

（二）安全风险识别及风险控制措施

安全风险：
1. 未正确使用和有序摆放工具、用具，造成人身伤害。
2. 电气设备操作不当，造成电击、灼伤伤害甚至死亡。
3. 开关阀门操作不当，造成人身伤害。
4. 带压操作，造成人身伤害或污染。
5. 未锁死刹车。

风险控制措施：
1. 正确选择使用工具、用具，并有序摆放。
2. 接触电气设备前先用试电笔验电，戴绝缘手套侧身操作电气设备。
3. 侧身缓慢开关阀门。
4. 彻底放空，确认无压力后操作。
5. 锁死刹车，挂警示牌。

操作前先学习操作步骤，操作中应严格按照采油工标准化操作程序进行。

（三）工具、用具、材料

600mm管钳1把，F形扳手1把，油嘴扳手1把，游标卡尺1把，掏蜡工具1件，绝缘手套1副，试电笔1支，安全警示牌2块，符合标准的合格油嘴1个，污油桶，棉纱适量，记录本，记录笔。

四、操作步骤

（一）操作前确认检查

1. 确认油井生产状况：油嘴的孔径，掏蜡周期。

2. 检查新油嘴孔径是否合格，螺纹是否完好，是否有倒角等。

3. 记录油管压力、套管压力值，记录检查或更换油嘴的开始时间。

（二）停止抽油机

1. 根据油井生产情况，确定抽油机停止后驴头所处位置。

2. 用试电笔检测配电箱外壳，确认无电后，打开配电箱门。

3. 戴绝缘手套侧身按停止按钮停止抽油机，刹紧刹车，检查刹车是否牢固。

4. 侧身拉闸断电，锁好配电箱门，挂上安全警示牌，记录停止抽油机的时间。

5. 锁紧死刹车，挂上安全警示牌。

（三）倒流程放空

1. 侧身关闭生产阀门，侧身关闭回压阀门。

2. 打开井口取样放空阀门，放掉压力。

3. 确认压力落零。

（四）查嘴掏蜡

1. 缓慢卸油嘴保温套丝堵，卸松要边晃动边卸。

2. 卸下油嘴。

3. 用棉纱清除油嘴上的油污。

4. 检查油嘴孔径，测量是否有刺大现象。

5. 用掏蜡工具清除油嘴保温套内的蜡及杂质。

（五）安装新油嘴

1. 安装新油嘴。

2. 安装油嘴保温套丝堵。

（六）关放空、恢复流程

1. 关闭井口取样放空阀门。

2. 侧身打开回压阀门，检查丝堵处不渗不漏，全开回压阀门。

3. 缓慢打开生产阀门。确认流程是否正确。

(七) 启动抽油机

1. 检查抽油机周围有无障碍物，取下警示牌，松开死刹车，松刹车。

2. 戴好绝缘手套，取下警示牌，侧身合闸，按启动按钮，利用曲柄惯性启动抽油机，关好配电箱门。

(八) 录取相关资料

观察并记录油管压力、套管压力、回压数据，记录检查和更换油嘴的时间。

(九) 清理现场

清理现场，收拾工具、用具，填写报表。

五、不安全行为

1. 未按 HSE 要求正确穿戴劳动保护用品。
2. 接触电气设备前未用试电笔验电。
3. 未戴绝缘手套侧身操作电气设备。
4. 未锁死刹车。
5. 不停止抽油机就关阀门。

项目十一　油井掺水水嘴更换操作

一、操作目的

油井掺水水嘴更换是采油工必须掌握的一项操作技能。主要目的是确保油井合理的掺水量。在实际工作中，掺水水嘴的调整应根据原油物性和油井回压来确定。

二、操作流程

准备工作──倒流程放压──更换水嘴──倒掺水流程──检查效果──清理现场。

三、准备工作

(一) 项目操作人员及劳保要求

1. 操作人员 2 人，持有初级及以上职业资格证。
2. 按 HSE 要求正确穿戴劳动保护用品。
3. 女工不得长发外露。

(二) 安全风险识别及风险控制措施

安全风险：

1. 未正确使用和有序摆放工具、用具，造成人身伤害。
2. 倒错流程，造成污染和人身伤害。

3. 开关阀门操作不当,造成人身伤害。

风险控制措施:

1. 正确选择使用工具、用具,并有序摆放。
2. 正确倒流程并确认。
3. 侧身缓慢开关阀门。

操作前先学习操作步骤,操作中应严格按照采油工标准化操作程序进行。

(三)工具、用具、材料

F形扳手1把,375mm活动扳手1把,水嘴扳手1把,合格水嘴1个,密封带适量,污油桶1个,安全警示牌2块,擦布,记录本,记录笔。

四、操作步骤

以更换地面水嘴为例进行操作。

(一)倒流程泄压

1. 侧身关闭掺水上流阀门,再关闭下流阀门。
2. 侧身缓慢打开放空阀门,确认压力落零。

(二)更换水嘴

1. 侧身卸松水嘴套丝堵,边卸边活动,取下丝堵。
2. 侧身用水嘴扳手取出旧水嘴,清理水嘴套和丝堵。
3. 检查旧水嘴有无堵塞及刺大现象。
4. 装上合格的新水嘴。
5. 丝堵上缠好密封带,装好丝堵。

(三)倒掺水流程

1. 关闭放空阀门。
2. 侧身缓慢稍开掺水上流阀门试压,观察无渗漏。
3. 打开掺水下流阀门,再完全打开上流阀门。

(四)检查效果

1. 检查录取掺水压力、水量、温度是否正常。
2. 检查录取井口油管压力、套管压力、回压数据。

(五)清理现场

清理现场,收拾工具、用具,填写报表。

五、不安全行为

1. 未按HSE要求正确穿戴劳动保护用品。
2. 未倒流程就拆卸水嘴套丝堵。
3. 未打开放空阀门泄压。
4. 正对手轮开关阀门。

项目十二　调整掺水流程（管汇）单井水量

一、操作目的

调整掺水流程（管汇）单井水量是采油工必须掌握的一项操作技能。主要目的是确保油井合理的掺水量。在实际工作中，调整（管汇）单井掺水量应根据油井井口回压来确定。

二、操作流程

准备工作——确定调整值——调整——清理现场。

三、准备工作

（一）项目操作人员及劳保要求

1. 操作人员1人，持有初级及以上职业资格证。
2. 按HSE要求正确穿戴劳动保护用品。
3. 女工不得长发外露。

（二）安全风险识别及风险控制措施

安全风险：

1. 未正确使用和有序摆放工具、用具，造成人身伤害。
2. 开关阀门操作不当，造成人身伤害。

风险控制措施：

1. 正确选择使用工具、用具，并有序摆放。
2. 侧身缓慢开关阀门。

操作前先学习操作步骤，操作中应严格按照采油工标准化操作程序进行。

（三）工具、用具、材料

F形扳手1把，计算器1个，记录本，记录笔。

四、操作步骤

（一）确定调整值

根据工艺掺水方案计算出瞬时掺水量。

（二）调整

将计算出的瞬时掺水量与实际掺水量进行对比，当实际掺水量大于瞬时掺水量时，缓慢关小流量计上流阀门；当实际掺水量小于瞬时掺水量时，缓慢开大流量计上流阀门，将瞬时流量调至超过配注要求值，再调小到配注量，直至达到工艺掺水方案要求。

（三）清理现场

清理现场，收拾工具、用具，填写报表。

五、不安全行为

1. 未按要求正确穿戴劳动保护用品。
2. F形扳手开口向里操作。
3. 正对手轮开关阀门。

项目十三　打捞抽油机井光杆操作

一、操作目的

打捞抽油机井光杆操作是采油工应掌握的一项操作技能。主要目的是通过打捞断、脱的光杆，经过重新组合，保证抽油机井正常生产。

二、操作流程（断点在总阀门以上）

准备工作──→停止抽油机──→井口泄压──→卸光杆密封器──→打捞光杆──→安装新光杆──→调整防冲距──→挂负荷──→启动抽油机──→检查效果──→录取相关资料──→清理现场。

三、准备工作

（一）项目操作人员及劳保要求

1. 操作人员3人，监护人员1人，持高级及以上职业资格证，安全监督1人。
2. 按HSE要求正确穿戴劳动保护用品。
3. 女工不得长发外露。

（二）安全风险识别及风险控制措施

安全风险：

1. 电气设备操作不当，造成电击、灼伤伤害甚至死亡。
2. 未正确使用和有序摆放工具、用具，造成人身伤害。
3. 光杆卡子紧固不牢，造成人身伤害。
4. 油井情况不清，放压、吊杆时井喷、着火，造成人身伤害。
5. 高处落物造成人身伤害。
6. 未锁死刹车。

风险控制措施：

1. 接触电气设备前先用试电笔验电，戴绝缘手套方可接触电气设备，按启停按钮或拉合闸刀侧身操作。
2. 正确选择使用工具、用具，并有序摆放。
3. 光杆卡子要紧固，防止滑扣。

4. 了解油井生产情况，做好井控工作，必须压井后操作。

5. 严禁抛掷工具及配件，应用绳子传送。

6. 锁紧死刹车，挂好警示牌。

操作前由直接领导申报《专项类特殊危险作业项目作业许可证》，明确操作人员，熟悉施工内容和施工步骤，做好安全风险识别并制定风险控制措施，由操作者签字确认；操作中严格按照安全标准化操作步骤进行操作。

（三）设备、工具、用具、材料

375mm 活动扳手 2 把，900mm 管钳 2 把，600mm 管钳 2 把，F 形扳手 1 把，平锉 1 把，光杆 1 根，与光杆匹配的光杆卡子 2 副，与光杆、抽油杆直径相符的光杆吊卡、抽油杆吊卡各 1 个，20t 以上吊车 1 台，配套钢丝绳套 1 副，O 形密封圈若干，300mm 螺丝刀 1 把，绝缘手套 1 副，试电笔 1 支，安全警示牌 2 块，黄油、棉纱适量。

四、操作步骤

（一）准备工作

1. 查阅该井最新完井资料，掌握该井防冲距、抽油杆组合等具体参数。

2. 检查抽油机刹车并确保灵活好用。

3. 掌握油井是否有自喷能力。

（二）停止抽油机

1. 用试电笔检测配电箱外壳，确认无电后，打开配电箱门。

2. 戴绝缘手套侧身按停止按钮停止抽油机，将抽油机驴头停在便于操作的位置，刹紧刹车，检查刹车是否牢固。

3. 侧身拉闸断电，锁好配电箱门，挂上安全警示牌，记录停止抽油机的时间。

4. 锁紧死刹车，挂上安全警示牌。

（三）井口泄压（有自喷能力的油井需要压井）

1. 无自喷能力的井：

（1）倒好该井停产流程（关闭回压阀门）。

（2）井口放空、泄压，并做好防喷、防污染工作。

2. 有自喷能力的井：

（1）倒好该井停产流程（关闭回压阀门）。

（2）压井，并做好防喷、防污染工作。

（四）拆卸光杆防喷盒（胶皮阀门和密封盒总成）

1. 卸掉光杆防喷盒与油管四通连接的卡箍。

2. 取下防喷盒，取出光杆密封圈。

（五）打捞光杆

1. 在外露光杆上端打上光杆卡子。
2. 将光杆吊卡安装在光杆卡子下方，吊卡上方用钢丝绳套与吊车大钩连接。
3. 将光杆上提，直至露出光杆接箍及连接的部分抽油杆。
4. 将抽油杆吊卡安装在抽油杆上，并坐在井口。
5. 卸下光杆。

（六）安装新光杆

1. 将井口防喷盒穿至新光杆上。
2. 在新光杆中上部防喷盒以上打上光杆卡子，并安装光杆吊卡。
3. 将吊卡用钢丝绳套与吊车大钩连接，吊起光杆。
4. 将新光杆与抽油杆对扣，并上紧。
5. 上提光杆，使抽油杆与坐在井口的吊卡分离，卸掉井口抽油杆吊卡。
6. 下放光杆至零负荷，安装井口，并加上 O 形密封圈。

（七）调整防冲距

1. 根据泵挂深度计算防冲距，上提光杆。
2. 在井口防喷盒上方打好光杆卡子。
3. 摘掉与大钩连接的钢丝绳套，卸下吊卡。
4. 卸下光杆上方的光杆卡子。

（八）挂负荷

1. 启动抽油机，将驴头停在下死点。
2. 将悬绳器、载荷传感器安装在光杆上，并在载荷传感器上方打好光杆卡子。
3. 松死刹车，缓慢松刹车，使光杆负荷转移到悬绳器上，当井口光杆卡子离开井口时，刹紧刹车，锁紧死刹车。
4. 卸下井口光杆卡子，锉掉毛刺。

（九）启动抽油机

1. 关放空阀门，倒通生产流程。
2. 检查抽油机周围有无障碍物。
3. 摘下安全警示牌，松开死刹车，松刹车。
4. 摘下安全警示牌，打开配电箱门，戴绝缘手套，侧身合闸送电。
5. 侧身按启动按钮，利用惯性启动抽油机，锁好配电箱门。

（十）检查

1. 检查光杆上下行程中有无挂、碰现象。
2. 检查井口有无渗漏，上冲程时用手背试光杆温度，若发现渗漏或光杆过热，需调整密封圈松紧度。

(十一) 录取相关资料

记录油管压力、套管压力数据,按要求取样核实产量、含水率、含砂率。

(十二) 清理现场

清理现场,收拾工具、用具,填写报表。

五、不安全行为

1. 未按 HSE 要求正确穿戴劳动保护用品。
2. 接触电气设备前不用试电笔验电。
3. 未戴绝缘手套侧身操作电气设备。
4. 未锁死刹车。
5. 登高操作时无安全保护措施。
6. 交叉作业。
7. 使用扳手、管钳时开口过大或用力过猛。

项目十四 更换抽油机井回压阀门操作

一、操作目的

更换抽油机井回压阀门操作是采油工必须掌握的一项操作技能。主要目的是为了解除由于回压阀门损坏造成油井无法正常生产的故障。

二、操作流程

准备工作——停止抽油机——切断压源、放空——拆下旧阀门——装上新阀门——试压、恢复流程——启动抽油机——录取相关资料——清理现场。

三、准备工作

(一) 项目操作人员及劳保要求

1. 操作人员 2 人,持有中级及以上职业资格证。
2. 按 HSE 要求正确穿戴劳动保护用品。
3. 女工不得长发外露。

(二) 安全风险识别及风险控制措施

安全风险:

1. 电气设备操作不当,造成电击、灼伤伤害甚至死亡。
2. 未正确使用和有序摆放工具、用具,造成人身伤害。
3. 正对手轮开关阀门。
4. 倒错流程,带压操作,导致井口憋压,油气泄漏,造成人身伤害。
5. 回压阀门掉落砸伤。

风险控制措施：
1. 接触电气设备前先用试电笔验电，戴绝缘手套侧身操作电气设备。
2. 正确选择使用工具、用具，并有序摆放。
3. 侧身缓慢开关阀门。
4. 正确倒流程放空并确认。
5. 平稳操作。
操作前先学习操作步骤，操作中应严格按照采油工标准化操作程序进行。

（三）工具、用具、材料

250mm 活动扳手 1 把，22~24mm 梅花扳手 2 把，F 形扳手 1 把，250mm 螺丝刀 1 把，300mm 刮刀 1 把，500mm 撬杠 1 根，绝缘手套 1 副，试电笔 1 支，安全警示牌 2 块，同型号石棉垫子 2 个，同型号回压阀门 1 个，黄油，擦布，污油桶。

四、操作步骤

（一）准备工作

确认油井受砂、蜡、稠油影响情况等。

（二）停止抽油机

1. 根据油井生产情况，确定抽油机停止后驴头所处位置。
2. 用试电笔检测配电箱外壳，确认无电后，打开配电箱门。
3. 戴绝缘手套侧身按停止按钮停止抽油机，刹紧刹车，检查刹车是否牢固。
4. 侧身拉闸断电，锁好配电箱门，挂上安全警示牌，记录停止抽油机的时间。
5. 锁紧死刹车，挂上安全警示牌。

（三）切断压源、放空

1. 侧身关闭生产阀门，再关闭单井进干线阀门。
2. 打开井口取样放空阀门，放掉管线内压力。
3. 确认压力落零。

（四）拆下旧阀门

1. 用梅花扳手卸松回压阀门螺栓。
2. 用撬杠撬动回压阀门法兰连接处使阀门活动。
3. 操作人员平稳端起回压阀门，配合人员取掉阀门法兰螺栓。
4. 取下回压阀门。
5. 清理流程上的法兰密封面及水纹线。

（五）装上新阀门

1. 将合格的阀门平稳地放置在流程上，手轮方向与原阀门一致，配合人员将上法兰、下法兰各穿上 3 根螺栓。
2. 将石棉垫子两侧涂好黄油，装入上法兰、下法兰中并使其居中。

3. 将螺栓上齐,并对角上紧固定螺栓。

(六) 试压、恢复流程

1. 关闭放空阀门。
2. 侧身缓慢打开单井进干线阀门,观察法兰连接处有无渗漏。
3. 不渗不漏后全开单井进干线阀门,打开生产阀门。

(七) 启动抽油机

1. 检查抽油机周围有无障碍物。
2. 摘下安全警示牌,松开死刹车,松刹车。
3. 摘下安全警示牌,打开配电箱门,戴绝缘手套,侧身合闸送电。
4. 侧身按启动按钮,利用惯性启动抽油机,锁好配电箱门。
5. 检查抽油机运转情况及油井生产情况。
6. 记录启动抽油机的时间。

(八) 录取相关资料

录取油管压力、套管压力、回压数据。

(九) 清理现场

清理现场,收拾工具、用具、填写报表。

五、不安全行为

1. 未按 HSE 要求正确穿戴劳动保护用品。
2. 接触电气设备前不用试电笔验电。
3. 未戴绝缘手套侧身操作电气设备。
4. 开关阀门不侧身。
5. 不停止抽油机就关阀门。
6. 使用扳手时开口过大或用力过猛。

第三节 游梁式抽油机

项目一 游梁式抽油机调整曲柄平衡操作

一、操作目的

游梁式抽油机调整曲柄平衡操作是采油工应掌握的一项操作技能。主要目的是平衡电动机上行电流、下行电流,减少交变载荷对抽油设备的损害,确保抽油机正常运转。

二、操作流程

准备工作──检查油井生产情况──测电流计算调整距离──停止抽油机──卸松平衡块螺栓──移动平衡块──启动抽油机──检查调整效果──录取相关资料──清理现场。

三、准备工作

（一）项目操作人员及劳保要求

1. 操作人员 3 人，持有中级及以上职业资格证。
2. 按照 HSE 要求正确穿戴劳动保护用品。
3. 女工不得长发外露。

（二）安全风险识别及风险控制措施

安全风险：

1. 未正确使用和有序摆放工具、用具，造成人身伤害。
2. 电气设备操作不当，造成电击、灼伤伤害甚至死亡。
3. 未锁死刹车，发生溜车，造成机械伤害。
4. 吊臂下站人，造成人身伤害。

风险控制措施：

1. 正确选择使用工具、用具，并有序摆放。
2. 接触电气设备前先用试电笔验电，戴绝缘手套侧身操作电气设备。
3. 锁紧死刹车。
4. 吊车臂下禁止站人。

操作前由直接领导申报《专项类特殊危险作业项目作业许可证》，明确操作人员，熟悉施工内容和施工步骤，做好安全风险识别并制定风险控制措施，由操作者签字确认；操作中严格按照安全标准化操作进行。

（三）工具、用具、材料、设备

375mm 活动扳手 1 把，平衡块螺栓专用扳手 1 把，专用套筒扳手 1 把，3.75kg 大锤 1 把，500mm 撬杠 1 根，钢丝绳套 1 副，300mm 直尺 1 把，钳形电流表 1 块，试电笔 1 支，绝缘手套 1 副，计算器 1 个，石笔 1 支，安全警示牌 2 个，黄油，砂纸，擦布，记录本，记录笔，随车吊 1 台。

四、操作步骤

（一）检查油井生产情况

1. 检查并记录井口油管压力、套管压力、回压数据。
2. 检查井口流程有无渗漏，阀门开关是否正确。
3. 检查密封盒是否漏油，并进行调整。

（二）测电流计算调整距离

1. 检查抽油机运转是否正常，有无异常响声，刹车是否灵活可靠。
2. 戴绝缘手套用钳形电流表测驴头上、下行电流峰值，做好记录。
3. 计算平衡率：将三相上行电流与三相下行电流取平均值，代入公式：

$$B = \frac{I_下}{I_上} \times 100\% \tag{1-1}$$

4. 计算出平衡率，判断调整方向，计算调整距离：

$$H = |1-B| \times 100 \tag{1-2}$$

式中　B——平衡率；
　　　$I_下$——下行电流，A；
　　　$I_上$——上行电流，A；
　　　H——调整距离，cm。

（三）停止抽油机

1. 用试电笔检测配电箱外壳，确认无电后，打开配电箱门。
2. 戴绝缘手套侧身按停止按钮，将抽油机驴头停在上死点位置，刹紧刹车，检查刹车牢固。
3. 侧身拉闸断电，锁好配电箱门，挂上安全警示牌，记录停止抽油机时间。
4. 锁紧死刹车，挂上安全警示牌。

（四）卸松平衡块螺栓

1. 清理平衡块调整方向的曲柄面，用石笔在曲柄面上做出调整标记。
2. 将钢丝绳套穿入平衡块孔内，挂在随车吊的吊钩上，并且加载负荷。
3. 卸掉平衡块锁块的固定螺栓，取下锁块。
4. 按照先低后高的原则卸松平衡块固定螺栓。

（五）移动平衡块

根据标记位置，指挥随车吊上提或下放平衡块到所调位置，如图1-4所示。

（六）紧固平衡块螺栓

1. 将锁块螺栓涂上黄油，装上锁块，紧固锁块螺栓。
2. 按照先高后低的原则紧固平衡块固定螺栓，螺纹外露处涂上黄油。
3. 摘下钢丝绳套。
4. 另一侧按照此方法调整。

（七）启动抽油机

1. 检查抽油机周围有无障碍物。
2. 摘下安全警示牌，缓慢松开死刹车、刹车。
3. 摘下安全警示牌，打开配电箱门，戴绝缘手套，侧身合闸送电。
4. 侧身按启动按钮，利用惯性启动抽油机，锁好配电箱门。

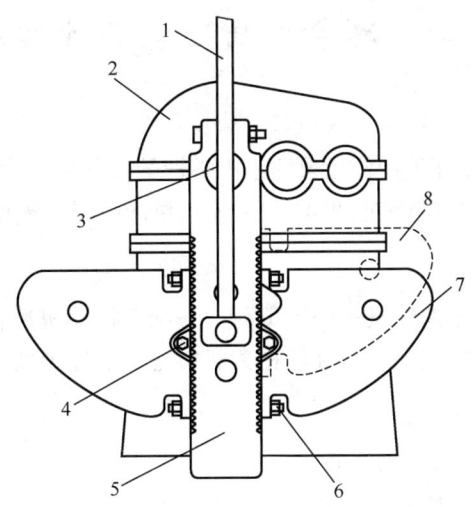

图 1-4 抽油机调整平衡示意图（向内调整）
1—连杆；2—减速箱；3—输出轴；4—锁块；5—曲柄；6—固定螺栓；7—配重块位置；8—要调的位置

（八）检查调整效果

1. 复测电流，计算平衡率，合格范围为 85%~115%。
2. 检查抽油机运转是否正常。
3. 检查油井生产情况。

（九）录取相关资料

记录油管压力、套管压力、回压、启动抽油机的时间。

（十）清理现场

清理现场，收拾工具、用具，填写报表。

五、不安全行为

1. 未按 HSE 要求正确穿戴劳动保护用品。
2. 接触电气设备前未用试电笔验电。
3. 未戴绝缘手套操作电气设备。
4. 未侧身操作电气设备。
5. 未锁死刹车。
6. 戴手套使用大锤。
7. 登高操作时无安全保护措施。
8. 大风天气（≥6级）登高露天作业。

项目二　游梁式抽油机调冲程操作

一、操作目的

游梁式抽油机调整冲程操作是采油工应掌握的一项操作技能。主要目的是依据油层供液情况，通过调整合理的冲程长度，实现供产协调，最大限度发挥油井潜力。

二、操作流程

准备工作──→停止抽油机──→卸负荷──→调整抽油机冲程──→挂负荷──→启动抽油机──→检查调整效果──→录取相关资料──→清理现场。

三、准备工作

（一）项目操作人员及劳保要求

1. 操作人员3人，持有高级及以上职业资格证。
2. 按照HSE要求正确穿戴劳动保护用品。
3. 女工不得长发外露。

（二）安全风险识别及风险控制措施

安全风险：

1. 未正确使用和有序摆放工具、用具，造成人身伤害。
2. 电气设备操作不当，造成电击、灼伤伤害甚至死亡。
3. 未锁死刹车，发生溜车，造成机械伤害。
4. 拆装光杆卡子时手抓光杆，造成人身伤害。
5. 交叉作业，造成人身伤害。
6. 高处作业时抛掷工具及配件，造成落物伤人。
7. 高空作业时未系安全带，造成人身伤害。
8. 大风天气（≥6级）登高露天作业。

风险控制措施：

1. 正确选择使用工具、用具，并有序摆放。
2. 接触电气设备前先用试电笔验电，戴绝缘手套侧身操作电气设备。
3. 锁紧死刹车。
4. 拆装光杆卡子时禁止手抓光杆。
5. 严禁交叉作业。
6. 高处作业时严禁抛掷工具及配件，应用绳子传送。
7. 高空作业时要系好安全带。
8. 大风天气（≥6级），严禁登高露天作业。

操作前由直接领导申报《专项类特殊危险作业项目作业许可证》，明确操作人员，熟悉施工内容和施工步骤，做好安全风险识别并制定风险控制措施，由操作者签字确认；操作中严格按照安全标准化操作进行。

（三）工具、用具、材料、设备

300mm 活动扳手 1 把，24~27mm 梅花扳手 1 把，1000mm 撬杠 2 根，5kg 大锤 1 把，250mm 锉刀 1 把，钳形电流表 1 块，光杆卡子 1 副，ϕ50mm 铜棒 1 根，钢丝绳套 2 副，10m 棕绳 2 根，安全警示牌 2 块，绝缘手套 1 副，试电笔 1 支，细砂纸、黄油、清洗油适量，擦布，记录本，记录笔，吊车 1 台。

四、操作步骤

（一）停止抽油机

1. 用试电笔检测配电箱外壳，确认无电后，打开配电箱门。

2. 当抽油机驴头接近上死点位置时，戴绝缘手套侧身按停止按钮停止抽油机，刹紧刹车，检查刹车是否牢固。

3. 侧身拉闸断电，锁好配电箱门，挂上安全警示牌，记录停止抽油机的时间。

4. 锁紧死刹车，挂上安全警示牌。

（二）卸负荷

1. 在密封盒上方打紧光杆卡子。

2. 检查抽油机周围，确认无障碍物后，缓慢松开死刹车，缓慢松刹车，戴绝缘手套侧身合闸送电，启动抽油机。

3. 驴头向下运行，待光杆卡子坐在井口密封盒上，将曲柄停在前下方 45°~60° 便于操作的位置，刹紧刹车。

4. 侧身拉闸断电，锁好配电箱门，锁紧死刹车，挂上安全警示牌。

（三）调整抽油机冲程

1. 将钢丝绳套穿过游梁的前、后吊环，用吊车吊好，确保游梁平稳。

2. 将棕绳绑在连杆下端。

3. 卸掉两侧曲柄销备母及固定螺母，用铜棒垫在销子头上，用大锤往外打，从冲程孔中打松后，用撬杠撬连杆，同时用力拉棕绳，拉出曲柄销子总成，并取出衬套。

4. 检查衬套及键是否有损坏，清理干净并涂抹黄油。

5. 清理干净要调整冲程孔内的污物，并均匀涂抹黄油。

6. 用铜棒将衬套对正打入冲程孔内。

7. 用吊车调整曲柄销总成位置，使曲柄销子对准要调整的冲程孔，将曲柄销子装入冲程孔内，装入键，紧固曲柄销固定螺母及备母，用同样方法安装另一侧曲柄销子总成，画好安全线。

8. 松开两侧连杆棕绳。

9. 摘下游梁前、后吊环的钢丝绳套。

10. 重新调整好防冲距。

（四）挂负荷

1. 检查抽油机周围，确认无障碍物后，缓慢松开死刹车，缓慢松刹车，使光杆负荷转移到悬绳器上，刹紧刹车，锁紧死刹车。

2. 卸下密封盒上的光杆卡子，锉掉光杆上的毛刺。

（五）启动抽油机

1. 检查抽油机周围有无障碍物。

2. 摘下安全警示牌，缓慢松开死刹车，缓慢松刹车。

3. 摘下安全警示牌，打开配电箱门，戴绝缘手套，侧身合闸送电。

4. 侧身按启动按钮，利用惯性启动抽油机，锁好配电箱门。

（六）检查调整效果

1. 检查抽油机运转是否正常，有无异响、碰挂现象，密封填料有无渗漏。

2. 核实电流、平衡率、产液量、压力、含水率变化情况。

（七）录取相关资料

记录油管压力、套管压力、回压、启动抽油机的时间；检查油井生产情况。

（八）清理现场

清理现场，收拾工具、用具，填写报表。

五、不安全行为

1. 未按 HSE 要求正确穿戴劳动保护用品。

2. 接触电气设备前未用试电笔验电。

3. 未戴绝缘手套接触电气设备。

4. 未侧身操作电气设备。

5. 未锁死刹车。

6. 拆装光杆卡子时手抓光杆。

7. 戴手套使用大锤。

8. 登高操作时无安全保护措施。

9. 大风天气（≥6级）登高露天作业。

项目三 游梁式抽油机调整冲次操作

一、操作目的

游梁式抽油机调整冲次操作是采油工应掌握的一项操作技能。主要目的是根据油层供液能力大小，调整皮带轮直径、确定合理冲次，最大限度发挥油井潜力。

二、操作流程

准备工作──确定电动机皮带轮──停止抽油机──卸旧电动机皮带轮──安装新电动机皮带轮──安装皮带──启动抽油机──检查调整效果──录取相关资料──清理现场──核实油井产量。

三、准备工作

（一）项目操作人员及劳保要求

1. 操作人员2人，持有高级及以上职业资格证。
2. 按照HSE要求正确穿戴劳动保护用品。
3. 女工不得长发外露。

（二）安全风险识别及风险控制措施

安全风险：

1. 未正确使用和有序摆放工具、用具，造成人身伤害。
2. 电气设备操作不当，造成电击、灼伤伤害甚至死亡。
3. 未锁死刹车，发生溜车，造成机械伤害。
4. 拉马拉力爪未用铁丝捆绑，造成人身伤害。
5. 电动机轮掉落伤人。

风险控制措施：

1. 正确选择使用工具、用具，并有序摆放。
2. 接触电气设备前先用试电笔验电，戴绝缘手套侧身操作电气设备。
3. 锁紧死刹车。
4. 拉马拉力爪用铁丝捆绑。
5. 卸电动机轮时两人要配合好。

操作前由直接领导申报《专项类特殊危险作业项目作业许可证》，明确操作人员，熟悉施工内容和施工步骤，做好安全风险识别并制定风险控制措施，由操作者签字确认；操作中严格按照安全标准化操作进行。

（三）工具、用具、材料

300mm、375mm活动扳手各1把，专用套筒扳手1把，500mm、1000mm撬杠各1根，拉马1套，3.5kg大锤1把，手钳1把，铜棒1根，150mm游标卡尺1把，试电笔1支，绝缘手套1副，安全警示牌2块，钳形电流表1块，合适的皮带轮1个，键1块，12号铁丝，线绳，细砂布，黄油，擦布，记录本，记录笔。

四、操作步骤

（一）确定电动机皮带轮

1. 在冲次、电动机转速已定的情况下，电动机的皮带轮直径D_1可按下式确定：

$$D_1 = \frac{D_2 n_2 Z}{n_1} \tag{1-3}$$

式中　D_1——电动机皮带轮直径，mm；
　　　D_2——减速器皮带轮直径，mm；
　　　n_1——电动机额定转速，r/min；
　　　n_2——抽油机冲次，min^{-1}；
　　　Z——减速器的减速比。

2. 检查皮带轮边缘有无缺损。
3. 检查皮带轮的槽型与皮带型号是否相符。

（二）停止抽油机

1. 用试电笔检测配电箱外壳，确认无电后，打开配电箱门。
2. 戴绝缘手套侧身按停止按钮停止抽油机，将抽油机驴头停在上死点位置，刹紧刹车，检查刹车是否牢固。
3. 侧身拉闸断电，锁好配电箱门，挂上安全警示牌，记录停止抽油机的时间。
4. 锁紧死刹车，挂上安全警示牌。

（三）卸旧电动机皮带轮

1. 松开电动机前顶丝及固定螺栓，将电动机前移，卸去电动机轮皮带，使皮带挂在减速箱输入轴皮带轮上。
2. 若电动机轴有锥度，应先将皮带轮固定螺母卸下，取下锁片，如图1-5(a)所示；若电动机轴带衬套，应将备帽卸下，如图1-5(b)所示。
3. 将拉马装好，并用铁丝将三爪捆绑固定，平稳转动顶丝，将旧皮带轮拔下，如图1-6所示，有衬套的只拔下旧皮带轮，不卸下衬套。

（四）安装新电动机皮带轮

1. 用砂布清理好新轮内孔、电动机轴、键、键槽，确保光滑无毛刺。
2. 用游标卡尺分别测量电动机轴与新皮带轮孔径是否配套。
3. 带锥度的电动机皮带轮安装时，将键放入键槽内，对好键槽推入皮带轮，垫上铜棒，用大锤敲击皮带轮的边缘，使其各方向受力均匀打紧，装入锁片，上紧锁母，如图1-5(a)所示。
4. 不带锥度的电动机皮带轮安装时，带衬套的，将键放入键槽内，对好键槽装上衬套再推入新皮带轮，垫上铜棒，用大锤敲击皮带轮的边缘，使其各方向受力均匀打紧，上紧备帽，如图1-5(b)所示；没有衬套的，对好键槽推入新皮带轮，垫上铜棒，用大锤敲击皮带轮的边缘，使其各方向受力均匀打紧，装好盖板，上紧固定螺栓，如图1-5(c)所示。

第一章 油气水井日常标准操作项目

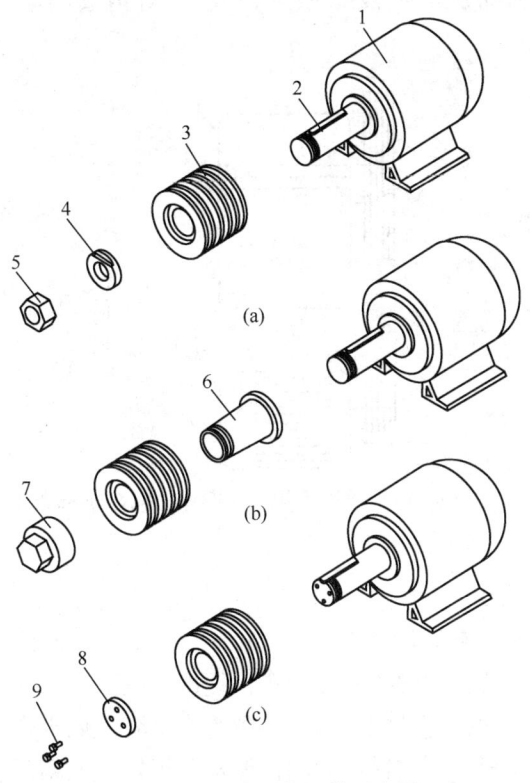

图 1-5 电动机轮组装示意图

1—电动机；2—电动机轴；3—皮带轮；4—锁片；5—锁母；6—衬套；7—备帽；8—盖板；9—固定螺栓

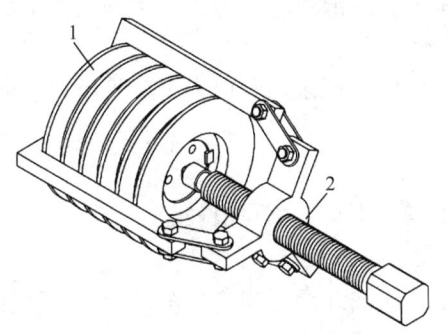

图 1-6 拔轮器使用示意图

1—电动机轮；2—拉马

（五）安装皮带

1.装上皮带，向后移动电动机。

2.用顶丝调整皮带松紧度及"四点一线",对角紧固电动机固定螺栓,如图1-7所示。

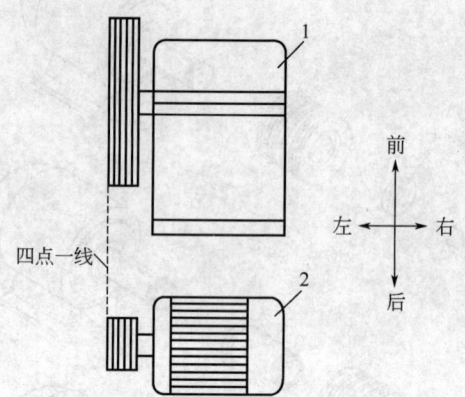

图1-7 电动机皮带安装(四点一线)示意图
1—减速箱;2—电动机

(六)启动抽油机
1.检查抽油机周围有无障碍物。
2.摘下安全警示牌,缓慢松开死刹车,缓慢松刹车。
3.摘下安全警示牌,打开配电箱门,戴绝缘手套,侧身合闸送电。
4.侧身按启动按钮,利用惯性启动抽油机,锁好配电箱门。

(七)检查调整效果
1.检查电动机皮带轮是否紧固无松动,皮带松紧是否合适,核实冲次。
2.核实电流、平衡率、产液量、压力、含水率变化情况。

(八)录取相关资料
记录启动抽油机的时间,记录油管压力、套管压力、回压数据,检查油井生产情况。

(九)清理现场
清理现场,收拾工具、用具,填写报表。

(十)核实油井产量
按要求量油取样,核实油井产量和含水率。

五、不安全行为

1.未按 HSE 要求正确穿戴劳动保护用品。
2.接触电气设备前未用试电笔验电。
3.未戴绝缘手套操作电气设备。
4.未侧身操作电气设备。

5. 未锁死刹车。
6. 戴手套拆装皮带。
7. 戴手套使用大锤。
8. 用拉马拔电动机轮时,未用铁丝将三爪捆绑固定。

项目四 游梁式抽油机更换曲柄销总成操作

一、操作目的

游梁式抽油机更换曲柄销总成操作是采油工应掌握的一项操作技能。主要目的是通过更换损坏的曲柄销子,防止抽油设备重大机械事故的发生,确保抽油机正常运转。

二、操作流程

准备工作──停止抽油机──卸负荷──更换曲柄销总成──挂负荷──启动抽油机──检查更换效果──录取相关资料──清理现场。

三、准备工作

(一) 项目操作人员及劳保要求

1. 操作人员3人,持有高级及以上职业资格证。
2. 按照HSE要求正确穿戴劳动保护用品。
3. 女工不得长发外露。

(二) 安全风险识别及风险控制措施

安全风险:

1. 未正确使用和有序摆放工具、用具,造成人身伤害。
2. 电气设备操作不当,造成电击、灼伤伤害甚至死亡。
3. 未锁死刹车,发生溜车,造成机械伤害。
4. 拆装光杆卡子时手抓光杆,造成人身伤害。
5. 交叉作业,造成人身伤害。
6. 高处作业时抛掷工具及配件,造成落物伤人。
7. 高空作业时未系安全带,造成人身伤害。
8. 大风天气(≥6级)登高露天作业。

风险控制措施:

1. 正确选择使用工具、用具,并有序摆放。
2. 接触电气设备前先用试电笔验电,戴绝缘手套侧身操作电气设备。
3. 锁紧死刹车。
4. 拆装光杆卡子时禁止手抓光杆。

5. 严禁交叉作业。

6. 高处作业时严禁抛掷工具及配件，应用绳子传送。

7. 高空作业时要系好安全带。

8. 大风天气（≥6级），严禁登高露天作业。

操作前由直接领导申报《专项类特殊危险作业项目作业许可证》，明确操作人员，熟悉施工内容和施工步骤，做好安全风险识别并制定风险控制措施，由操作者签字确认；操作中严格按照安全标准化操作进行。

（三）工具、用具、材料、设备

250mm、300mm 活动扳手各1把，24~27mm 梅花扳手1把，1000mm 撬杠2根，5kg 大锤1把，250mm 锉刀1把，钳形电流表1块，光杆卡子1副，ϕ50mm 铜棒1根，钢丝绳套2副，10m 棕绳2根，安全警示牌2块，绝缘手套1副，试电笔1支，相同规格的曲柄销总成1套，键1块，黄油，清洗油，擦布，记录本，记录笔，吊车1台，随车吊1台。

四、操作步骤

（一）停止抽油机

1. 用试电笔检测配电箱外壳，确认无电后，打开配电箱门。

2. 当抽油机驴头接近上死点位置时，戴绝缘手套侧身按停止按钮停止抽油机，刹紧刹车，检查刹车是否牢固。

3. 侧身拉闸断电，锁好配电箱门，挂上安全警示牌，记录停止抽油机的时间。

4. 锁紧死刹车，挂上安全警示牌。

（二）卸负荷

1. 在密封盒上方打紧光杆卡子。

2. 检查抽油机周围，确认无障碍物后，缓慢松开刹车，戴绝缘手套侧身点启抽油机。

3. 待光杆卡子坐在井口密封盒上，将曲柄停在前下方45°~60°便于操作的位置，刹紧刹车。

4. 侧身拉闸断电，锁好配电箱门，锁紧死刹车，挂上安全警示牌。

（三）更换曲柄销总成

1. 将钢丝绳套穿过游梁的前、后吊环，用吊车吊好，确保游梁平稳。

2. 用棕绳捆绑在更换曲柄销总成一侧的连杆下端，卸掉连杆扣环固定螺栓。

3. 用撬杠撬出连杆扣环，并用棕绳拉开连杆。

4. 将1条连杆扣环固定螺栓装在曲柄销轴承座上，用随车吊将曲柄销总成吊住。

5. 卸掉曲柄销备母及固定螺母，用铜棒垫在销子头上，用大锤往外打，从冲程孔中打松后，用撬杠撬出曲柄销总成，同时随车吊调整吊钩、吊臂，便于取出曲柄销总成，并回收。

6. 取出衬套和键，检查磨损情况，并回收。

7. 清理冲程孔内的污物，并均匀涂抹黄油。

8. 检查键与曲柄销子、衬套配合情况，并均匀涂抹黄油，曲柄销轴承加注黄油。

9. 用铜棒将衬套对正打入冲程孔内。

10. 用随车吊提起曲柄销总成，使曲柄销子对准衬套推入，装入键，紧固曲柄销固定螺母及备母，画好安全线。

11. 松开连杆下端棕绳，连杆扣环对正曲柄销轴承座推入，对角拧紧固定螺栓。

12. 摘下游梁前、后吊环的钢丝绳套。

（四）挂负荷

1. 缓慢松开死刹车，缓慢松刹车，使光杆负荷转移到悬绳器上，刹紧刹车，锁紧死刹车。

2. 卸下密封盒上的光杆卡子，锉掉光杆上的毛刺。

（五）启动抽油机

1. 检查抽油机周围有无障碍物。

2. 摘下安全警示牌，缓慢松开死刹车，缓慢松刹车。

3. 摘下安全警示牌，打开配电箱门，戴绝缘手套，侧身合闸送电。

4. 侧身按启动按钮，利用惯性启动抽油机，锁好配电箱门。

（六）检查更换效果

检查抽油机运转是否正常，有无异响，密封填料有无渗漏。

（七）录取相关资料

记录启动抽油机的时间，记录油管压力、套管压力、回压数据，检查油井生产情况。

（八）清理现场

清理现场，收拾工具、用具，填写报表。

五、不安全行为

1. 未按 HSE 要求正确穿戴劳动保护用品。

2. 接触电气设备前未用试电笔验电。

3. 未戴绝缘手套侧身操作电气设备。

4. 配电箱不上锁作业。

5. 未锁死刹车。
6. 拆装光杆卡子时手抓光杆。
7. 使用大锤时戴手套。
8. 交叉作业。
9. 大风天气（≥6级）登高露天作业。
10. 登高操作时无安全保护措施。
11. 高处作业时抛掷工具及配件。
12. 吊车旋转范围内和起重臂下站人。

项目五 游梁式抽油机更换毛辫子操作

一、操作目的

游梁式抽油机更换毛辫子操作是采油工应掌握的一项操作技能。主要目的是通过更换已损坏的毛辫子，防止重大机械事故和人身伤害事故的发生，确保人身安全和抽油井正常生产。

二、操作流程

准备工作──→停止抽油机──→卸负荷──→更换毛辫子──→挂负荷──→启动抽油机──→检查更换效果──→录取相关资料──→清理现场。

三、准备工作

（一）项目操作人员及劳保要求

1. 操作人员3人，持有高级及以上职业资格证。
2. 按照HSE要求正确穿戴劳动保护用品。
3. 女工不得长发外露。

（二）安全风险识别及风险控制措施

安全风险：
1. 未正确使用和有序摆放工具、用具，造成人身伤害。
2. 电气设备操作不当，造成电击、灼伤伤害甚至死亡。
3. 未锁死刹车，发生溜车，造成机械伤害。
4. 拆装光杆卡子时手抓光杆，造成人身伤害。
5. 交叉作业，造成人身伤害。
6. 高处作业时抛掷工具及配件，造成落物伤人。
7. 高空作业时未系安全带，造成人身伤害。
8. 大风天气（≥6级）登高露天作业。

风险控制措施：

1. 正确选择使用工具、用具,并有序摆放。
2. 接触电气设备前先用试电笔验电,戴绝缘手套侧身操作电气设备。
3. 锁紧死刹车。
4. 拆装光杆卡子时禁止手抓光杆。
5. 严禁交叉作业。
6. 高处作业时严禁抛掷工具及配件,应用绳子传送。
7. 高空作业时要系好安全带。
8. 大风天气(≥6级),严禁登高露天作业。

操作前由直接领导申报《专项类特殊危险作业项目作业许可证》,明确操作人员,熟悉施工内容和施工步骤,做好安全风险识别并制定风险控制措施,由操作者签字确认;操作中严格按照安全标准化操作进行。

(三)工具、用具、材料、设备

375mm 活动扳手 1 把,200mm 手钳 1 把,24~27mm 梅花扳手 1 把,250mm 锉刀 1 把,500mm 撬杠 1 根,试电笔 1 支,光杆卡子 1 副,同长度新毛辫子 1 根,绝缘手套 1 副,φ20mm 棕绳 15m,安全带 2 副,安全警示牌 2 块,棉纱,升降车 1 台。

四、操作步骤

(一)停止抽油机

1. 用试电笔检测配电箱外壳,确认无电后,打开配电箱门。
2. 当抽油机驴头运行接近下死点位置时,戴绝缘手套侧身按停止按钮停止抽油机,刹紧刹车,检查刹车牢固。
3. 侧身拉闸断电,锁好配电箱门,挂上安全警示牌,记录停止抽油机的时间。
4. 锁紧死刹车,挂上安全警示牌。

(二)卸负荷

1. 在密封盒上方打紧光杆卡子。
2. 检查抽油机周围,确认无障碍物后,缓慢松开刹车,戴绝缘手套侧身合闸送电,启动抽油机。
3. 光杆卡子接近井口时,侧身按停止按钮,待光杆卡子坐在井口密封盒上,刹紧刹车,卸掉驴头负荷。
4. 侧身拉闸断电,锁好配电箱门,锁紧死刹车,挂上安全警示牌。

(三)更换抽油机毛辫子

1. 拔掉悬绳器两侧穿销上的开口销子,拔掉悬绳器两侧穿销,将悬绳器两侧毛辫子移出,将悬绳器放在密封盒上。

2. 两人系好安全带，进入升降车篮筐内，升至驴头顶端。

3. 卸松毛辫子挂板上的固定螺栓。

4. 用棕绳将毛辫子系在升降车篮筐上，两人合力将毛辫子从挂板取出，升降车慢慢降至地面。

5. 用棕绳将新的毛辫子系在篮筐上，升至驴头顶端，两人合力将新毛辫子挂在驴头挂板上，上紧驴头挂板固定螺栓。

6. 将悬绳器抬至毛辫子下端，将毛辫子放入悬绳器两侧卡槽内。

7. 插入悬绳器两侧穿销，卡好开口销子。

8. 检查悬绳器是否水平。

（四）挂负荷

1. 缓慢松开死刹车，缓慢松刹车，使光杆负荷转移到悬绳器上，刹紧刹车，锁紧死刹车。

2. 卸下密封盒上的光杆卡子，锉掉光杆上的毛刺。

（五）启动抽油机

1. 检查抽油机周围有无障碍物。

2. 摘下安全警示牌，缓慢松开死刹车，缓慢松刹车。

3. 摘下安全警示牌，打开配电箱门，戴绝缘手套，侧身合闸送电。

4. 侧身按启动按钮，利用惯性启动抽油机，锁好配电箱门。

（六）检查更换效果

检查抽油机运转是否正常，有无异响，毛辫子有无打扭，密封填料有无渗漏。

（七）录取相关资料

记录启动抽油机的时间，记录油管压力、套管压力、回压数据，检查油井生产情况。

（八）清理现场

清理现场，收拾工具、用具，填写报表。

五、不安全行为

1. 未按 HSE 要求正确穿戴劳动保护用品。

2. 接触电气设备前未用试电笔验电。

3. 未戴绝缘手套接触电气设备。

4. 未侧身操作电气设备。

5. 未锁死刹车。

6. 拆装光杆卡子时手抓光杆。

7. 高处作业时抛掷工具及配件。

8. 登高操作时无安全保护措施。

9. 大风天气（≥6级）登高露天作业。

项目六　游梁式抽油机更换电动机操作

一、操作目的

游梁式抽油机更换电动机操作是采油工应掌握的一项操作技能。主要目的是通过更换合适功率的电动机，为游梁式抽油机减速箱提供必要的输入扭矩，确保游梁式抽油机有足够的举升能力。

二、操作流程

准备工作──→停止抽油机──→卸下旧电动机──→安装新电动机──→启动抽油机──→检查更换效果──→录取相关资料──→清理现场。

三、准备工作

（一）项目操作人员及劳保要求

1. 操作人员3人，持有中级及以上职业资格证。
2. 按照 HSE 要求正确穿戴劳动保护用品。
3. 女工不得长发外露。

（二）安全风险识别及风险控制措施

安全风险：
1. 未正确使用和有序摆放工具、用具，造成人身伤害。
2. 电气设备操作不当，造成电击、灼伤伤害甚至死亡。
3. 未锁死刹车，发生溜车，造成机械伤害。
4. 交叉作业，造成人身伤害。
5. 吊臂下站人，造成人身伤害。
6. 吊车下放电动机入滑轨时挤伤手指。

风险控制措施：
1. 正确选择使用工具、用具，并有序摆放。
2. 接触电气设备前先用试电笔验电，戴绝缘手套侧身操作电气设备。
3. 锁紧死刹车。
4. 严禁交叉作业。
5. 吊臂下禁止站人。
6. 吊车下放电动机入滑轨时，手指严禁接触电动机底面。

操作前由直接领导申报《专项类特殊危险作业项目作业许可证》，明确操作人员，熟悉施工内容和施工步骤，做好安全风险识别并制定风险控制措施，由操作者签字确认；操作中严格按照安全标准化操作进行。

（三）工具、用具、材料、设备

300mm、375mm活动扳手各1把，500mm、1000mm撬杠各1根，钳形电流表1块，电工工具1套，绝缘手套1副，试电笔1支，安全警示牌2块，配套电动机1台，线绳，黄油，擦布，记录本，记录笔，随车吊1台。

四、操作步骤

（一）停止抽油机

1. 根据油井生产情况，确定抽油机停止后驴头所处位置。
2. 用试电笔检测配电箱外壳，确认无电后，打开配电箱门。
3. 戴绝缘手套侧身按停止按钮停止抽油机，刹紧刹车，检查刹车是否牢固。
4. 侧身拉闸断电，锁好配电箱门，挂上安全警示牌，记录停止抽油机的时间。
5. 锁紧死刹车，挂上安全警示牌。

（二）卸下旧电动机

1. 由维修电工拆下电动机接线。
2. 卸松电动机顶丝和固定螺栓。
3. 向前移动电动机，取下皮带。
4. 卸掉电动机固定螺栓。
5. 检查并紧固电动机吊环，吊下旧电动机。

（三）安装新电动机

1. 根据新电动机底座调整预装滑轨间距。
2. 用随车吊吊起新电动机，平稳摆放在滑轨上。
3. 初校电动机皮带轮与减速箱皮带轮"四点一线"，装上电动机固定螺栓。
4. 挂上皮带，紧顶丝，向后移动电动机。
5. 调整皮带松紧度和"四点一线"，紧固滑轨及电动机固定螺栓。
6. 由维修电工负责电动机接线，验证电动机是否正反转。

（四）启动抽油机

1. 检查抽油机周围有无障碍物。
2. 摘下安全警示牌，缓慢松开死刹车，缓慢松刹车。
3. 摘下安全警示牌，打开配电箱门，戴绝缘手套，侧身合闸送电。
4. 侧身按启动按钮，利用惯性启动抽油机，锁好配电箱门。

（五）检查更换效果

检查抽油机运转是否正常，电动机有无异响，密封填料有无渗漏。

（六）录取相关资料

记录启动抽油机的时间，记录油管压力、套管压力、回压数据，检查油井生产情况。

（七）清理现场

清理现场，收拾工具、用具，填写报表。

五、不安全行为

1. 未按 HSE 要求正确穿戴劳动保护用品。
2. 接触电气设备前未用试电笔验电。
3. 未戴绝缘手套操作电气设备。
4. 未侧身操作电气设备。
5. 未锁死刹车。
6. 吊臂下站人。
7. 扶正电动机入滑轨时手指接触电动机底面。

项目七 游梁式抽油机更换减速箱操作

一、操作目的

游梁式抽油机更换减速箱操作是采油工应掌握的一项操作技能。主要目的是通过更换合格的减速箱，实现减速增扭，防止减速箱机械故障发生，确保抽油机正常运转。

二、操作流程

准备工作──停止抽油机──卸负荷──更换减速箱──挂负荷──启动抽油机──检查更换效果──录取相关资料──清理现场。

三、准备工作

（一）项目操作人员及劳保要求

1. 操作人员 3 人，持有高级及以上职业资格证。
2. 按照 HSE 要求正确穿戴劳动保护用品。
3. 女工不得长发外露。

（二）安全风险识别及风险控制措施

安全风险：

1. 未正确使用和有序摆放工具、用具，造成人身伤害。
2. 电气设备操作不当，造成电击、灼伤伤害甚至死亡。
3. 未锁死刹车，发生溜车，造成机械伤害。
4. 拆装光杆卡子时手抓光杆，造成人身伤害。
5. 交叉作业，造成人身伤害。

6. 吊臂下站人，造成人身伤害。

7. 高处作业时抛掷工具及配件，造成落物伤人。

8. 高空作业时未系安全带，造成人身伤害。

9. 大风天气（≥6级）登高露天作业。

风险控制措施：

1. 正确选择使用工具、用具，并有序摆放。

2. 接触电气设备前先用试电笔验电，戴绝缘手套侧身操作电气设备。

3. 锁紧死刹车。

4. 拆装光杆卡子时禁止手抓光杆。

5. 严禁交叉作业。

6. 吊臂下禁止站人。

7. 高处作业时严禁抛掷工具及配件，应用绳子传送。

8. 高空作业时要系好安全带。

9. 大风天气（≥6级），严禁登高露天作业。

操作前由直接领导申报《专项类特殊危险作业项目作业许可证》，明确操作人员，熟悉施工内容和施工步骤，做好安全风险识别并制定风险控制措施，由操作者签字确认。操作中严格按照安全标准化操作进行。

（三）工具、用具、材料、设备

250mm、375mm、450mm 活动扳手各 1 把，24~27mm 梅花扳手 1 把，300mm 平锉 1 把，1000mm 撬杠 2 根，平衡块螺栓专用扳手 2 把，铜棒 1 根，5kg 大锤 1 把，光杆卡子 1 副，钢丝绳 2 套，棕绳 3 根，机油 1 桶，备用键 1 块，试电笔 1 支，绝缘手套 1 副，安全警示牌 2 块，细砂纸、黄油、棉纱、清洗油适量，相同规格的减速箱 1 台，吊车 1 台。

四、操作步骤

（一）停止抽油机

1. 用试电笔检测配电箱外壳，确认无电后，打开配电箱门。

2. 当抽油机驴头运行接近下死点位置时，戴绝缘手套侧身按停止按钮停止抽油机，刹紧刹车，检查刹车是否牢固。

3. 侧身拉闸断电，锁好配电箱门，挂上安全警示牌，记录停止抽油机的时间。

4. 锁紧死刹车，挂上安全警示牌。

（二）卸负荷

1. 在密封盒上方打紧光杆卡子。

2. 检查抽油机周围，确认无障碍物后，缓慢松开刹车，戴绝缘手套侧身合闸送电，启动抽油机。

3. 光杆卡子接近井口时，侧身按停止按钮，待光杆卡子坐在井口密封盒上，刹紧刹车，卸掉驴头负荷。

4. 侧身拉闸断电，锁好配电箱门，锁紧死刹车，挂上安全警示牌。

5. 卸掉悬绳器挡板，将悬绳器移开。

（三）更换减速箱

1. 缓慢松开死刹车，缓慢松刹车，使曲柄慢慢下滑至下死点。

2. 吊车分别将2根钢丝绳套挂在游梁上前后2个吊环上。

3. 卸掉两侧连杆扣环固定螺栓，撬出连杆，用棕绳拉开连杆。

4. 卸掉中轴卡瓦固定螺栓，取下中轴卡瓦。

5. 将游梁吊起移开，放在空阔地面。

6. 记录平衡块的位置，平衡块上系好钢丝绳，吊车带劲，卸掉平衡块锁块、固定螺栓，卸掉两侧平衡块。

7. 移动电动机，取下皮带。

8. 卸掉死刹车、刹车总成。

9. 卸掉减速箱固定螺栓，用吊车吊起，放在地面上。

10. 卸下曲柄销螺帽。

11. 用铜棒垫在销子头上，用大锤往外打，从冲程孔中打松后，取出曲柄销子总成。

12. 清理新减速箱曲柄需使用的冲程孔并涂抹黄油。

13. 将曲柄销子总成装入冲程孔内，紧固曲柄销子螺母，画好安全线。

14. 卸掉新减速箱加油孔盖螺栓，将机油加入减速箱内，确保油面在视窗的 $1/2 \sim 2/3$ 处，上紧减速箱加油孔盖螺栓。

15. 吊起减速箱，清理底部杂物，清理减速箱支座表面杂物，对角上紧固定螺栓。

16. 安装皮带，调整皮带松紧度和"四点一线"，紧固固定螺栓。

17. 安装刹车总成、死刹车。

18. 按原位置装好平衡块。

19. 将游梁吊起，中轴对准支架上的轴承座，安装中轴卡瓦，紧固螺栓。

20. 将连杆两侧扣环与曲柄销总成连接，紧固螺栓。

（四）挂负荷

1. 用吊车吊一侧曲柄，将驴头吊至下死点位置，刹紧并锁紧死刹车。

2. 将悬绳器移至光杆处，装好悬绳器光杆挡板，紧固螺栓。

3. 缓慢松刹车，使光杆负荷转移到悬绳器上，刹紧刹车。

4. 卸下密封盒上的光杆卡子，锉平光杆上的毛刺。

（五）启动抽油机
1. 检查抽油机周围有无障碍物。
2. 摘下安全警示牌，缓慢松开死刹车，缓慢松刹车。
3. 摘下安全警示牌，打开配电箱门，戴绝缘手套，侧身合闸送电。
4. 侧身按启动按钮，利用惯性启动抽油机，锁好配电箱门。

（六）检查更换效果
检查抽油机运转是否正常，有无异响，密封填料有无渗漏。

（七）录取相关资料
记录启动抽油机的时间，记录油管压力、套管压力、回压数据，检查油井生产情况。

（八）清理现场
清理现场，收拾工具、用具，填写报表。

五、不安全行为

1. 未按 HSE 要求正确穿戴劳动保护用品。
2. 接触电气设备前未用试电笔验电。
3. 未戴绝缘手套操作电气设备。
4. 未侧身操作电气设备。
5. 未锁死刹车。
6. 拆装光杆卡子时手抓光杆。
7. 戴手套拆装皮带。
8. 戴手套使用大锤。
9. 吊臂下站人。
10. 高处作业时抛掷工具及配件。
11. 登高作业时未系安全带。

项目八　使用水平尺测量游梁式抽油机剪刀差操作

一、操作目的

使用水平尺测量游梁式抽油机剪刀差操作是采油工应掌握的一项操作技能。主要目的是通过检测剪刀差并使其符合标准，杜绝因剪刀差过大造成的抽油机拉断连杆等事故的发生，确保抽油设备正常运转。

二、操作流程

准备工作──→确定剪刀差值──→停止抽油机──→检测抽油机底座水平──→测量剪刀差──→计算剪刀差──→启动抽油机──→录取相关资料──→清理现场。

三、准备工作

（一）项目操作人员及劳保要求

1. 操作人员 2 人，持有高级及以上职业资格证。
2. 按照 HSE 要求正确穿戴劳动保护用品。
3. 女工不得长发外露。

（二）安全风险识别及风险控制措施

安全风险：

1. 未正确使用和有序摆放工具、用具，造成人身伤害。
2. 电气设备操作不当，造成电击、灼伤伤害甚至死亡。
3. 未锁死刹车，发生溜车，造成机械伤害。
4. 交叉作业，造成人身伤害。
5. 高处作业时抛掷工具及配件，造成落物伤人。
6. 高空作业时未系安全带，造成人身伤害。
7. 大风天气（≥6 级）登高露天作业。

风险控制措施：

1. 正确选择使用工具、用具，并有序摆放。
2. 接触电气设备前先用试电笔验电，戴绝缘手套侧身操作电气设备。
3. 锁紧死刹车。
4. 严禁交叉作业。
5. 高处作业时严禁抛掷工具及配件，应用绳子传送。
6. 高空作业时要系好安全带。
7. 大风天气（≥6 级），严禁登高露天作业。

操作前先学习操作步骤，操作中应严格按照采油工标准化操作程序进行。

（三）工具、用具、材料

3000mm 钢卷尺 1 个，600mm 水平尺 1 把，水平靠尺 1 把，10mm 塞尺 1 把，安全带 1 套，绝缘手套 1 副，试电笔 1 支，安全警示牌 2 块，计算器 1 个，擦布，砂纸，石笔，记录本，记录笔。

四、操作步骤

（一）确定剪刀差值

剪刀差合格标准是按抽油机型号来确定的。

1. 5 型抽油机剪刀差不得超过 5mm。
2. 10 型抽油机剪刀差不得超过 6mm。
3. 12 型抽油机剪刀差不得超过 7mm。

现以 10 型抽油机为例测量剪刀差。

（二）停止抽油机

1. 用试电笔检测配电箱外壳，确认无电后，打开配电箱门。
2. 戴绝缘手套侧身按停止按钮停止抽油机，刹紧刹车，曲柄停在水平位置，检查刹车是否牢固。
3. 侧身拉闸断电，锁好配电箱门，挂上安全警示牌，记录停止抽油机的时间。
4. 锁紧死刹车，挂上安全警示牌。

（三）检测抽油机底座水平

1. 清理底座检测点。
2. 测量底座是否水平。
3. 计算出底座水平差值。

本操作底座为水平，无差值。

（四）测量剪刀差

1. 清理两侧曲柄尾部测量面。
2. 量出两侧曲柄之间宽度，将水平靠尺放在两曲柄测量面上，再将水平尺放到水平靠尺的中间部位上，观察水平尺气泡位置，如图1-8所示。

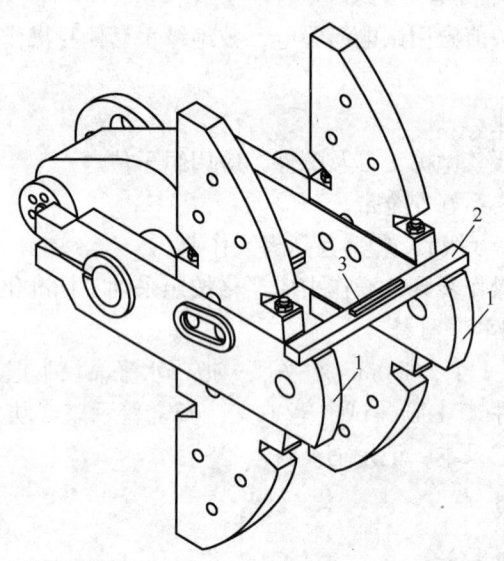

图1-8 使用水平尺测量游梁式抽油机剪刀差示意图
1—曲柄；2—水平靠尺；3—水平尺

3. 在气泡偏移相反方向的水平尺下方垫塞尺，直到气泡停在中间位置，取出塞尺，记录塞尺总厚度值，即为水平尺位置差值。
4. 取下水平尺和水平靠尺。

（五）计算剪刀差

例：两侧曲柄之间宽度为 1500mm，水平尺长度为 600mm，所垫塞尺厚度为 1.2mm。

$$剪刀差 = \frac{塞尺总厚度值 \times 两侧曲柄之间宽度}{水平尺长度}$$

$$= \frac{1.2 \times 1500}{600} = 3.0（mm）$$

该抽油机剪刀差小于 6mm，剪刀差合格。

如果剪刀差超过合格范围，应及时调整、维修。

（六）启动抽油机

1. 检查抽油机周围有无障碍物。
2. 摘下安全警示牌，缓慢松开死刹车，缓慢松刹车。
3. 摘下安全警示牌，打开配电箱门，戴绝缘手套，侧身合闸送电。
4. 侧身按启动按钮，利用惯性启动抽油机，锁好配电箱门。

（七）录取相关资料

记录启动抽油机的时间，记录油管压力、套管压力、回压数据，检查油井生产情况。

（八）清理现场

清理现场，收拾工具、用具，填写报表。

五、不安全行为

1. 未按 HSE 要求正确穿戴劳动保护用品。
2. 接触电气设备前未用试电笔验电。
3. 未戴绝缘手套操作电气设备。
4. 未侧身操作电气设备。
5. 未锁死刹车。
6. 交叉作业。
7. 高处作业时抛掷工具及配件。
8. 登高作业时未系安全带。

项目九　游梁式抽油机更换刹车片操作

一、操作目的

游梁式抽油机更换刹车片操作是采油工应掌握的一项操作技能。主要目的是通过对磨损的刹车片进行更换，保证刹车灵活好用。

二、操作流程

准备工作──拆卸旧刹车片──安装新刹车片──检查刹车片安装质量──清理现场。

三、准备工作

（一）项目操作人员及劳保要求

1. 操作人员 2 人，持有高级及以上职业资格证。
2. 按 HSE 要求正确穿戴劳动保护用品。
3. 女工不得长发外露。

（二）安全风险识别及风险控制措施

安全风险：

1. 电动工具操作不当，造成机械伤害、电击、灼伤伤害甚至死亡。
2. 未正确使用和有序摆放工具、用具，造成人身伤害。
3. 刹车蹄固定不牢固，造成人身伤害。

风险控制措施：

1. 电动工具操作前先检查确认完好后，平稳操作。
2. 正确选择使用工具、用具，并有序摆放。
3. 刹车蹄固定牢固。

操作前先学习操作步骤，操作中应严格按照采油工标准化操作程序进行。

（三）工具，用具，材料

铆钉连接：刹车片 1 副，手电钻 1 把，铆枪 1 把，根据刹车蹄片上的铆钉规格选择合适的钻头和适量铆钉，操作台，擦布，细砂纸适量。

环氧树脂粘贴：刹车片 1 副，扁铲 1 把，0.25kg 手锤 1 把，环氧树脂胶，铁丝，木块数块，擦布，细砂纸适量。

四、操作步骤

（一）铆钉连接刹车片操作

1. 拆卸刹车片。
（1）固定刹车蹄。
（2）钻掉固定刹车片的铆钉。
（3）取下旧刹车片。

2. 安装新刹车片。
（1）清理刹车蹄与刹车片结合面。
（2）通过刹车蹄上的孔在刹车片上做好记号。
（3）在刹车片的记号位置钻通孔。

（4）在刹车片内凹面的孔上，用大于通孔直径 2mm 的钻头钻半深同心孔（深度是新刹车片厚度的 1/2~2/3）。

（5）用铆钉将刹车片与刹车蹄固定牢靠。

3. 检查刹车片安装质量。

（1）检查铆钉尾端帽是否卧进刹车片内 1/2~1/3 深度。

（2）刹车片与刹车蹄接触面紧密结合。

（二）环氧树脂粘连刹车片操作

1. 拆卸刹车片。

（1）固定刹车蹄。

（2）铲掉旧刹车片。

2. 安装新刹车片。

（1）清除刹车蹄与刹车片结合面的杂质。

（2）均匀涂抹环氧树脂胶。

（3）贴合新刹车片。

（4）在刹车片上均匀垫上 3~4 块木块，用铁丝绑紧。

3. 检查刹车片安装质量。

（1）24 小时后检查刹车片粘贴是否牢固。

（2）刹车片与刹车蹄接触面是否紧密结合，有无间隙。

4. 清理现场。

清理现场，收拾工具、用具，填写报表。

五、不安全行为

1. 未按 HSE 要求正确穿戴劳动保护用品。

2. 刹车蹄固定不牢固。

3. 戴手套使用电钻。

4. 使用电钻时用力过猛。

5. 戴手套使用手锤。

项目十 游梁式抽油机更换曲柄销操作

一、操作目的

游梁式抽油机更换曲柄销操作是采油工应掌握的一项操作技能。主要目的是通过更换已磨损的曲柄销子，杜绝设备事故的发生，确保抽油机正常运转。

二、操作流程

准备工作——→停止抽油机——→卸负荷——→更换曲柄销——→挂负荷——→启动抽

油机——→检查更换效果——→录取相关资料——→清理现场。

三、准备工作

（一）项目操作人员及劳保要求

1. 操作人员3人持有高级及以上职业资格证，监护人员1人持高级及以上职业资格证，安全监督1人。

2. 按HSE要求正确穿戴劳动保护用品。

3. 女工不得长发外露。

（二）安全风险识别及风险控制措施

安全风险：

1. 未正确使用和有序摆放工具、用具，造成人身伤害。

2. 电气设备操作不当，造成电击、灼伤伤害甚至死亡。

3. 高空作业时未系安全带，造成人身伤害。

4. 大风天气（≥6级）登高露天作业。

风险控制措施：

1. 正确选择使用工具、用具，并有序摆放。

2. 接触电气设备前先用试电笔验电，戴绝缘手套侧身操作电气设备。

3. 高空作业时要系好安全带。

4. 大风天气（≥6级），严禁登高露天作业。

操作前由直接领导申报《专项类特殊危险作业项目作业许可证》，明确操作人员，熟悉施工内容和施工步骤，做好安全风险识别并制定风险控制措施，由操作者签字确认；操作中严格按照安全标准化操作进行学习操作步骤，操作中严格按照安全标准化操作进行。

（三）设备，工具，用具，材料

250mm、300mm、375mm活动扳手各1把、1000mm撬杠2根，5kg大锤1把，250mm锉刀1把，钳形电流表1块，光杆卡子1副，ϕ50mm铜棒1根，钢丝绳套2副，10m棕绳2根，安全警示牌2块，绝缘手套1副，试电笔1支，相同规格的曲柄销1副，键1块，黄油、清洗油适量，擦布，记录本，记录笔，吊车1台。

四、操作步骤

（一）停止抽油机

1. 用试电笔检测配电箱外壳无电，打开配电箱门。

2. 将曲柄停在便于操作的位置（减速箱与支架之间45°~60°位置），刹紧刹车。

3. 侧身拉闸断电，锁好配电箱门，挂上安全警示牌，记录停止抽油机的时间。

4. 锁紧死刹车，挂上安全警示牌。

（二）卸负荷

1. 在密封盒上方打紧光杆卡子。

2. 检查抽油机周围，确认无障碍物后，缓慢松开死刹车，缓慢松开刹车，戴绝缘手套侧身点启抽油机，卸掉驴头负荷停止抽油机，刹紧刹车。

3. 侧身拉闸断电，锁好配电箱门，锁紧死刹车，挂上安全警示牌。

（三）更换曲柄销子

1. 用 2 根钢丝绳套挂住游梁的前、后吊环，用吊车吊好，确保游梁平稳。

2. 用棕绳捆绑在更换曲柄销子一侧的连杆下端，卸掉连杆扣环固定螺栓。

3. 用撬杠撬出连杆扣环，并用棕绳拉开连杆。

4. 将 1 根连杆扣环固定螺栓装在曲柄销轴承座上，用棕绳吊住曲柄销总成。

5. 卸掉曲柄销备母及固定螺母，用铜棒垫在销子头上，用大锤往外打，从冲程孔中打松后，用撬杠撬出曲柄销总成，慢慢下放。

6. 取出衬套和键，检查磨损情况。

7. 清理冲程孔内的污物，并均匀涂抹黄油。

8. 打开曲柄销总成端盖，卸下曲柄销挡板，打出曲柄销子。

9. 检查键与曲柄销子、衬套配合情况，并用铜棒垫着将新曲柄销打入轴承，上紧曲柄销挡板，加注黄油。

10. 用铜棒将衬套对正打入冲程孔内。

11. 将曲柄销总成提起，使曲柄销子对准衬套推入，装入键，紧固曲柄销固定螺母及备母，画好安全线。

12. 松开连杆下端棕绳，连杆扣环对正曲柄销轴承座推入，对角拧紧固定螺栓。

13. 摘下游梁前、后吊环的钢丝绳套。

（四）挂负荷

1. 缓慢松开死刹车，缓慢松刹车，使光杆负荷转移到悬绳器上，刹紧刹车，锁紧死刹车。

2. 卸下密封盒上的光杆卡子，锉掉光杆上的毛刺。

（五）启动抽油机

1. 检查抽油机周围有无障碍物。

2. 摘下安全警示牌，松开死刹车，松刹车。

3. 摘下安全警示牌，打开配电箱门，戴绝缘手套，侧身合闸送电。

4. 侧身按启动按钮，利用惯性启动抽油机，锁好配电箱门。

（六）检查更换效果
1. 检查抽油机运转是否正常，有无异响。
2. 检查井口及密封填料有无渗漏。

（七）录取相关资料
1. 核实产液量、压力、含水率情况。
2. 核实油井出液情况，录取油管压力、套管压力、回压数据。
3. 记录启动抽油机的时间。

（八）清理现场
清理现场，收拾工具、用具，填写报表。

五、不安全行为

1. 未按 HSE 要求正确穿戴劳动保护用品。
2. 接触电气设备前未用试电笔验电。
3. 未戴绝缘手套侧身操作电气设备。
4. 配电箱不上锁作业。
5. 未锁死刹车。
6. 拆装光杆卡子时手抓光杆。
7. 使用大锤时戴手套。
8. 交叉作业。
9. 大风天气（≥6级）登高露天作业。
10. 登高操作时无安全保护措施。
11. 高处作业时抛掷工具及配件。
12. 吊车旋转范围内和起重臂下站人。

项目十一　游梁式抽油机安装操作

一、操作目的

游梁式抽油机安装操作是采油工应掌握的一项操作技能。主要目的是通过安装游梁式抽油机，满足油井举升要求，保证油井正常生产。

二、操作流程

准备工作——检查地基（毛石或灰土）——吊装活动基础块——吊装抽油机底座——吊装减速箱——安装刹车附件和死刹车——吊装平衡块——吊装支架——吊装连杆，横梁，游梁机构，驴头机构——吊装电动机——驴头挂负荷——启动抽油机试运——检查抽油机运行状况——录取相关资料——清理现场。

三、准备工作

（一）项目操作人员及劳保要求

1. 操作人员6人，持有高级及以上职业资格证，特殊工种应持有相应执业资格证。监护人员1人，持高级及以上职业资格证，安全监督1人。

2. 按HSE要求正确穿戴劳动保护用品。

3. 女工不得长发外露。

（二）安全风险识别及风险控制措施

安全风险：

1. 操作现场未设置隔离带，造成人身伤害。
2. 未正确使用和有序摆放工具、用具，造成人身伤害。
3. 高空作业时未系安全带，造成高空坠落。
4. 吊装作业时，未检查锁具，造成人身伤害。
5. 电气设备操作不当，造成电击，灼伤害甚至死亡。

风险控制措施：

1. 操作现场设置隔离带，非工作人员严禁入内。
2. 正确选择使用工具、用具，并有序摆放。
3. 高空作业时系好安全带。
4. 吊装前检查锁具是否完好。
5. 接触电气设备前先用试电笔验电，戴绝缘手套侧身操作电气设备。

操作前由直接领导申报《专项类特殊危险作业项目作业许可证》，明确操作人员，熟悉施工内容和施工步骤，做好安全风险识别并制定风险控制措施，由操作者签字确认；操作中严格按照安全标准化操作进行学习操作步骤，操作中严格按照安全标准化操作进行。

（三）工具，用具，材料

300mm、375mm活动扳手各1把，450mm活动扳手2把，600mm管钳1把，锉刀1把，1200mm撬杠2根，10kg大锤1把，铁锹2把，吊车1台，专用套筒扳手1套，卸扣6个，600mm水平仪1把，塞尺1把，垫铁若干，细线绳1根，牵引绳2根，工具袋，配套钢丝绳4根，15m钢卷尺1把，试电笔1支，绝缘手套1副，安全警示牌2块，记号笔，棉纱、黄油、机油适量。

四、操作步骤

（一）检查基础（毛石或灰土）

1. 检查地基（毛石或灰土）是否夯实、平整，地基整体水平是否符合：纵向误差应小于3‰，横向误差小于1.5‰。

2. 在地基平面上弹出对应井口中心的纵向中心线，允许偏差±2mm。根据井口中心位置及图示尺寸在纵向中心线上画出活动基础的就位基准线,允许偏差±5mm。

(二)吊装活动基础块

1. 吊车停在便于操作的位置,在活动基础块上画出中心线,指挥吊车,将活动基础块在地基上摆正。

2. 检查活动基础块中心线是否与地基纵向中心线重合,允许偏差±2mm。

3. 用水平仪测量并找平,纵向误差应小于3‰,横向误差小于1.5‰。

(三)吊装抽油机底座

根据抽油机支架中心点在底座的投影位置,确定底座与井口中心之间的距离,允许偏差±1.5mm。底座中心线应与基础中心线重合,允许偏差±1mm。纵向水平误差小于3‰,横向水平误差小于1.5‰(地脚螺栓里边需要放垫铁时,要配对使用,垫铁外露10~50mm,但不能超过50mm)。拧紧地脚(压杠)螺栓,底座要与基础接触紧密,不得有悬空。

(四)吊装减速箱

按说明书要求加入工业齿轮油,液位保持在观察孔1/2~2/3位置,检查呼吸阀是否畅通,曲柄销子总成加注黄油,指挥吊车,将减速箱吊装到减速箱底座上,穿入螺栓,对称紧固固定螺栓,上紧备母。

(五)安装刹车附件和死刹车

1. 将刹车操作杆支座及中间座装在底座上。

2. 将横拉杆和纵拉杆用调节螺母分别连接,并用销子将拉杆与刹车支座、中间座和摇臂进行连接,插好开口销,调整刹车行程,保证刹把的行程在1/2~2/3,确认灵活好用后,安装好死刹车。

(六)吊装平衡块

根据驴头负荷预装位置吊装平衡块,紧固固定螺栓,装好锁块。

(七)吊装支架

吊装支架就位后,用撬杠对正螺孔,然后穿入螺栓对角均匀紧固,并备紧备母。

(八)吊装连杆,横梁,游梁,驴头机构

1. 在地面将尾轴承座装在横梁上,并与游梁连接,紧固轴承座顶丝,备好备母。

2. 将连杆与横梁连接,中央轴承座装在游梁上,检查中、尾轴承的润滑情况。

3. 将游梁置于安装架上,装好驴头,打入驴头销子与游梁相连接,并组装驴头附件(毛辫子,悬绳器)。

4. 将连杆,横梁,游梁,驴头机构吊装在支架顶板上,中央轴承坐入中央轴承座内,安装中央轴承盖瓦,紧固固定螺栓,并上紧备母。通过吊车调整连杆位置对准曲柄销子总成安装到位,对角紧固连杆固定螺栓。

(九) 吊装电动机

1. 将电动机吊装在抽油机底座的电动机滑轨上并固定。
2. 由电工接线试转电动机,运转方向与曲柄运转方向一致即可。
3. 安装皮带并调整皮带松紧度和"四点一线"。

(十) 驴头挂负荷

将驴头停在下死点位置,挂上驴头负荷,拆掉密封盒上卡子,锉掉光杆上的毛刺。

(十一) 启动抽油机试运

1. 倒通井口流程。
2. 检查抽油机周围有无障碍物。
3. 松开死刹车,松刹车。
4. 戴绝缘手套,侧身合闸送电。
5. 侧身按启动按钮,利用惯性启动抽油机,锁好配电箱门。

(十二) 检查抽油机运行状况

1. 检查设备运行是否正常,有无异响。
2. 观察防喷盒是否漏油,调整压帽松紧程度,观察井口有无碰挂现象。

(十三) 录取相关资料

1. 检查井口油管压力、套管压力、回压是否正常并做好记录。
2. 观察并记录电流数据,计算并调整平衡率。

(十四) 清理现场

清理现场,收拾工具、用具,填写相关资料。

五、不安全行为

1. 未按 HSE 要求正确穿戴劳动保护用品。
2. 接触电气设备前未用试电笔验电。
3. 未戴绝缘手套侧身操作电气设备。
4. 戴手套使用大锤。
5. 拆卸光杆卡子时手抓光杆操作。
6. 高空作业时未戴安全带或未按要求使用。
7. 吊臂旋转半径内站人。
8. 交叉作业。
9. 高处作业时,抛掷工用具。

项目十二 游梁式抽油机更换刹车蹄片总成操作

一、操作目的

抽油机更换刹车蹄片总成操作是采油工应掌握的一项操作技能。主要目的是保证抽油机刹车灵活好用，保证各项作业施工的正常进行。

二、操作流程

准备工作──→停止抽油机──→打光杆卡子──→拆卸刹车蹄片总成──→安装刹车总成──→启动抽油机检查安装质量──→录取相关资料──→清理现场。

三、准备工作

（一）项目操作人员及劳保要求

1. 操作人员3人，持有高级及以上职业资格证。监护人员1人，持高级及以上职业资格证。
2. 按HSE要求正确穿戴劳动保护用品。
3. 女工不得长发外露。

（二）安全风险识别及风险控制措施

安全风险：

1. 电气设备操作不当，造成电击，灼伤伤害甚至死亡。
2. 未正确使用和有序摆放工具、用具，造成人身伤害。
3. 高空作业时未系安全带，造成高空坠落。
4. 未将抽油机停在上死点，未在密封盒上打光杆卡子保护。

风险控制措施：

1. 接触电气设备前先用试电笔验电，戴绝缘手套侧身操作电气设备。
2. 正确选择使用工具、用具，并有序摆放。
3. 高空作业时按要求使用安全带。
4. 抽油机停在上死点，在密封盒上打好光杆卡子。

操作前由直接领导申报《专项类特殊危险作业项目作业许可证》，明确操作人员，熟悉施工内容和施工步骤，做好安全风险识别并制定风险控制措施，由操作者签字确认；操作中严格按照安全标准化操作进行学习操作步骤，操作中严格按照安全标准化操作进行。

（三）工具，用具，材料

300mm活动扳手2把，450mm活动扳手1把，600mm管钳1把，200mm手钳子1把，光杆卡子1副，锉刀1把，2.5kg手锤1把，试电笔1支，绝缘手套1副，安全警示牌2个，擦布1块，黄油适量。

四、操作步骤

（一）停止抽油机

1. 用试电笔检测配电箱外壳，确认无电后，打开配电箱门。

2. 戴绝缘手套侧身按停止按钮停止抽油机，将抽油机驴头停在上死点位置。

3. 刹紧刹车，侧身拉闸断电，锁好配电箱门，挂上安全警示牌，记录停止抽油机的时间。

4. 锁紧死刹车，挂上安全警示牌。

（二）打光杆卡子

按光杆卡子使用方向要求，将光杆卡子坐在密封盒上，并上紧紧固螺栓。

（三）拆卸刹车蹄片总成

1. 缓慢松开死刹车，缓慢松开刹车。

2. 拔掉纵拉杆与刹车摇臂连接销子的开口销，打出连接销子，断开刹车摇臂与刹车纵拉杆。

3. 卸掉刹车拉销后端的调节螺母。

4. 把刹车摇臂和刹车拉销从刹车蹄片总成中拔出，收好弹簧。

5. 卸掉刹车蹄片总成的固定螺栓，取下旧刹车蹄片总成。

（四）安装刹车总成

1. 安装新的刹车蹄片总成，穿入固定螺栓并拧紧。

2. 将刹车拉销穿入刹车蹄片总成、弹簧和扶正器，装上刹车拉销后端的调节螺母。

3. 将刹车摇臂与刹车纵拉杆连接好。

4. 调整纵拉杆、横拉杆和刹车销子后端的调节螺母。松开刹车时，刹车片与毂的间隙为 $2\sim3mm$。拉紧刹车，刹把在刹车行程 $1/2\sim2/3$ 之间，刹车片与刹车毂接触面在 80% 以上。

5. 卸掉防喷盒上的光杆卡子，锉平毛刺。

（五）启动抽油机检查安装质量

1. 检查抽油机周围有无障碍物。

2. 摘下安全警示牌，松开死刹车，松刹车。

3. 摘下安全警示牌，打开配电箱门，戴绝缘手套，侧身合闸送电。

4. 侧身按启动按钮，利用惯性启动抽油机，锁好配电箱门。

5. 检查抽油机运转情况及油井出液情况。

（六）录取相关资料

1. 记录启动抽油机的时间。

2. 录取油管压力、套管压力、回压数据。

(七) 清理现场

清理现场，收拾工具、用具，填写报表。

五、不安全行为

1. 未按 HSE 要求正确穿戴劳动保护用品。
2. 接触电气设备未用试电笔验电。
3. 未戴绝缘手套操作电气设备。
4. 交叉作业。
5. 戴手套使用手锤。

项目十三　抽油机更换皮带操作

一、操作目的

抽油机更换皮带操作是采油工必须掌握的一项操作技能。主要目的是通过安装合格的皮带，将电动机输出的小扭矩传递给减速箱增加成大扭矩，以满足悬点载荷举升需求。

二、操作流程

准备工作──停止抽油机──松电动机螺栓──更换皮带──调整"四点一线"──紧固电动机螺栓──启动抽油机──检查更换效果──录取相关资料──清理现场。

三、准备工作

（一）项目操作人员及劳保要求

1. 操作人员 3 人，持有中级及以上职业资格证。
2. 按照 HSE 要求正确穿戴劳动保护用品。
3. 女工不得长发外露。

（二）安全风险识别及风险控制措施

安全风险：
1. 未正确使用和有序摆放工具、用具，造成人身伤害。
2. 电气操作不当，造成电击、灼伤伤害甚至死亡。
3. 未锁死刹车，发生溜车，造成机械伤害。
4. 安装时戴手套抓皮带，夹伤手指。

风险控制措施：
1. 正确选择使用工具、用具，并有序摆放。
2. 接触电气设备前先用试电笔验电，戴绝缘手套侧身操作电气设备。

3. 锁紧死刹车。

4. 安装时不得戴手套抓皮带。

操作前先学习操作步骤，操作中应严格按照采油工标准化操作程序进行。

(三) 工具、用具、材料

300mm、375mm 活动扳手各 1 把，500mm、1000mm 撬杠各 1 把，同规格新皮带 1 副，试电笔 1 支，绝缘手套 1 副，安全警示牌 2 块，线绳，黄油，擦布，记录本，记录笔。

四、操作步骤

(一) 停止抽油机

1. 根据油井生产情况，确定抽油机停止后驴头所处位置。

2. 用试电笔检测配电箱外壳，确认无电后，打开配电箱门。

3. 戴绝缘手套侧身按停止按钮停止抽油机，刹紧刹车，检查刹车是否牢固。

4. 侧身拉闸断电，锁好配电箱门，挂上安全警示牌，记录停止抽油机的时间。

5. 锁紧死刹车，挂上安全警示牌。

(二) 松电动机螺栓

1. 松开电动机底座前顶丝。

2. 卸松电动机底座固定螺栓，先卸松靠近驴头方向的 2 根固定螺栓，再卸松电动机后面的 2 根固定螺栓，防止电动机滑动伤人。

3. 向前移动电动机，使皮带松弛。

(三) 更换皮带

1. 取下旧皮带，先取下电动机皮带轮一端，再取下减速箱输入轴皮带轮一端。

2. 装上新皮带，先挂减速箱输入轴皮带轮一端，再挂电动机皮带轮一端，检查两轮上的皮带是否对应入槽。

(四) 调整"四点一线"

1. 向后移动电动机，利用前顶丝将电动机向后顶，如图 1-9 所示，检查皮带的松紧度，单根皮带用手指下按，皮带下垂 1~2 指手松开后立即复位为合格。联组带在两轮中间位置用手掌下压皮带，达到 10~20mm 手松开后能立即复位为合格。

2. 检查"四点一线"是否合格，如图 1-7 所示，允许偏差≤2mm，若超过允许偏差需调整使其符合"四点一线"原则。

(1) 若线绳已经接触到减速箱输入轴皮带轮内、外边缘，而未接触到电动机皮带轮的内、外边缘，可将电动机滑轨螺栓松开，向远离刹车方向移动。

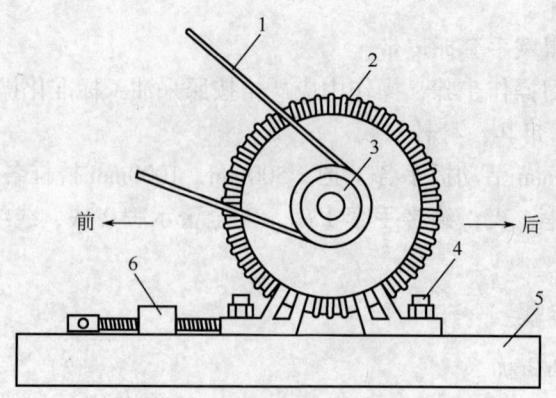

图 1-9 更换电动机皮带示意图

1—皮带；2—电动机；3—电动机皮带轮；4—固定螺栓；5—电动机滑轨；6—电动机顶丝

（2）若线绳已经接触到电动机皮带轮内、外边缘，而未接触到减速箱输入轴皮带轮的内边缘，应将电动机滑轨螺栓松开，向刹车方向移动。

（3）若线绳已经接触到减速箱输入轴皮带轮内、外边缘，且接触到电动机皮带轮内边缘，而外边缘未接触到，松右后电动机顶丝。

（4）若线绳已经接触到减速箱输入轴皮带轮内、外边缘，且接触到电动机皮带轮外边缘，而内边缘未接触到，紧右后电动机顶丝。

（五）紧固电动机螺栓

1. 对角紧固电动机固定螺栓。
2. 对角二次紧固电动机固定螺栓。
3. 对电动机固定螺栓及顶丝螺纹进行涂油防腐。

（六）启动抽油机

1. 检查抽油机周围有无障碍物。
2. 摘下安全警示牌，松开死刹车，松刹车。
3. 摘下安全警示牌，打开配电箱门，戴绝缘手套，侧身合闸送电。
4. 侧身按启动按钮，利用惯性启动抽油机，锁好配电箱门。

（七）检查更换效果

1. 检查抽油机运转是否正常。
2. 检查皮带转动是否正常，松紧是否合适。
3. 检查油井生产情况。

（八）录取相关资料

记录油管压力、套管压力、回压数据、启动抽油机的时间。

（九）清理现场

清理现场，收拾工具、用具，填写报表。

五、不安全行为

1. 未按 HSE 要求正确穿戴劳动保护用品。
2. 接触电气设备前未用试电笔验电。
3. 未戴绝缘手套操作电气设备。
4. 未侧身操作电气设备。
5. 未锁死刹车。
6. 安装时戴手套抓皮带。

项目十四　游梁式抽油机调整抽油机驴头对中操作

一、操作目的

游梁式抽油机调整抽油机驴头对中操作是采油工应掌握的一项操作技能。主要目的是通过调整抽油机驴头对中，防止光杆偏磨密封盒，避免出现跑油事故，从而延长密封填料的使用寿命。

二、操作流程

准备工作──→确定驴头对中允许偏差值──→停止抽油机──→卸负荷──→测量驴头偏差值──→调整驴头对中──→挂负荷──→启动抽油机──→录取相关资料──→清理现场。

三、准备工作

（一）项目操作人员及劳保要求

1. 操作人员 3 人，持有高级及以上职业资格证。
2. 按照 HSE 要求正确穿戴劳动保护用品。
3. 女工不得长发外露。

（二）安全风险识别及风险控制措施

安全风险：

1. 未正确使用和有序摆放工具、用具，造成人身伤害。
2. 电气设备操作不当，造成电击、灼伤害甚至死亡。
3. 未锁死刹车，发生溜车，造成机械伤害。
4. 拆装光杆卡子时手抓光杆，造成人身伤害。
5. 交叉作业，造成人身伤害。
6. 高处作业时抛掷工具及配件，造成落物伤人。
7. 高空作业时未系安全带，造成人身伤害。
8. 大风天气（≥6 级）登高露天作业。

风险控制措施:
1. 正确选择使用工具、用具,并有序摆放。
2. 接触电气设备前先用试电笔验电,戴绝缘手套侧身操作电气设备。
3. 锁紧死刹车。
4. 拆装光杆卡子时禁止手抓光杆。
5. 严禁交叉作业。
6. 高处作业时严禁抛掷工具及配件,应用绳子传送。
7. 高空作业时要系好安全带。
8. 大风天气(≥6级),严禁登高露天作业。

操作前由直接领导申报《专项类特殊危险作业项目作业许可证》,明确操作人员,熟悉施工内容和施工步骤,做好安全风险识别并制定风险控制措施,由操作者签字确认;操作中严格按照安全标准化操作进行。

(三)工具、用具、材料、设备

300mm、375mm、450mm 活动扳手各 1 把,24~27mm 梅花扳手 1 把,250mm 中平锉 1 把,光杆卡子 1 副,吊线锤 1 个,安全带 1 套,绝缘手套 1 副,试电笔 1 支,麻绳 8m,安全警示牌 2 块,ϕ12.5mm×50mm 圆柱体一段,升降车 1 台。

四、操作步骤

(一)确定驴头对中允许偏差值

驴头对中允许偏差值是按抽油机型号来确定。

1. 5 型抽油机允许偏差值不大于 3mm。
2. 10 型抽油机允许偏差值不大于 6mm。
3. 12 型抽油机允许偏差值不大于 8mm。

现以 10 型抽油机为例调整驴头对中,光杆直径为 ϕ25mm。

(二)停止抽油机

1. 用试电笔检测配电箱外壳,确认无电后,打开配电箱门。
2. 当抽油机驴头运行接近水平位置时,戴绝缘手套侧身按停止按钮停止抽油机,刹紧刹车,检查刹车是否牢固。
3. 侧身拉闸断电,锁好配电箱门,挂上安全警示牌,记录停止抽油机的时间。
4. 锁紧死刹车,挂上安全警示牌。

(三)卸负荷

1. 在密封盒上方打紧光杆卡子。
2. 检查抽油机周围,确认无障碍物后,缓慢松开死刹车,缓慢松开刹车,戴绝缘手套侧身合闸送电,启动抽油机。

3. 光杆卡子接近井口时,侧身按停止按钮,待光杆卡子坐在井口密封盒上,刹紧刹车,卸掉驴头负荷。

4. 侧身拉闸断电,锁好配电箱门,锁紧死刹车,挂上安全警示牌。

(四) 测量驴头偏差值

1. 将悬绳器与光杆分离,用麻绳将悬绳器拉开,将吊线锤拉线放在驴头悬挂盘中心,拉线与弧面接触处垫上 $\phi12.5mm×50mm$ 圆柱体,测出该井偏差值。

2. 按此方法将驴头停在上、下死点测量驴头偏差值。

(五) 调整驴头对中(以中轴承与游梁连接方式为例,进行调整)

1. 卸松中轴承固定螺栓,根据测出偏差方向,调整中轴承前后左右顶丝,使驴头在任何位置时与井口中心基本重合,调整方法如图1-10所示。

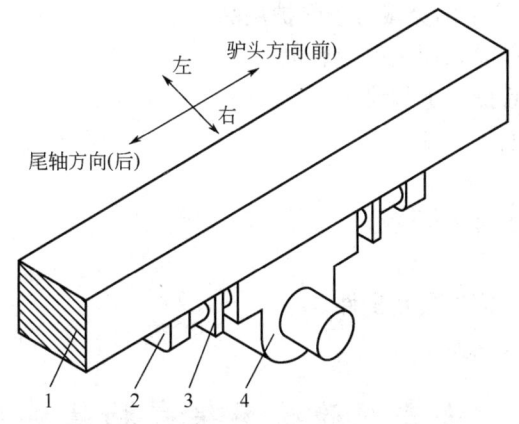

图1-10 调整驴头对中示意图

1—游梁;2—顶丝;3—顶丝座;4—中轴

2. 驴头偏后,松开后面2根顶丝,紧前面2根顶丝。

3. 驴头偏前,松开前面2根顶丝,紧后面2根顶丝。

4. 驴头偏左,松右前左后顶丝,紧左前右后顶丝。

5. 驴头偏右,松左前右后顶丝,紧右前左后顶丝。

6. 对角紧固中轴承固定螺栓,拧紧顶丝及备帽。

7. 取下吊线锤,安装悬绳器。

(六) 挂负荷

1. 缓慢松开死刹车,缓慢松刹车,使光杆负荷转移到悬绳器上,刹紧刹车,锁紧死刹车。

2. 卸下密封盒上的光杆卡子,锉掉光杆上的毛刺。

（七）启动抽油机

1. 检查抽油机周围有无障碍物。
2. 摘下安全警示牌，缓慢松开死刹车，缓慢松刹车。
3. 摘下安全警示牌，打开配电箱门，戴绝缘手套，侧身合闸送电。
4. 侧身按启动按钮，利用惯性启动抽油机，锁好配电箱门。

（八）录取相关资料

记录启动抽油机的时间，记录油管压力、套管压力、回压数据，检查油井生产情况。

（九）清理现场

清理现场，收拾工具、用具，填写报表。

五、不安全行为

1. 未按 HSE 要求正确穿戴劳动保护用品。
2. 接触电气设备前未用试电笔验电。
3. 未戴绝缘手套操作电气设备。
4. 未侧身操作电气设备。
5. 未锁死刹车。
6. 拆装光杆卡子时手抓光杆。
7. 交叉作业。
8. 高处作业时抛掷工具及配件。
9. 登高作业时未系安全带。

项目十五　检查、验收游梁式抽油机安装质量

一、操作目的

检查、验收游梁式抽油机安装质量是采油工应掌握的一项操作技能。主要目的是检查抽油机安装后各项指标是否达到质量要求，并对检查出的问题及时整改，确保抽油机正常运转。

二、操作流程

准备工作──→确定抽油机机型、井号──→地基检查验收──→基础检查验收──→抽油机检查验收──→电气设备检查验收──→启动抽油机──→检查运转情况──→填写检查验收报告单──→清理现场。

三、准备工作

（一）项目操作人员及劳保要求

1. 操作人员3人，持有高级及以上职业资格证，维修电工2人。

2. 按照 HSE 要求正确穿戴劳动保护用品。

3. 女工不得长发外露。

（二）安全风险识别及风险控制措施

安全风险：

1. 未正确使用和有序摆放工具、用具，造成人身伤害。

2. 电气设备操作不当，造成电击、灼伤伤害甚至死亡。

3. 未锁死刹车，发生溜车，造成机械伤害。

4. 拆装光杆卡子时手抓光杆，造成人身伤害。

5. 交叉作业，造成人身伤害。

6. 高处作业时抛掷工具及配件，造成落物伤人。

7. 高空作业时未系安全带，造成人身伤害。

8. 大风天气（≥6级）登高露天作业。

风险控制措施：

1. 正确选择使用工具、用具，并有序摆放。

2. 接触电气设备前先用试电笔验电，戴绝缘手套侧身操作电气设备。

3. 锁紧死刹车。

4. 拆装光杆卡子时禁止手抓光杆。

5. 严禁交叉作业。

6. 高处作业时严禁抛掷工具及配件，应用绳子传送。

7. 高空作业时要系好安全带。

8. 大风天气（≥6级），严禁登高露天作业。

操作前由直接领导申报《专项类特殊危险作业项目作业许可证》，明确操作人员，熟悉施工内容和施工步骤，做好安全风险识别并制定风险控制措施，由操作者签字确认；操作中严格按照安全标准化操作进行。

（三）工具、用具、材料

5m 钢卷尺 1 把，300mm 钢板尺 1 把，靠尺 1 把，600mm 水平尺 1 把，10mm 塞尺 1 把，吊线锤 1 个，钳形电流表 1 块，500V 兆欧表 1 块，安全警示牌 2 块，安全带 1 套，绝缘手套 1 副，试电笔 1 支，计算器 1 个，记录本，记录笔。

四、操作步骤

抽油机安装质量验收应在抽油机安装完没回填土之前，按照抽油机安装质量验收标准逐项检查验收。验收前确认设备断电，锁紧死刹车，挂上安全警示牌。

（一）确定抽油机机型、井号

1. 核实安装机型、井号。

2. 认真阅读抽油机安装说明书。

(二) 地基检查验收

1. 回填三合土（石灰、现场黏土、细砂）是否搅拌均匀、压实，厚度是否达到 0.5m。地基是否平整，长、宽是否满足机型要求。
2. 工程砂找平厚度是否达到 5cm。

(三) 基础检查验收

1. 检查基础中心线是否与井口中心线重合。
2. 检查井口与基础前沿直线距离是否符合机型要求。
3. 检查基础前端左、右两螺栓点与井口中心的腰距是否为等腰三角形。
4. 检查基础水平度是否符合标准：纵向≤3mm/1000mm，横向≤0.5mm/1000mm。
5. 检查基础不得有悬空，金属预埋件是否牢固、可靠。

(四) 抽油机检查验收

按抽油机各检测点逐项进行检测，抽油机结构如图 1-11 所示。

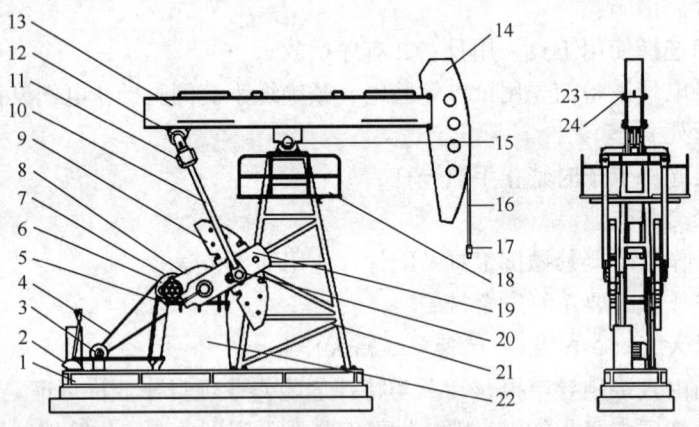

图 1-11 游梁式抽油机结构示意图

1—底座；2—刹车装置；3—电动机；4—皮带；5—筒体小平台；6—安全刹车装置；7—减速器皮带轮；8—减速器；9—曲柄平衡块；10—连杆；11—横梁；12—尾轴承座；13—游梁；14—驴头；15—中轴承座；16—吊绳；17—悬绳器；18—支架平台；19—曲柄；20—曲柄销；21—支架；22—筒体；23—游梁驴头连接板；24—销轴

1. 检查基础与底盘地脚螺栓处是否有悬空。
2. 检查抽油机底座水平度是否符合标准：纵向（6个点）≤3mm/1000mm，横向（3个点）≤0.5mm/1000mm。
3. 检查游梁中轴中心与底座定位中心是否重合，允许偏差≤3mm。
4. 检查支架中心与底座定位中心是否重合，允许偏差≤3mm。
5. 检查支架顶板水平度是否符合要求，水平度≤1mm/1000mm。
6. 检查两连杆平行误差是否不大于3mm。长度误差：5型机≤2.5mm，10型机≤3mm，12 型机≤3.5mm。

7. 曲柄剪刀差是否符合要求：5 型机≤5mm，10 型机≤6mm，12 型机≤7mm。

8. 电动机轮与减速箱输入轴皮带轮是否达到"四点一线"，误差≤2mm，皮带松紧适宜，单根皮带用手指下按，皮带下垂 1~2 指手松开后立即复位为合格。联组带在两轮中间位置用手掌下压皮带，达到 10~20mm 手松开后能立即复位为合格。

9. 驴头中心与井口中心线是否重合：5 型机≤3mm，10 型机≤6mm，12 型机≤8mm。

10. 悬绳器与井口中心是否对中，偏差≤1.5mm。

11. 驴头在上死点时，悬绳器上压板上端面与驴头下端距离应为 250~300mm。驴头在下死点时，悬绳器下压板下端面与井口密封盒压盖距离应为 400~500mm。

12. 抽油机配件是否齐全，连接螺栓是否紧固。

13. 减速箱油质是否符合要求，有油位表的在上下线之间，无油位表的在两检视孔之间，有无渗漏现象。

14. 各润滑点是否加注润滑油。

15. 刹车片表面是否清洁、无松动，接触面>80%，刹车是否灵敏、无刮碰，刹车锁块行程为 1/2~2/3，检查死刹车装置合格。

（五）电气设备检查验收

1. 电动机绝缘电阻≥0.5MΩ。

2. 电气设备完好、接地电阻≤10Ω。

3. 电动机运转方向与减速箱运转方向是否一致。

（六）启动抽油机

1. 倒通生产流程。

2. 检查抽油机周围有无障碍物。

3. 缓慢松开死刹车，缓慢松刹车。

4. 打开配电箱门，戴绝缘手套，侧身合闸送电。

5. 侧身按启动按钮，利用惯性启动抽油机，锁好配电箱门。

（七）检查运转情况

1. 检查抽油机运转是否正常。

2. 测电流，计算抽油机平衡率是否合格，平衡率合格范围 85%~115%。

（八）填写检查验收报告单

1. 将检查结果填入抽油机安装质量验收书内，并签上姓名及验收日期。

2. 确认验收是否合格，合格后交生产单位生产，若不合格应及时整改或重新组装。

(九) 清理现场

清理现场，收拾工具、用具，填写报表。

五、不安全行为

1. 未按 HSE 要求正确穿戴劳动保护用品。
2. 接触电气设备前未用试电笔验电。
3. 未戴绝缘手套操作电气设备。
4. 未侧身操作电气设备。
5. 未锁死刹车。
6. 拆装光杆卡子时手抓光杆。
7. 交叉作业。
8. 高处作业时抛掷工具及配件。
9. 登高作业时未系安全带。

项目十六 抽油机井碰泵操作

一、操作目的

抽油机井碰泵操作是采油工必须掌握的一项操作技能。主要目的是通过碰泵产生振动，排除泵阀轻微砂卡、蜡卡故障，同时可以起到验证抽油杆是否到位或有无断脱。

二、操作流程

准备工作──→停止抽油机──→卸负荷──→调整光杆卡子位置──→碰泵──→调整防冲距──→启动抽油机──→录取相关资料──→清理现场。

三、准备工作

(一) 项目操作人员及劳保要求

1. 操作人员2人，持有中级及以上职业资格证。监护人员1人，持高级及以上职业资格证。
2. 按 HSE 要求正确穿戴劳动保护用品。
3. 女工不得长发外露。

(二) 安全风险识别及风险控制措施

安全风险：

1. 电气设备操作不当，造成电击、灼伤伤害甚至死亡。
2. 未正确使用和有序摆放工具、用具，造成人身伤害。

3. 未锁死刹车,发生溜车,造成机械伤害。
4. 上下井口摔伤、光杆卡子挤伤手指。

风险控制措施:

1. 接触电气设备前先用试电笔验电,戴绝缘手套侧身操作电气设备。
2. 正确选择使用工具、用具,并有序摆放。
3. 检查刹车是否牢固并锁紧死刹车。
4. 平稳操作,禁止手扶光杆操作。

操作前由直接领导申报《专项类特殊危险作业项目作业许可证》,明确操作人员,熟悉施工内容和施工步骤,做好安全风险识别并制定风险控制措施,由操作者签字确认;操作中严格按照安全标准化操作进行学习操作步骤,操作中严格按照安全标准化操作进行。

(三)工具、用具、材料

24~27mm 梅花扳手 1 把,600mm 管钳 1 把,锉刀 1 把,光杆卡子 1 副,绝缘手套 1 副,试电笔 1 支,钢卷尺 1 把,擦布若干,划笔 1 块,安全警示牌 2 块。

四、操作步骤

(一)停止抽油机

1. 用试电笔检测配电箱外壳,确认无电后,打开配电箱门。
2. 戴绝缘手套侧身按停止按钮停止抽油机,将抽油机停在将近下死点位置,刹紧刹车,检查刹车是否牢固。
3. 侧身拉闸断电,锁好配电箱门,挂上安全警示牌,记录停止抽油机的时间。
4. 锁紧死刹车,挂上安全警示牌。

(二)卸负荷

1. 在密封盒上方打紧光杆卡子,如图 1-12(a)所示。
2. 检查抽油机周围,确认无障碍物后,缓慢松开刹车,启动抽油机。
3. 待光杆卡子坐在井口密封盒上时,卸掉驴头负荷,停止抽油机断电,刹紧刹车,挂上安全警示牌,如图 1-12(b)所示。

(三)调整光杆卡子位置

1. 取下载荷传感器,在光杆卡子上方大于原防冲距 20~30cm 处做好标记,如图 1-12(c)所示。
2. 卸松悬绳器上方的光杆卡子,移动到预调标记打紧,如图 1-12(d)所示。
3. 缓慢松刹车,使光杆负荷转移到悬绳器上,刹紧刹车,如图 1-12(e)所示。
4. 卸下密封盒上的光杆卡子,用锉刀锉掉光杆上的毛刺。

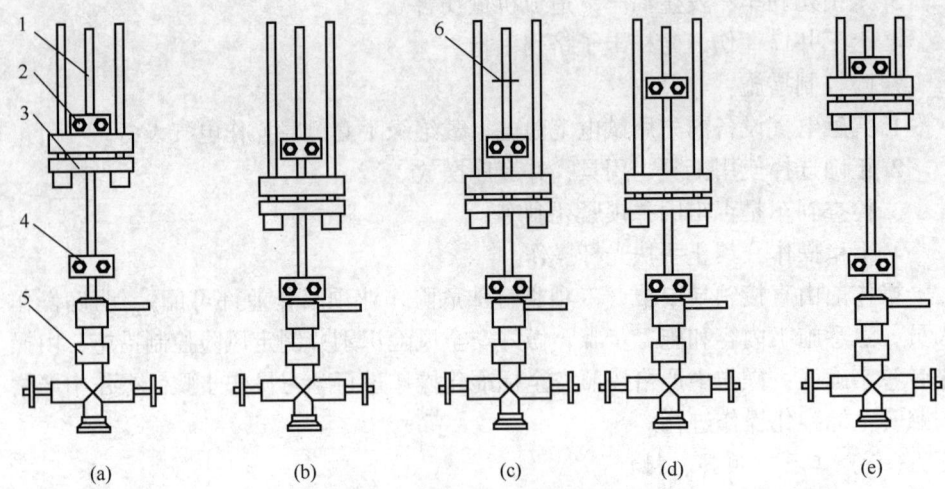

图 1-12 抽油机井碰泵结构示意图
1—光杆；2—光杆卡子；3—悬绳器；4—光杆卡子（卸载）；5—密封盒；6—标记

（四）碰泵

1. 启动抽油机碰泵3~5次。

2. 碰泵完毕，将抽油机停在接近下死点（不能超过原卸载光杆卡子的位置），拉闸断电，锁死刹车，挂警示牌。

（五）调整防冲距

1. 在密封盒上方打紧光杆卡子。

2. 检查抽油机周围，确认无障碍物后，取下安全警示牌，缓慢松开刹车，戴绝缘手套侧身合闸启动抽油机。

3. 待光杆卡子坐在井口密封盒上卸掉驴头负荷，驴头到下死点时，停止抽油机断电，刹紧刹车，挂上安全警示牌。

4. 安装载荷传感器，将悬绳器上方的光杆卡子卸松，下放到原防冲距位置，并打紧。

5. 松死刹车，缓慢松开刹车，使驴头挂上负荷，刹紧刹车。

6. 卸下密封盒上方的光杆卡子，锉掉光杆上的毛刺。

（六）启动抽油机

1. 检查抽油机周围有无障碍物。

2. 摘下安全警示牌，松开死刹车，松刹车。

3. 摘下安全警示牌，打开配电箱门，戴绝缘手套，侧身合闸送电。

4. 侧身按启动按钮，利用惯性启动抽油机，锁好配电箱门。

5. 检查碰泵效果。

（七）录取相关资料

1. 录取油管压力、套管压力数据，观察出液情况。

2. 按要求及时量油取样，化验含水率、含砂率。

（八）清理现场

清理现场，收拾工具、用具，填写报表。

五、不安全行为

1. 未按 HSE 要求正确穿戴劳动保护用品。
2. 接触电气设备前未用试电笔验电。
3. 未戴绝缘手套侧身操作电气设备。
4. 手抓光杆操作。

项目十七　游梁式抽油机调底座水平操作

一、操作目的

游梁式抽油机调底座水平操作是采油工应掌握的一项操作技能。主要目的是为了解决抽油机基础下陷后造成抽油机底座悬空，从而导致的抽油机倾斜、异响，甚至整体振动等问题，杜绝故障的发生。

二、操作流程

准备工作——→停止抽油机——→卸负荷——→测量底座水平——→调整底座水平——→挂负荷——→启动抽油机——→检查调整情况——→录取相关资料——→清理现场。

三、准备工作

（一）项目操作人员及劳保要求

1. 操作人员 2 人，持有高级及以上职业资格证。
2. 按 HSE 要求正确穿戴劳动保护用品。
3. 女工不得长发外露。

（二）安全风险识别及风险控制措施

安全风险：

1. 电气设备操作不当，造成电击、灼伤伤害甚至死亡。
2. 未正确使用和有序摆放工具、用具，造成人身伤害。
3. 上下井口摔伤、光杆卡子挤伤手指。
4. 未锁死刹车，发生溜车，造成机械伤害。

风险控制措施：

1. 接触电气设备前先用试电笔验电，戴绝缘手套侧身操作电气设备。
2. 正确选择使用工具、用具，并有序摆放。
3. 平稳操作，禁止手扶光杆操作。
4. 锁紧死刹车。

操作前由直接领导申报《专项类特殊危险作业项目作业许可证》，明确操作人员，熟悉施工内容和施工步骤，做好安全风险识别并制定风险控制措施，由操作者签字确认；操作中严格按照安全标准化操作进行学习操作步骤，操作中严格按照安全标准化操作进行。

（三）工具、用具、材料

450mm 活动扳手 1 把，375mm 活动扳手 1 把，配套固定扳手 1 把，手锤 1 把，平锉 1 把，光杆卡子 1 副，400mm 水平仪 1 把，塞尺 1 把，20t 千斤顶 1 个，枕木适配，绝缘手套 1 副，试电笔 1 支，安全警示牌 2 块，U 形垫铁数块，擦布，记录本，记录笔。

四、操作步骤

（一）停止抽油机

1. 将抽油机驴头停在上死点位置。
2. 用试电笔检测配电箱外壳，确认无电后，打开配电箱门。
3. 戴绝缘手套侧身按停止按钮停止抽油机，刹紧刹车，检查刹车是否牢固。
4. 侧身拉闸断电，锁好配电箱门，挂上安全警示牌，记录停止抽油机的时间。
5. 锁紧死刹车，挂上安全警示牌。

（二）卸负荷

1. 在密封盒上方打紧光杆卡子。
2. 检查抽油机周围，确认无障碍物后，缓慢松开刹车，戴绝缘手套侧身合闸送电，启动抽油机。
3. 卸掉驴头负荷拉闸断电，锁好配电箱门，锁紧死刹车，挂上安全警示牌。

（三）测量底座水平

1. 测量抽油机底座纵向水平，两边共 6 个点，记录纵向水平误差数值。
2. 测量抽油机底座横向水平，测 3 个点（前，中，后），记录横向水平误差数值。

（四）调整底座水平

1. 根据纵向和横向测水平的差值，计算所需垫铁厚度。
2. 卸松固定螺栓，把枕木和千斤顶放置在应调部位的下面，用千斤顶顶起底座，垫上所需厚度的垫铁，不能有悬空，受力均匀，达到水平为止。

3. 松千斤顶，上紧底座螺栓。
4. 用水平仪、塞尺再复测一次，至横纵向水平合格为止。

（五）挂负荷

1. 打开死刹车，缓慢松刹车，使光杆负荷转移到悬绳器上，刹紧刹车。
2. 卸下密封盒上的光杆卡子，锉平光杆上的毛刺。

（六）启动抽油机

1. 检查抽油机周围有无障碍物。
2. 摘下安全警示牌，松开死刹车，松刹车。
3. 摘下安全警示牌，打开配电箱门，戴绝缘手套，侧身合闸送电。
4. 侧身按启动按钮，利用惯性启动抽油机，锁好配电箱门。

（七）检查调整情况

1. 检查抽油机运转情况。
2. 检查油井出油情况。

（八）录取相关资料

录取油管压力、套管压力数据，取样化验含水率、含砂率。

（九）清理现场

清理现场，收拾工具、用具，填写报表。

五、不安全行为

1. 未按 HSE 要求正确穿戴劳动保护用品。
2. 接触电气设备前未用试电笔验电。
3. 未戴绝缘手套侧身操作电气设备。
4. 未锁死刹车。
5. 戴手套使用手锤。
6. 千斤顶释放压力时速度过快。

项目十八　游梁式抽油机外抱式刹车的调整操作

一、操作目的

游梁式抽油机外抱式刹车的调整操作是采油工应掌握的一项基本操作技能。主要目的是通过对抽油机刹车的调整使刹车灵活好用，确保各项操作的安全进行。

二、操作流程

准备工作──→停止抽油机──→检查刹车──→调整刹车──→启动抽油机──→启动抽油机后的检查──→录取相关资料──→清理现场。

三、准备工作

（一）项目操作人员及劳保要求

1. 操作人员2人，持有中级及以上职业资格证。
2. 按HSE要求正确穿戴劳动保护用品。
3. 女工不得长发外露。

（二）安全风险识别及风险控制措施

安全风险：

1. 电气设备操作不当，造成电击、灼伤伤害甚至死亡。
2. 未正确使用和有序摆放工具、用具，造成人身伤害。
3. 光杆上未打保护卡子，造成人身伤害。

风险控制措施：

1. 接触电气设备前先用试电笔验电，戴绝缘手套侧身操作电气设备。
2. 正确选择使用工具、用具，并有序摆放。
3. 在光杆上打保护卡子。

操作前先学习操作步骤，操作中应严格按照采油工标准化操作程序进行。

（三）工具，用具，材料

250mm活动扳手1把，300mm活动扳手1把，光杆卡子1个，平板锉1把，试电笔1支，绝缘手套1副，黄油适量，擦布，安全警示牌2块。

四、操作步骤

（一）停止抽油机

1. 用试电笔检测配电箱外壳，确认无电后，打开配电箱门。
2. 戴绝缘手套侧身按停止按钮停止抽油机，将抽油机驴头停在上死点位置。
3. 刹紧刹车，侧身拉闸断电，锁好配电箱门，挂上安全警示牌，记录停止抽油机时间。
4. 锁紧死刹车，挂上安全警示牌。
5. 在光杆上打好光杆卡子（保护卡子）并坐在密封盒上。

（二）检查刹车

1. 检查刹车机构各销轴、销钉有无缺失，有无锈蚀。
2. 检查刹车把弹簧是否清洁、好用。
3. 检查刹车把锁死牙块是否灵活好用。
4. 检查刹车机构各轴承有无缺油现象。
5. 检查刹车行程线清晰完好。

（三）调整刹车

1. 松开刹车，松开调节螺杆正、反螺母。

2. 调刹车间隙,两螺杆靠近,则刹车间隙变小,反之间隙变大。

3. 拧紧正、反螺母。

4. 松开手柄试刹车,松开时刹车片与刹车毂全部离开,当手柄拉到刹车全程的 1/2~2/3 时,刹车片全部抱紧。并保证刹车片与轮毂接触面积在 80% 以上。

5. 在拉杆连接处抹上黄油润滑,使传动灵活。

（四）启动抽油机

1. 卸下坐在密封盒上的光杆卡子,锉掉毛刺。

2. 检查抽油机周围有无障碍物。

3. 摘下安全警示牌,松开死刹车,松刹车。

4. 摘下安全警示牌,打开配电箱门,戴绝缘手套,侧身合闸送电。

5. 侧身按启动按钮,利用惯性启动抽油机,锁好配电箱门。

（五）启动抽油机后的检查

检查抽油机运转情况,检查刹车调整情况。

（六）录取相关资料

录取油管压力、套管压力数据,观察油井出液情况。

（七）清理现场

清理现场,收拾工具、用具,填写报表。

五、不安全行为

1. 未按 HSE 要求正确穿戴劳动保护用品。

2. 接触电气设备前未用试电笔验电。

3. 未戴绝缘手套接触电气设备。

4. 未侧身操作电气设备。

5. 配电箱未上锁。

第四节　ROTAFLEX 皮带抽油机井

项目一　ROTAFLEX 皮带抽油机井巡回检查

一、操作目的

ROTAFLEX 皮带抽油机井巡回检查是采油工必须掌握的一项操作技能。主要目的是发现设备、油井在生产过程中存在的问题,并及时处理,确保油井正常生产。

二、操作流程

准备工作──→检查井口设施──→检查抽油机设备──→检查电气设备──→检查集油管线──→录取相关资料──→清理现场。

三、准备工作

（一）项目操作人员及劳保要求

1. 操作人员 1 人，持有初级及以上职业资格证。
2. 按照 HSE 要求正确穿戴劳动保护用品。
3. 女工不得长发外露。

（二）安全风险识别及风险控制措施

安全风险：

1. 未正确使用和有序摆放工具、用具，造成人身伤害。
2. 电气设备操作不当，造成电击、灼伤伤害甚至死亡。
3. 未按巡回检查路线进行检查，造成人身伤害。
4. 未停止抽油机检查故障，造成人身伤害。

风险控制措施：

1. 正确选择使用工具、用具，并有序摆放。
2. 接触电气设备前先用试电笔验电，戴绝缘手套侧身操作电气设备。
3. 按巡回检查路线进行检查。
4. 停止抽油机刹车后再检查故障。

操作前先学习操作步骤，操作中应严格按照采油工标准化操作程序进行。

（三）工具、用具、材料

250mm 活动扳手 1 把，600mm 管钳 1 把，F 形扳手 1 把，试电笔 1 支，绝缘手套 1 副，记录本，记录笔。

四、操作步骤

（一）检查井口设施

1. 检查流程是否正确。
2. 检查采油树配件是否齐全、完好。
3. 检查压力变送器、载荷传感器是否齐全、完好。
4. 检查采油树有无渗漏。
5. 检查密封圈松紧度是否合适。
6. 检查光杆温度是否合适。

（二）检查抽油机设备

1. 检查抽油机各部件是否齐全、完好。

2. 检查抽油机运转有无异响、振动。

3. 检查皮带有无破裂、断股。

4. 检查各轴承、换向机构有无异常响声。

5. 检查各连接件、紧固件有无松动。

6. 检查抽油机基础有无下沉、偏移及悬空。

7. 检查制动盘与制动块有无摩擦。

8. 检查减速箱、链条箱有无漏油,油位是否符合要求。

9. 检查电动机皮带松紧度是否合适。

10. 检查光杆和悬绳器运行是否同步。

(三) 检查电气设备

1. 检查配电箱门是否关严。

2. 检查电动机运行是否正常,地脚螺栓是否紧固。

3. 检查接地设施是否齐全、完好。

4. 检查高压令克、高压配电线路、变压器是否正常。

(四) 检查集油管线

1. 检查集油管线是否渗漏、穿孔。

2. 检查T接点阀门是否齐全、完好,开关是否正确。

(五) 录取相关资料

1. 录取井口油管压力、套管压力、回压数据。

2. 录取掺水压力、温度值。

3. 录取电流数据。

(六) 清理现场

清理现场,收拾工具、用具,填写报表。

五、不安全行为

1. 未按 HSE 要求正确穿戴劳动保护用品。

2. 接触电气设备前未用试电笔验电。

3. 未戴绝缘手套接触电气设备。

4. 未按巡检规定路线检查。

5. 未锁死刹车。

6. 手抓电动机外壳检查电动机温度。

7. 手抓光杆检查密封圈松紧。

8. 使用扳手时开口过大,用力过猛,反用扳手和管钳。

项目二 ROTAFLEX皮带抽油机井开井操作

一、操作目的

ROTAFLEX皮带抽油机井开井操作是采油工必须掌握的一项操作技能。主要目的是通过启动ROTAFLEX皮带抽油机运转，带动光杆及井下抽油泵工作，将井内原油举升到地面。

二、操作流程

准备工作——倒通井口生产流程——检查抽油设备——检查电气设备——启动抽油机——开井后的检查——清理现场——核实油井产量。

三、准备工作

（一）项目操作人员及劳保要求
1. 操作人员2人，持有初级及以上职业资格证。
2. 按照HSE要求正确穿戴劳动保护用品。
3. 女工不得长发外露。

（二）安全风险识别及风险控制措施

安全风险：
1. 未正确使用和有序摆放工具、用具，造成人身伤害。
2. 电气设备操作不当，造成电击、灼伤伤害甚至死亡。
3. 倒错流程，造成污染和人身伤害。
4. 开关阀门操作不当，造成人身伤害。
5. 未清除设备周围障碍物，造成人身伤害。
6. 未停止抽油机就接触抽油设备，造成人身伤害。

风险控制措施：
1. 正确选择使用工具、用具，并有序摆放。
2. 接触电气设备前先用试电笔验电，戴绝缘手套侧身操作电气设备。
3. 正确倒流程并确认。
4. 侧身缓慢开关阀门。
5. 清理抽油机周围障碍物后，再启动抽油机。
6. 停止抽油机刹车后，再检查故障。

操作前先学习操作步骤，操作中应严格按照采油工标准化操作程序进行。

（三）工具、用具、材料

300mm活动扳手1把，600mm管钳1把，F形扳手1把，试电笔1支，绝缘手套1副，记录本，记录笔。

四、操作步骤

（一）倒通井口生产流程

1. 井口有加热炉时，需提前 2 小时点火预热。有需要掺水的设备时，提前半小时进行掺水。

2. 检查井口设备设施有无渗漏，井口仪器、仪表是否完好无损坏。

3. 依次打开 T 接点阀门、回压阀门、生产阀门。

（二）检查抽油设备

1. 检查抽油机基础是否断裂、下沉。

2. 检查各连接件是否紧固。

3. 检查井口密封盒松紧度是否合适。

4. 检查减速箱油位是否在 1/2~2/3 处，箱体有无渗漏。

5. 检查链条箱油位是否在 1/2~2/3 处，链条松紧是否合适，导向轮是否完好。

6. 检查负荷皮带有无断裂和油污。

7. 检查电动机皮带松紧度是否合适，护罩安装是否可靠。

8. 检查刹车是否灵活好用。

9. 检查光杆卡子是否牢固。

（三）检查电气设备

1. 检查电气设备接地线是否符合要求。

2. 检查电气设备是否完好，电压是否符合要求。

（四）启动抽油机

1. 检查抽油机周围有无障碍物。

2. 松开刹车，确保制动块和制动盘分离。

3. 用试电笔检查配电箱外壳，确认无电后，打开配电箱门，戴绝缘手套侧身合闸送电，按启动按钮启动抽油机，锁好配电箱门。

（五）开井后的检查

1. 检查抽油设备运转情况，发现异常及时停抽并处理。

2. 检查井口流程是否正确，有无渗漏，若出现问题应正确处理。

3. 检查井口生产情况，记录油管压力、套管压力、回压数据。

4. 观察并记录电流值，测算抽油机平衡情况，若不合格应及时调整平衡。

5. 有掺水的油井要检查掺水压力、掺水温度是否正常，若出现异常应及时处理。

6. 有水套加热炉油井，应检查水套加热炉水位、压力、火焰是否正常，若发现异常应及时调整炉火。

（六）清理现场

清理现场，收拾工具、用具，填写报表。

（七）核实油井产量

按要求按时录取油样化验含水率、含砂率，按时量油计算油井产量。

五、不安全行为

1. 未按 HSE 要求正确穿戴劳动保护用品。
2. 接触电气设备前未用试电笔验电。
3. 未戴绝缘手套操作电气设备。
4. 未侧身操作电气设备。
5. 光杆下行时手抓光杆检查温度。
6. 正对加热炉点火口点火。
7. 加热炉点火时先开气，后点火。
8. 正对手轮开关阀门。
9. 使用扳手时开口过大、用力过猛，反用扳手和管钳。

项目三　ROTAFLEX 皮带抽油机井关井操作

一、操作目的

ROTAFLEX 皮带抽油机井停井操作是采油工必须掌握的一项操作技能。主要目的是停止抽油机运转，切断抽油机井液体流动通道，保证测试、维修、钻井、修井等各项作业施工的正常进行。

二、操作流程

准备工作──检查油井生产情况──停止抽油机──倒关井流程──清理现场。

三、准备工作

（一）项目操作人员及劳保要求

1. 操作人员 1 人，持有初级及以上职业资格证。
2. 按照 HSE 要求正确穿戴劳动保护用品。
3. 女工不得长发外露。

（二）安全风险识别及风险控制措施

安全风险：

1. 未正确使用和有序摆放工具、用具，造成人身伤害。
2. 电气设备操作不当，造成电击、灼伤伤害甚至死亡。

3. 倒错流程，造成污染和人身伤害。
4. 开关阀门操作不当，造成人身伤害。
风险控制措施：
1. 正确选择使用工具、用具，并有序摆放。
2. 接触电气设备前先用试电笔验电，戴绝缘手套侧身操作电气设备。
3. 正确倒流程并确认。
4. 侧身缓慢开关阀门。
操作前先学习操作步骤，操作中应严格按照采油工标准化操作程序进行。
（三）工具、用具、材料
300mm 活动扳手 1 把，600mm 管钳 1 把，F 形扳手 1 把，试电笔 1 支，绝缘手套 1 副，安全警示牌 2 块，记录笔，记录本。

四、操作步骤

（一）检查油井生产情况
1. 检查并记录井口油管压力、套管压力、回压数据。
2. 检查井口流程有无渗漏，阀门开关是否正确。
3. 检查密封盒是否漏油。
（二）停止抽油机
1. 用试电笔检测配电箱外壳，确认无电后，打开配电箱门。
2. 戴绝缘手套侧身按停止按钮停止抽油机，刹紧刹车，检查刹车是否牢固。停机时悬绳器严禁停在下死点。
3. 侧身拉闸断电，锁好配电箱门，挂上安全警示牌。
4. 安装刹车保险螺栓，挂上安全警示牌。
（三）倒关井流程
1. 侧身关闭井口生产阀门和回压阀门。
2. 关井后倒地面掺水循环。
3. 稠油井关井超过 2h，要倒入地下掺水进行降黏。
4. 记录关井时间、关井压力。
（四）清理现场
清理现场，收拾工具、用具，填写报表。

五、不安全行为

1. 未按 HSE 要求正确穿戴劳动保护用品。
2. 接触电气设备前未用试电笔验电。
3. 未戴绝缘手套操作电气设备。
4. 未侧身操作电气设备。

5. 正对手轮开关阀门。
6. 使用扳手时开口过大、用力过猛，反用扳手和管钳。

项目四　ROTAFLEX 皮带抽油机调冲次操作

一、操作目的

ROTAFLEX 皮带抽油机调冲次操作是采油工应掌握的一项操作技能。主要目的是根据油层供液能力大小，合理匹配油井工作制度，最大限度地发挥油井潜力，保证油井正常生产。

二、操作流程

准备工作──→检查油井生产情况──→停止抽油机──→取下皮带──→更换电动机轮──→调整皮带松紧及"四点一线"──→启动抽油机──→检查调整效果──→录取相关资料──→清理现场。

三、准备工作

（一）项目操作人员及劳保要求

1. 操作人员 2 人，持有中级及以上职业资格证。
2. 按照 HSE 要求正确穿戴劳动保护用品。
3. 女工不得长发外露。

（二）安全风险识别及风险控制措施

安全风险：

1. 未正确使用和有序摆放工具、用具，造成人身伤害。
2. 电气设备操作不当，造成电击、灼伤伤害甚至死亡。
3. 未装刹车保险螺栓，发生溜车，造成人身伤害。
4. 戴手套拆装皮带或手抓皮带，造成人身伤害。
5. 未清除设备周围障碍物，造成人身伤害。

风险控制措施：

1. 正确选择使用工具、用具，并有序摆放。
2. 接触电气设备前先用试电笔验电，戴绝缘手套侧身操作电气设备。
3. 正确安装刹车保险螺栓。
4. 禁止戴手套拆装皮带。
5. 清理抽油机周围障碍物后再启动抽油机。

操作前由直接领导申报《专项类特殊危险作业项目作业许可证》，明确操作人员，熟悉施工内容和施工步骤，做好安全风险识别并制定风险控制措施，由操作者签字确认；操作中严格按照安全标准化操作进行。

（三）工具、用具、材料

200mm、375mm 活动扳手各 1 把，与冲次相对应的皮带轮 1 个，1000mm 撬杠 1 根，150mm 游标卡尺 1 把，绝缘手套 1 副，试电笔 1 支，刹车保险螺栓 1 根，秒表 1 块，线绳 1 根，安全警示牌 2 块，擦布 1 块，砂纸、黄油适量，记录笔，记录本。

四、操作步骤

（一）检查油井生产情况

1. 检查并记录井口油管压力、套管压力、回压数据。
2. 检查井口流程有无渗漏，阀门开关是否正确。
3. 检查密封盒有无漏油，若密封盒漏油要进行整改。

（二）停止抽油机

1. 用试电笔检测配电箱外壳，确认无电后，打开配电箱门。
2. 戴绝缘手套侧身按停止按钮停止抽油机，刹紧刹车，检查刹车是否牢固。停机时悬绳器严禁停在下死点。
3. 侧身拉闸断电，锁好配电箱门，挂上安全警示牌。
4. 安装刹车保险螺栓，挂上安全警示牌，记录停止抽油机的时间。

（三）取下皮带

1. 拆掉皮带轮护罩。
2. 卸松电动机前顶丝和固定螺栓。
3. 向减速箱输入轴皮带轮方向移动电动机，取下皮带。

（四）更换电动机轮

1. 卸掉电动机皮带轮与轴套的固定螺栓，将其拧到轴套的顶丝孔内，顶出皮带轮。
2. 清理轴套和皮带轮的内孔，测量轴套外径和新皮带轮的内径，检查间隙配合是否达到要求。
3. 皮带轮轴孔涂抹黄油并装到轴套上，对称均匀拧紧固定螺栓。
4. 如需更换输入轴皮带轮，其操作方法与更换电动机皮带轮相同。

（五）调整皮带松紧及"四点一线"

1. 将皮带放入电动机皮带轮槽内。
2. 向远离减速箱输入轴皮带轮方向移动电动机，调整皮带松紧度。
3. 测量并调整两皮带轮，使其符合"四点一线"原则，误差不超过±2mm。
4. 对角紧固电动机固定螺栓。
5. 装好皮带轮护罩。

（六）启动抽油机

1. 检查抽油机周围有无障碍物，摘下安全警示牌。

2. 卸掉刹车保险螺栓，松开刹车。

3. 摘下安全警示牌，戴绝缘手套侧身合闸送电，按启动按钮启动抽油机，锁好配电箱门，记录启动抽油机的时间。

（七）检查调整效果

1. 检查抽油机、电动机运行情况。

2. 核实冲次。

3. 录取电流数据，计算平衡率。

4. 检查油井出液情况。

（八）录取相关资料

记录油管压力、套管压力、回压数据。

（九）清理现场

1. 清理现场，收拾工具、用具，填写报表。

2. 按要求量油、取样，核实油井产量、含水率。

五、不安全行为

1. 未按 HSE 要求正确穿戴劳动保护用品。

2. 接触电气设备前未用试电笔验电。

3. 未戴绝缘手套操作电气设备。

4. 未侧身操作电气设备。

5. 停止抽油机后未拉紧刹车。

6. 戴手套拆装皮带或手抓皮带。

7. 停止抽油机后配电箱未上锁。

8. 使用扳手时开口过大、用力过猛，反用扳手和管钳。

项目五 ROTAFLEX 皮带抽油机调平衡操作

一、操作目的

ROTAFLEX 皮带抽油机调平衡操作是采油工必须掌握的一项操作技能。主要目的是为了平衡电动机上、下行电流，保证 ROTAFLEX 皮带抽油机正常运转。

二、操作流程

准备工作——计算平衡块质量——检查油井生产情况——停止抽油机——调整平衡块质量——启动抽油机——检查调整效果——清理现场。

三、准备工作

（一）项目操作人员及劳保要求

1. 操作人员 3 人，持有中级及以上职业资格证。

2. 按照 HSE 要求正确穿戴劳动保护用品。

3. 女工不得长发外露。

（二）安全风险识别及风险控制措施

安全风险：

1. 未正确使用和有序摆放工具、用具，造成人身伤害。

2. 电气设备操作不当，造成电击、灼伤伤害甚至死亡。

3. 刹车系统检查操作不当，造成人身伤害。

4. 调整平衡操作不当造成人身伤害。

风险控制措施：

1. 正确选择使用工具、用具，并有序摆放。

2. 接触电气设备前先用试电笔验电，戴绝缘手套侧身操作电气设备。

3. 对刹车进行检查调整。

4. 正确安装刹车保险螺栓。

5. 打开平衡箱门将支撑杆挂牢。

6. 装卸配重铁时，严禁将手指放置于两配重铁之间。

操作前由直接领导申报《专项类特殊危险作业项目作业许可证》，明确操作人员，熟悉施工内容和施工步骤，做好安全风险识别并制定风险控制措施，由操作者签字确认；操作中严格按照安全标准化操作进行。

（三）工具、用具、材料

300mm 活动扳手 1 把，27~30mm 梅花扳手各 1 把，500mm 撬杠 1 根，钢卷尺 1 把，绝缘手套 1 副，试电笔 1 支，刹车保险螺栓 1 根，配重铁若干，棉纱适量，安全警示牌 2 块，计算器，记录笔，记录本。

四、操作步骤

（一）计算平衡块质量

1. 计算出需调整的平衡质量

$$计算公式：W = \frac{P_{max} + P_{min}}{2} \tag{1-4}$$

$$W_k = W - W_x \tag{1-5}$$

式中　W——平衡总质量，kg；

　　　W_k——附加平衡质量，kg；

　　　W_x——平衡箱质量，kg；

　　　P_{max}——悬点最大载荷，kg；

　　　P_{min}——悬点最小载荷，kg。

表1-2 抽油机型号与平衡箱质量对应表

抽油机型号	1100型	1000型	900型	800型	700A型	700B型	600型	500型
平衡箱质量，kg	6100	4600	4170	2700	2400	2400	1900	1700

根据所需平衡质量和平衡箱中平衡块的质量计算出需要增加或减少的平衡块的质量。

（二）检查油井生产情况

1. 检查并记录井口油管压力、套管压力、回压数据。
2. 检查井口流程有无渗漏，阀门开关是否正确。
3. 检查密封盒是否漏油。

（三）停止抽油机

1. 用试电笔检测配电箱外壳，确认无电后，打开配电箱门。
2. 戴绝缘手套侧身按停止按钮停止抽油机，刹紧刹车，检查刹车是否牢固。停机时悬绳器停在上死点。
3. 侧身拉闸断电，锁好配电箱门，挂上安全警示牌。
4. 安装刹车保险螺栓，挂上安全警示牌，记录停止抽油机的时间。

（四）调整平衡块质量

1. 站在操作平台上，打开平衡箱门，固定好支撑杆。
2. 根据计算调整配重铁数量。
3. 松开支撑杆，关闭平衡箱门。

（五）启动抽油机

1. 检查抽油机周围有无障碍物，摘下安全警示牌。
2. 卸掉刹车保险螺栓，松开刹车。
3. 摘下安全警示牌，戴好绝缘手套侧身合闸送电，按启动按钮启动抽油机，锁好配电箱门，记录启动抽油机的时间。

（六）检查调整效果

1. 录取电流数据，计算平衡率，合格范围85%~115%。
2. 检查抽油机运转是否正常。
3. 检查油井生产正常，记录井口油管压力、套管压力、回压数据。

（七）清理现场

清理现场，收拾工具、用具、填写报表。

五、不安全行为

1. 未按HSE要求正确穿戴劳动保护用品。
2. 接触电气设备前未用试电笔验电。
3. 未戴绝缘手套操作电气设备。

4. 未检查、调整刹车，造成人身伤害。

5. 未装刹车保险螺栓，发生溜车，造成人身伤害。

6. 未支撑平衡箱门，造成人身伤害。

7. 停止抽油机油机时悬绳器未停在上死点。

项目六　ROTAFLEX 皮带抽油机更换电动机操作

一、操作目的

ROTFLEX 皮带抽油机更换电动机操作是采油工应掌握的一项操作技能。主要目的是通过更换合适功率的电动机，为 ROTAFLEX 皮带抽油机减速箱提供必要的输入扭矩，确保 ROTAFLEX 皮带抽油机有足够的举升能力。

二、操作流程

准备工作──检查油井生产情况──停止抽油机──取下皮带──更换电动机──调整皮带松紧度及"四点一线"──启动抽油机──检查电动机运行情况──清理现场──核实油井产量。

三、准备工作

（一）项目操作人员及劳保要求

1. 操作人员 2 人，持有高级及以上职业资格证，维修电工 2 人。

2. 按照 HSE 要求正确穿戴劳动保护用品。

3. 女工不得长发外露。

（二）安全风险识别及风险控制措施

安全风险：

1. 未正确使用和有序摆放工具、用具，造成人身伤害。

2. 电气设备操作不当，造成电击、灼伤伤害甚至死亡。

3. 进入吊臂旋转范围造成人身伤害。

4. 更换电动机时操作不当，造成人身伤害。

5. 未清除设备周围障碍物，造成机械伤害。

风险控制措施：

1. 正确选择使用工具、用具，并有序摆放。

2. 接触电气设备前先用试电笔验电，戴绝缘手套侧身操作电气设备。

3. 严禁进入吊臂旋转范围内。

4. 按安全操作规程进行更换电动机操作。

5. 清除抽油机周围的障碍物后，再启动抽油机。

操作前由直接领导申报《专项类特殊危险作业项目作业许可证》，明确操作人员，熟悉施工内容和施工步骤，做好安全风险识别并制定风险控制措施，由操作者签字确认；操作中严格按照安全标准化操作进行。

（三）工具、用具、材料、设备

300mm、375mm 活动扳手各 1 把，500mm 撬杠 1 根，钢丝绳套 1 副，牵引绳 1 根，线绳 1 根，刹车保险螺栓 1 根，绝缘手套 1 副，试电笔 1 支，秒表 1 块，安全警示牌 2 块，记录笔，记录本，电动机 1 台，随车吊 1 台。

四、操作步骤

（一）检查油井生产情况

1. 检查并记录井口油管压力、套管压力、回压数据。
2. 检查井口流程有无渗漏，阀门开关是否正确。
3. 检查密封盒是否漏油，并进行调整。

（二）停止抽油机

1. 用试电笔检测配电箱外壳，确认无电后，打开配电箱门。
2. 戴绝缘手套侧身按停止按钮停止抽油机，刹紧刹车，检查刹车是否牢固。停机时悬绳器严禁停在下死点。
3. 侧身拉闸断电，锁好配电箱门，挂上安全警示牌。
4. 安装刹车保险螺栓，挂上安全警示牌，记录停止抽油机的时间。

（三）取下皮带

1. 拆掉皮带轮护罩。
2. 卸松电动机前顶丝和固定螺栓。
3. 向减速箱输入轴皮带轮方向移动电动机，取下皮带。

（四）更换电动机

1. 由维修电工断开与电动机连接的动力电缆。
2. 卸掉电动机的固定螺栓，回收旧电动机。
3. 安装新电动机，装好固定螺栓。
4. 由维修电工按抽油机旋转方向要求连接动力电缆。

（五）调整皮带松紧度及"四点一线"

1. 将皮带放入电动机皮带轮槽内。
2. 向远离减速箱输入轴皮带轮方向移动电动机，调整皮带松紧度。
3. 测量并调整两皮带轮，使其符合"四点一线"原则，误差不超过±2mm。
4. 对角紧固电动机固定螺栓。
5. 装好皮带轮护罩。

（六）启动抽油机

1. 检查抽油机周围有无障碍物，摘下安全警示牌。

2. 卸掉刹车保险螺栓，松开刹车。

3. 摘下安全警示牌，戴好绝缘手套侧身合闸送电，按启动按钮启动抽油机，锁好配电箱门，记录启动抽油机的时间。

（七）检查电动机运行情况

1. 检查电动机温度、声音是否正常。

2. 核实冲次。

3. 录取电流、井口油管压力、套管压力、回压数据。

（八）清理现场

清理现场，收拾工具、用具，填写报表。

（九）核实油井产量

按要求量油取样，核实油井产量、含水率。

五、不安全行为

1. 未按 HSE 要求正确穿戴劳动保护用品。

2. 接触电气设备前未用试电笔验电。

3. 未戴绝缘手套操作电气设备。

4. 未侧身操作电气设备。

5. 未锁死刹车。

6. 戴手套拆装皮带或手抓皮带。

7. 吊装电动机时人站在吊车吊臂的旋转范围内。

项目七 ROTAFLEX 皮带抽油机安装操作

一、操作目的

ROTAFLEX 皮带抽油机安装操作是采油工应掌握的一项操作技能。主要目的是通过安装 ROTAFLEX 皮带抽油机，满足油井生产需求，保证油井正常生产。

二、操作流程

准备工作──安装基础──抽油机组装──安装电动机和皮带──平衡箱装配重铁──悬点挂负荷──启动抽油机──检查抽油机运行情况──清理现场──核实油井产量。

三、准备工作

（一）项目操作人员及劳保要求

1. 操作人员 6 人，持有高级及以上职业资格证。特殊工种应持有相应执业资格证。监护人员 1 人，持高级及以上职业资格证。安全监督 1 人。

2. 按照HSE要求正确穿戴劳动保护用品。

3. 女工不得长发外露。

(二) 安全风险识别及风险控制措施

安全风险：

1. 操作现场未设置隔离带，造成人身伤害。

2. 交叉作业，造成人身伤害。

3. 未正确使用和有序摆放工具、用具，造成人身伤害。

4. 电气设备操作不当，造成电击、灼伤伤害甚至死亡。

5. 不按要求从事高空作业，造成人身伤害。

风险控制措施：

1. 操作现场设置隔离带，非工作人员严禁入内。

2. 操作现场严禁交叉作业。

3. 正确选择使用工具、用具，并有序摆放。

4. 接触电气设备前先用试电笔验电，戴绝缘手套侧身操作电气设备。

5. 高空作业时要系好安全带。

6. 大风天气（≥6级），严禁登高露天作业。

操作前由直接领导申报《专项类特殊危险作业项目作业许可证》，明确操作人员，熟悉施工内容和施工步骤，做好安全风险识别并制定风险控制措施，由操作者签字确认；操作中严格按照安全标准化操作进行。

(三) 工具、用具、材料、设备

300mm、375mm活动扳手各1把，450mm活动扳手2把，900mm管钳1把，专用套筒扳手1套，1200mm撬杠2根，刹车保险螺栓1根，10kg大锤1把，600mm水平仪1把，5m钢丝绳套4根，1m钢丝绳套4根，卸扣4个，细线绳1根，麻绳1根，铁锹2把，钢卷尺1把，安全带1副，安全警示牌2块，黄油、机油、齿轮油适量，记号笔，记录笔，记录本，吊车1台。

四、操作步骤

(一) 安装基础

1. 确定石灰基础的尺寸，在长宽方向上比水泥基础大1.2m以上（900型、1000型和1100型长宽分别为7.3m和2.4m。800型和700型长宽分别为6.4m和2.1m。600型和500型长宽分别为5.8m和2.0m）。

2. 清除井口附近的淤泥。

3. 土与石灰按8∶2的比例搅拌均匀，每200mm一层，夯实后层层加高，上平面应刮抹平整，且低于井口套管四通上法兰面距离H（H取值：700型0.27m，800型0.27m，900型0.31m），周围留出0.8m散水坡。

4. 基础前挡板与井口中心线垂直距离为 150mm。

5. 确定基础中心线。

6. 将活动基础块摆放在石灰基础上。基础底座前端比后端高 50~100mm。

（二）组装抽油机

1. 在基础上确定定位线，定位线距离基础挡块的尺寸的取值范围为：900 型 2.02m，800 型 1.88m，700 型 1.82m。

2. 按照抽油机型号，将抽油机摆放在基础上，误差不超过±2.0mm。

3. 紧固地脚螺栓。

4. 吊车起吊，拆下运输支撑，并安装上部斜支撑。

5. 吊车起吊，抽油机与底盘垂直，连接下部斜支撑。

6. 紧固底盘拉紧螺栓。

（三）安装电动机和皮带

1. 将电动机放到预定位置，安装大小皮带轮。

2. 安装皮带，调整皮带松紧度及"四点一线"，紧固电动机固定螺栓，装皮带轮护罩。

3. 由专业电工连接动力电缆。

（四）平衡箱装配重铁

1. 安装前平台。

2. 站在操作平台上，打开平衡箱门，固定好支撑杆。

3. 根据计算的配重铁数量添加配重铁。

4. 平衡箱加机油，液位在观察孔 1/2~2/3 之间。

5. 减速箱加齿轮油，液位在观察孔 1/2~2/3 之间。

（五）悬点挂负荷

1. 安装并调试刹车，确保灵活好用。

2. 用试电笔检测配电箱外壳，确认无电后，戴好绝缘手套侧身合闸送电，按启动按钮启动抽油机，将悬绳器降到最低点，停止抽油机，刹紧刹车，切断电动机电源，挂安全警示牌，安装好刹车保险螺栓，挂安全警示牌。

3. 安装传感器，抽油机悬点挂负荷。

（六）启动抽油机

1. 倒通流程，做好开井准备。

2. 检查抽油机周围，确认无障碍物后，摘安全警示牌，卸掉刹车保险螺栓，松开刹车。

3. 摘安全警示牌，戴好绝缘手套侧身合闸送电，按启动按钮启动抽油机，锁好配电箱门。

（七）检查抽油机运行情况
1. 检查抽油机运转是否正常，各连接部位是否紧固。
2. 检查油井生产是否正常。
3. 录取电流数据，计算并调整平衡率。
4. 检查密封盒是否漏油，并进行调整。
5. 检查光杆对中是否符合要求。
6. 核实冲次，记录工作制度。
7. 记录井口油管压力、套管压力、回压、开井时间。

（八）清理现场
清理现场，收拾工具、用具，填写报表。

（九）核实油井产量
按要求量油、取样，核实油井产量和含水率。

五、不安全行为

1. 未按 HSE 要求正确穿戴劳动保护用品。
2. 接触电气设备前未用试电笔验电。
3. 未戴绝缘手套操作电气设备。
4. 未侧身操作电气设备。
5. 悬点挂负荷时手抓光杆。
6. 高空作业时未系安全带。
7. 光杆运行过程中，手抓光杆检查温度。
8. 戴手套使用大锤。
9. 戴手套拆装皮带或手抓皮带。
10. 在吊车吊臂的旋转范围内通行。
11. 高空作业时抛掷工具、用具。
12. 不妥善放置高空作业中的工具、用具。

项目八　ROTAFLEX 皮带抽油机调整刹车操作

一、操作目的

ROTAFLEX 皮带抽油机调整刹车操作是采油工应掌握的一项操作技能。主要目的是为了保证刹车灵活好用，悬绳器能停在需要的位置，避免设备维修、油井故障处理时发生事故。

二、操作流程

准备工作──→检查油井生产情况──→停止抽油机──→调整刹车──→试刹

车──→启动抽油机──→检查抽油机运行情况──→清理现场。

三、准备工作

（一）项目操作人员及劳保要求

1. 操作人员2人，持有中级及以上职业资格证。
2. 按照HSE要求正确穿戴劳动保护用品。
3. 女工不得长发外露。

（二）安全风险识别及风险控制措施

安全风险：

1. 未正确使用和有序摆放工具、用具，造成人身伤害。
2. 电气设备操作不当，造成电击、灼伤伤害甚至死亡。
3. 未清除设备周围障碍物，造成人身伤害。

风险控制措施：

1. 正确选择使用工具、用具，并有序摆放。
2. 接触电气设备前先用试电笔验电，戴绝缘手套侧身操作电气设备。
3. 清理抽油机周围障碍物后再启动抽油机。

操作前先学习操作步骤，操作中应严格按照采油工标准化操作程序进行。

（三）工具、用具、材料

300mm、375mm活动扳手各1把，27~30mm梅花扳手1把，绝缘手套1副，试电笔1支，安全警示牌2块，记录笔，记录本。

四、操作步骤

（一）检查油井生产情况

1. 检查并记录井口油管压力、套管压力、回压值。
2. 检查井口流程有无渗漏，阀门开关是否正确。
3. 检查密封盒是否漏油。

（二）停止抽油机

1. 用试电笔检测配电箱外壳，确认无电后，打开配电箱门。
2. 戴绝缘手套侧身按停止按钮停止抽油机，悬绳器停在任意位置。
3. 侧身拉闸断电，锁好配电箱门，挂上安全警示牌。
4. 在刹车手柄上挂上安全警示牌，记录停止抽油机的时间。

（三）调整刹车

1. 调整摇臂下部的螺母，调整摇臂的角度，保证在不刹车时，摇臂凸轮凹槽对准顶销。
2. 调整弹簧管内部的螺母，使弹簧具有足够的力度。
3. 调整摇臂下部的压帽，上紧压帽，两个刹车片之间距离变小，卸松压帽，两个刹车片之间的距离变大。

（四）试刹车

1. 检查抽油机周围有无障碍物。

2. 摘下安全警示牌，戴好绝缘手套侧身合闸送电，按启动按钮。

3. 分别在悬绳器运行至上、中、下3个位置时，停止抽油机试刹车，检查刹车是否灵活好用。

（五）启动抽油机

侧身按启动按钮启动抽油机，锁好配电箱门，记录启动抽油机的时间。

（六）检查抽油机运行情况

1. 检查抽油机运行是否正常，各连接部位是否有松动和异响。

2. 检查油井生产是否正常。

3. 录取油管压力、套管压力、回压数据。

（七）清理现场

清理现场，收拾工具、用具，填写报表。

五、不安全行为

1. 未按 HSE 要求正确穿戴劳动保护用品。

2. 接触电气设备前未用试电笔验电。

3. 未戴绝缘手套操作电气设备。

4. 未侧身操作电气设备。

项目九　ROTAFLEX 皮带抽油机更换刹车片操作

一、操作目的

ROTAFLEX 皮带抽油机更换刹车片操作是采油工应掌握的一项操作技能。主要目的是保证刹车灵活好用，悬绳器能停在需要的位置，避免设备维修和油井故障处理时发生事故。

二、操作流程

准备工作──检查井口流程及设备──停止抽油机──更换刹车片──启动抽油机──试刹车──录取相关资料──清理现场。

三、准备工作

（一）项目操作人员及劳保要求

1. 操作人员2人，持有高级及以上职业资格证。

2. 按照 HSE 要求正确穿戴劳动保护用品。

3. 女工不得长发外露。

（二）安全风险识别及风险控制措施

安全风险：

1. 未正确使用和有序摆放工具、用具，造成人身伤害。
2. 电气设备操作不当，造成电击、灼伤伤害甚至死亡。
3. 不按要求操作设备，造成人身伤害。

风险控制措施：

1. 正确选择使用工具、用具，并有序摆放。
2. 接触电气设备前先用试电笔验电，戴上绝缘手套侧身操作电气设备。
3. 启动抽油机前确定抽油机周围无障碍物。

操作前先学习操作步骤，操作中应严格按照采油工标准化操作程序进行。

（三）工具、用具、材料

200mm、300mm、450mm 扳手各 1 把，22~24mm 梅花扳手 2 把，光杆卡子 1 副，锉刀 1 把，手钳子 1 把，200mm 螺丝刀 1 把，试电笔 1 支，绝缘手套 1 副，安全警示牌 2 块，合格的刹车片 1 套，记录笔 1 支，记录纸。

四、操作步骤

（一）检查井口流程及设备

1. 检查井口设备设施是否完好，有无渗漏。
2. 检查井口仪器、仪表是否完好。
3. 检查抽油机运转是否正常。
4. 检查油井生产是否正常。
5. 记录井口油管压力、套管压力、回压、掺水温度、回油温度、设备运行电流数据。
6. 检查地面流程是否正确，管线是否畅通。

（二）停止抽油机

1. 用试电笔检测配电箱外壳，确认无电后，打开配电箱门。
2. 戴绝缘手套侧身按停止按钮停止抽油机，抽油机停在上死点，刹紧刹车。
3. 侧身拉闸断电，锁好配电箱门，挂上安全警示牌。
4. 在防喷盒上端面安装光杆卡子。
5. 记录停止抽油机的时间。

（三）更换刹车片

1. 松刹车，卸掉刹车调整压帽。
2. 取下摇臂凸轮、摇臂、推销。
3. 拆掉固定管螺栓，取下固定管、固定板。

4. 取下刹车总成，取下旧刹车片，检查刹车片、刹车盘的磨损情况。
5. 将新刹车片安装到刹车总成上，检查是否牢固。
6. 将刹车总成放置在刹车基板上，连接总成固定板及固定管。
7. 安装推销、摇臂、摇臂凸轮，上好刹车调整压帽，调整刹车松紧度，刹紧刹车。
8. 卸掉密封盒上的光杆卡子，锉掉光杆上的毛刺。

（四）启动抽油机试刹车
1. 检查确认抽油机周围无障碍物后，摘下安全警示牌，松刹车。
2. 戴好绝缘手套侧身合闸送电，按启动按钮启动抽油机。
3. 分别在悬绳器运行至上、中、下3个位置时，停止抽油机试刹车，检查刹车是否灵活好用。
4. 检查抽油机运行是否正常，各连接部位是否紧固，锁好配电箱门。

（五）录取相关资料
1. 记录启动抽油机的时间。
2. 检查油井生产是否正常。
3. 录取油管压力、套管压力、回压数据。

（六）清理现场
清理现场，收拾工具、用具，填写报表。

五、不安全行为

1. 未按 HSE 要求正确穿戴劳动保护用品。
2. 接触电气设备前未用试电笔验电。
3. 未戴绝缘手套操作电气设备。
4. 未侧身操作电气设备。

第五节　复式永磁电动机抽油机井

项目一　复式永磁电动机抽油机井巡回检查

一、操作目的

复式永磁电动机抽油机井巡回检查是采油工必须掌握的一项操作技能。主要目的是发现设备、油井在生产过程中存在的问题，并及时处理，确保油井正常生产。

二、操作流程

准备工作──→检查井口设施、录取生产数据──→检查抽油机运行情况──→检查配电箱——→清理现场。

三、准备工作

（一）项目操作人员及劳保要求

1. 操作人员1人，持有初级及以上职业资格证。
2. 按照 HSE 要求正确穿戴劳动保护用品。
3. 女工不得长发外露。

（二）安全风险识别及风险控制措施

安全风险：

1. 未正确使用和有序摆放工具、用具，造成人身伤害。
2. 电气设备操作不当，造成电击、灼伤伤害甚至死亡。
3. 未按巡回检查路线巡查，造成人身伤害。

风险控制措施：

1. 正确选择使用工具、用具，并有序摆放。
2. 接触电气设备前先用试电笔验电，戴绝缘手套侧身操作电气设备。
3. 按巡回检查路线进行检查。

操作前先学习操作步骤，操作中应严格按照采油工标准化操作程序进行。

（三）工具、用具、材料

600mm 管钳 1 把，200mm 活动扳手 1 把，F 形扳手 1 把，绝缘手套 1 副，试电笔 1 支，记录本，记录笔。

四、操作步骤

按"听、看、摸、查、嗅"五字法进行巡回检查。

（一）检查井口设施、录取生产数据

1. 检查流程是否正确，井口有无渗漏，配件是否齐全完好。
2. 观察油管压力、套管压力是否稳定并记录。
3. 检查防喷盒是否漏油。
4. 上行程时用手背触摸光杆，检查温度是否正常。
5. 录取掺水压力和温度数据。

（二）检查抽油机运行情况

1. 检查基础。

检查基础有无下沉、悬空、偏移、破损等现象。

2. 检查立柱。

（1）检查立柱是否垂直，有无变形。

（2）检查立柱连接螺栓是否紧固。

（3）检查扶梯及护栏有无开焊及变形。

3. 检查平衡箱及皮带。

(1) 检查平衡箱连接螺栓是否紧固，外观是否完整，有无变形。

(2) 检查承载皮带与平衡箱连接锁销是否牢靠。

(3) 检查皮带及接头是否出现裂纹，运行时皮带有无跑偏现象，2根皮带松紧是否保持一致。

4. 检查导轨及行程校正开关。

(1) 检查平衡箱两侧导轨有无异响，配合面磨损是否严重。

(2) 检查行程校正开关动作是否及时，抽油机换向是否正常。

5. 检查永磁电动机。

(1) 检查永磁电动机运转是否正常。

(2) 检查永磁电动机轴承保养是否到位。

(3) 检查前、后导轮是否完好，运转是否正常。

(4) 检查刹车是否完好。

(三) 检查配电箱

1. 用试电笔检查配电箱外壳是否带电。

2. 检查配电箱内有无焦煳味，各开关、指示灯、控制屏、旋钮是否完好，记录电动机运行电流数据。

3. 检查接地设施是否齐全完好。

(四) 清理现场

清理现场，收拾工具、用具，填写报表。

五、不安全行为

1. 未按 HSE 要求正确穿戴劳动保护用品。

2. 接触电气设备前未用试电笔验电。

3. 未戴绝缘手套操作电气设备。

4. 手抓光杆检测光杆温度。

5. 未按巡检规定路线检查。

6. 未锁死刹车。

项目二　复式永磁电动机抽油机井开井操作

一、操作目的

复式永磁电动机抽油机井开井操作是采油工必须掌握的一项操作技能。主要目的是通过启动复式永磁电动机抽油机，带动井下抽油泵工作，将井内原油举升到地面。

二、操作流程

准备工作──→倒通井口流程──→检查抽油设备──→检查电气设备──→启动抽油机──→检查油井生产情况 ──→清理现场──→核实油井产量。

三、准备工作

(一) 项目操作人员及劳保要求

1. 操作人员 2 人，持有初级及以上职业资格证。
2. 按照 HSE 要求正确穿戴劳动保护用品。
3. 女工不得长发外露。

(二) 安全风险识别及风险控制措施

安全风险：

1. 未正确使用和有序摆放工具、用具，造成人身伤害。
2. 电气设备操作不当，造成电击、灼伤伤害甚至死亡。
3. 倒错流程，造成环境污染和人身伤害。
4. 开关阀门操作不当，造成人身伤害。
5. 平衡箱无安全护栏，造成人身伤害。

风险控制措施：

1. 正确选择使用工具、用具，并有序摆放。
2. 接触电气设备前先用试电笔验电，戴绝缘手套侧身操作电气设备。
3. 正确倒流程并确认。
4. 侧身缓慢开关阀门。
5. 确保平衡箱防护装置齐全、完好。

操作前先学习操作步骤，操作中应严格按照采油工标准化操作程序进行。

(三) 工具、用具、材料

600mm 管钳 1 把，200mm 活动扳手 1 把，F 形扳手 1 把，绝缘手套 1 副，试电笔 1 支，黄油适量，记录本，记录笔。

四、操作步骤

(一) 倒通井口流程

1. 井口有加热炉时，需提前 2h 点火预热。有掺水设备时，提前半小时进行掺水。
2. 检查井口设备设施有无渗漏，井口仪器仪表是否完好。
3. 依次打开 T 接点阀门、回压阀门、生产阀门。

(二) 检查抽油设备

1. 检查整机外观是否完好，基础有无下沉，立柱有无弯曲。

2. 检查皮带及接头是否出现裂纹，运行时皮带有无跑偏现象，2根皮带松紧是否保持一致。

（三）检查电气设备

1. 检查电气设备接地线是否符合要求。

2. 用试电笔检测配电箱外壳，确认无电后，打开配电箱门，戴绝缘手套侧身合闸送电。

3. 检查电气设备是否完好，电压是否符合要求。

（四）启动抽油机

1. 检查抽油机周围有无障碍物。

2. 戴绝缘手套侧身按顺序从左至右合上电源控制开关，绿色"电源指示灯"亮，PLC数字显示；变频器LED数码管循环显示"L"，变频器待机时显示"O"。

3. 观察平衡箱停止位置，平衡箱应停在冲程量值范围内，以及上/下校正开关和冲程限位开关的限定范围内。

4. 将"运行/检修"开关转到"检修"位置。

5. 将两个速度调节电位器向左旋转，减小运行速度。

6. 将平衡箱调整到抽油机架体中间位置。

7. 按绿色"启动/上行"按钮，泵挂一侧上升，松开按钮停机，停机时刹车自动同步制动。

8. 按红色"停止/下行"按钮，泵挂一侧下降，松开按钮停机，停机时刹车自动同步制动。

9. 将"运行/检修"开关转到"运行"位置。

10. 点按一下绿色"启动/上行"按钮，抽油机启动自动运行。

11. 启动时有声音提示报警："设备启动，请注意安全"，重复几遍后抽油机启动运行。

12. 经过两至三个运行周期慢速运行后，抽油机转换到由两个速度调节电位器调节设定的运行速度，电位器向右旋转，运行速度调快。

13. 记录启井时间。

（五）检查油井生产情况

1. 检查抽油设备运转情况，若发现异常情况，应及时停止抽油机进行处理。

2. 检查井口油管压力、套管压力、回压是否正常并做好记录。

3. 观察并记录电流值，测算运转平衡情况。

（六）清理现场

清理现场，收拾工具、用具，填写报表。

（七）核实油井产量

按要求取样、量油核实油井产量、含水率。

五、不安全行为

1. 未按 HSE 要求正确穿戴劳动保护用品。
2. 接触电气设备前未用试电笔验电。
3. 未戴绝缘手套操作电气设备。
4. 跨越护栏进行巡检。
5. 正对手轮开关阀门。
6. 开井前未检查工艺流程。

项目三 复式永磁电动机抽油机井关井操作

一、操作目的

复式永磁电动机抽油机井关井操作是采油工必须掌握的一项操作技能。主要目的是通过停止设备运转，关井切断液流通道，实现设备、设施维修保养，保证测试、修井等各项施工作业的顺利进行。

二、操作流程

准备工作──检查油井生产情况──检查抽油设备──停止抽油机──倒井口流程──清理现场。

三、准备工作

（一）项目操作人员及劳保要求

1. 操作人员 1 人，持有初级及以上职业资格证。
2. 按照 HSE 要求正确穿戴劳动保护用品。
3. 女工不得长发外露。

（二）安全风险识别及风险控制措施

安全风险：

1. 未正确使用和有序摆放工具、用具，造成人身伤害。
2. 电气设备操作不当，造成电击、灼伤伤害甚至死亡。
3. 倒错流程，造成污染和人身伤害。
4. 开关阀门操作不当，造成人身伤害。

风险控制措施：

1. 正确选择使用工具、用具，并有序摆放。
2. 接触电气设备前先用试电笔验电，戴绝缘手套侧身操作电气设备。

3. 正确倒流程并确认。
4. 侧身缓慢开关阀门。
操作前先学习操作步骤，操作中应严格按照采油工标准化操作程序进行。

（三）工具、用具、材料

600mm 管钳 1 把，200mm 活动扳手 1 把，F 形扳手 1 把，绝缘手套 1 副，试电笔 1 支，安全警示牌 1 块，记录本，记录笔，黄油适量。

四、操作步骤

（一）检查油井生产情况
1. 检查并记录井口油管压力、套管压力、回压数据。
2. 检查井口流程有无渗漏，阀门开关是否正确。
3. 检查防喷盒是否漏油。

（二）检查抽油设备
1. 检查整机外观是否完好，基础有无下沉，立柱有无弯曲。
2. 检查皮带及接头是否出现裂纹，运行时皮带有无跑偏现象，皮带松紧是否保持一致。

（三）停止抽油机
1. 用试电笔检查配电箱外壳，确认无电后，待平衡箱运行到抽油机冲程量值约 1/2 位置时，戴绝缘手套侧身按"停止/下行"按钮，停机。
2. 停机后，将"运行/检修"开关拨到"检修"位置，重新启动抽油机运行时，再将开关拨到"运行"位置。
3. 在"检修"状态操作时，若按绿色"启动/上行"按钮或红色"停止/下行"按钮时，抽油机仍在运行（失控状态），请按下红色"急停"按钮停机。
4. 戴绝缘手套侧身断开配电箱内 PLC 控制电源和主电源，关闭柜门并挂上安全警示牌。
5. 停机时间超过 3d，卸掉两端载荷，使皮带松弛。

（四）倒井口流程
1. 侧身关闭生产阀门和回压阀门。
2. 关井后倒地面掺水循环。
3. 稠油井关井 2h 以上，要倒地下掺水降黏。
4. 记录关井时间、关井原因，配电柜上锁挂牌。

（五）清理现场
清理现场，收拾工具、用具，填写报表。

五、不安全行为

1. 未按 HSE 要求正确穿戴劳动保护用品。

2. 接触电气设备前未用试电笔验电。
3. 未戴绝缘手套接触电气设备。
4. 正对手轮开关阀门。

项目四　复式永磁电动机抽油机调冲次操作

一、操作目的

复式永磁电动机抽油机调冲次操作是采油工应掌握的一项操作技能。主要目的是根据油层供液能力大小，通过调节控制面板上的速度调节电位器，改变电动机上、下行转速，得到合理冲次，从而最大限度地发挥油井生产潜力。

二、操作流程

准备工作──→核实预调参数──→检查井口流程及设备──→调整冲次──→核实冲次──→录取相关资料──→清理现场。

三、准备工作

（一）项目操作人员及劳保要求
1. 操作人员2人，持有中级及以上职业资格证。
2. 按HSE要求正确穿戴劳动保护用品。
3. 女工不得长发外露。

（二）安全风险识别及风险控制措施
安全风险：电气设备操作不当，造成电击、灼伤伤害甚至死亡。
风险控制措施：接触电气设备前先用试电笔验电，戴绝缘手套侧身操作电气设备。

操作前由直接领导申报《专项类特殊危险作业项目作业许可证》，明确操作人员，熟悉施工内容和施工步骤，做好安全风险识别并制定风险控制措施，由操作者签字确认；操作中严格按照安全标准化操作规程进行。

（三）工具、用具、材料
试电笔1支，绝缘手套1副，秒表1块，记录笔，记录本。

四、操作步骤

（一）核实预调参数
根据生产需要计算悬绳器上、下行所需速度，并参照机型铭牌，确定是否可调。电动机转速调整范围一般为0~30r/min。

（二）检查井口流程及设备
1. 检查井口设备设施是否完好，有无渗漏，井口仪器仪表是否完好。

2. 记录井口压力、温度及运行电流数值。
3. 检查地面设备运行是否正常。

（三）调整冲次
1. 用试电笔检测配电箱外壳是否带电。
2. 调节控制面板上的两个速度调节电位器，改变电动机上、下行转速，进行电动机转速的调整。具体调整方法：顺时针旋转增大电动机转速，逆时针旋转减小电动机转速，电动机转速调整范围为 0~30r/min。

（四）核实冲次
1. 从主控制器（PLC）检查冲次调整情况，具体操作方法：长按"MODE"键解锁，点按"MODE"键调整显示页面，调出 S1 页面，查看显示具体冲次。
2. 利用秒表进行现场计时核实。
3. 通过远程示功图对冲次进行最终确定。

（五）录取相关资料
1. 生产正常后，录取井口压力、温度、运行电流数据。
2. 按要求量油取样，核实产量和含水率。

（六）清理现场
清理现场，收拾工具、用具，填写报表。

五、不安全行为

1. 未按 HSE 要求正确穿戴劳动保护用品。
2. 接触电气设备前未用试电笔验电。

项目五　复式永磁电动机抽油机调冲程操作

一、操作目的

复式永磁电动机抽油机调冲程操作是采油工应掌握的一项操作技能。主要目的是根据油层的供液情况，通过调整行程校正开关位置，确定合理的冲程长度，最大限度地发挥油井潜力。

二、操作流程

准备工作──→核实预调参数──→检查井口流程及设备──→调整冲程──→录取相关资料──→清理现场。

三、准备工作

（一）项目操作人员及劳保要求
1. 操作人员 2 人，持有高级及以上职业资格证。

2. 按 HSE 要求正确穿戴劳动保护用品。

3. 女工不得长发外露。

（二）安全风险识别及风险控制措施

安全风险：

1. 电气设备操作不当，造成电击、灼伤伤害甚至死亡。

2. 高空作业未系安全带，造成人身伤害。

风险控制措施：

1. 接触电气设备前先用试电笔验电，戴绝缘手套侧身操作电气设备。

2. 高空作业按要求系好安全带。

操作前由直接领导申报《专项类特殊危险作业项目作业许可证》，明确操作人员，熟悉施工内容和施工步骤，做好安全风险识别并制定风险控制措施，由操作者签字确认；操作中严格按照安全标准化操作规程进行。

（三）工具、用具、材料

200mm 活动扳手 1 把，10m 钢卷尺 1 个，F 形扳手 1 把，试电笔 1 支，绝缘手套 1 副，安全警示牌 1 块，安全带 1 副，记录笔，记录本。

四、操作步骤

（一）核实预调参数

根据生产需要计算行程开关位置，部分机型需要调整行程校正开关。

（二）检查井口流程及设备

1. 检查井口设备设施是否完好，有无渗漏，井口仪器仪表是否完好。

2. 记录井口压力、温度及运行电流数据。

3. 检查地面设备运行是否正常。

（三）调整冲程

1. 用试电笔检查配电箱外壳，确认无电后，戴绝缘手套侧身将"运行/检修"开关拨在"运行"位置。

2. 长按"MODE"键解锁。

3. 按"0""1""2""3"键调整行程设定值到所需值。

4. 长按"1/2/SET"键，设定值停止闪烁。

5. 长按"MODE"键锁住按键开关。

6. 长按"4"键，设置指示灯点亮。

7. 设置指示灯熄灭时，行程设置完成，关好配电箱门。

8. 停机，挂上安全警示牌，调整行程校正开关位置，调大冲程时增大上下行程开关之间的距离，调小冲程时缩小行程开关之间的距离，上下行程校正开关之间的位置即为冲程。复式永磁电动机抽油机结构如图 1-13 所示。

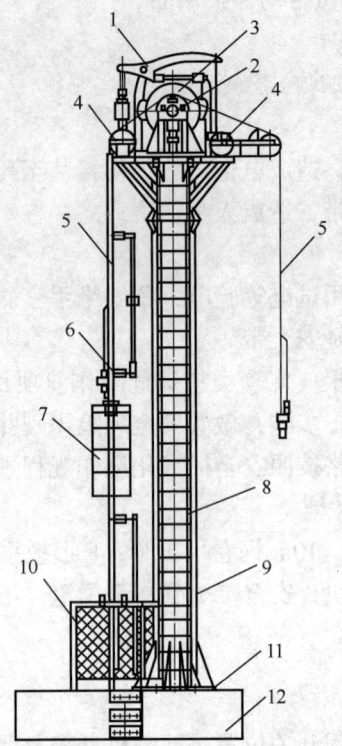

图 1-13 复式永磁电动机抽油机结构图

1—刹车；2—电动机轴承；3—永磁电动机；4—前后导轮；5—承载皮带及导轨；6—行程校正开关；
7—平衡箱；8—扶梯；9—立柱；10—护栏；11—地脚螺栓；12—混凝土基础

9. 测量上下行程校正开关之间的距离，核实冲程。

10. 按操作规程启动抽油机。

（四）录取相关资料

1. 生产正常后，录取井口压力、温度及运行电流数据。

2. 按要求量油取样，核实产量和含水率。

（五）清理现场

清理现场，收拾工具、用具，填写报表。

五、不安全行为

1. 未按 HSE 要求正确穿戴劳动保护用品。

2. 接触电气设备前未用试电笔验电。

3. 高空作业未系安全带。

4. 高空作业抛掷工具。

项目六 复式永磁电动机抽油机安装操作

一、操作目的

复式永磁电动机抽油机安装操作是采油工应掌握的一项操作技能。主要目的是通过安装复式永磁电动机抽油机,满足油井举升要求,保证油井正常生产。

二、操作流程

准备工作——检查地基——吊装活动基座——安装立柱——在立柱平台上安装电动机——在立柱平台上安装前、后导轮——组装下围栏及手动刹车装置——连接抽油杆、平衡箱及皮带——安装平衡箱导柱——安装平衡箱导轮组——安装行程控制组件并调整——启动抽油机——清理现场——核实油井产量。

三、准备工作

(一)项目操作人员及劳保要求

1.操作人员6人,持有高级及以上职业资格证。特殊工种应持有相应执业资格证。监护人员1人,持高级及以上职业资格证。安全监督1人。

2.按照HSE要求正确穿戴劳动保护用品。

3.女工不得长发外露。

(二)安全风险识别及风险控制措施

安全风险:

1.操作现场未设置隔离带,造成人身伤害。

2.交叉作业,造成人身伤害。

3.未正确使用和有序摆放工具、用具,造成人身伤害。

4.电气设备操作不当,造成电击、灼伤伤害甚至死亡。

5.高空作业时未系安全带,造成人身伤害。

6.大风天气(≥6级)登高露天作业。

风险控制措施:

1.操作现场设置隔离带,非工作人员严禁入内。

2.操作现场严禁交叉作业。

3.正确选择使用工具、用具,并有序摆放。

4.接触电气设备前先用试电笔验电,戴绝缘手套侧身操作电气设备。

5.高空作业时要系好安全带。

6.大风天气(≥6级),严禁登高露天作业。

7.有序摆放工具用具。

操作前由直接领导申报《专项类特殊危险作业项目作业许可证》,明确操作人员，熟悉施工内容和施工步骤，做好安全风险识别并制定风险控制措施，由操作者签字确认；操作中严格按照安全标准化操作规程进行。

（三）工具、用具、材料、设备

600mm 管钳 1 把，300mm、375mm 活动扳手各 1 把，450mm 活动扳手 2 把，200mm 锉刀 1 把，1200mm 撬杠 2 根，10kg 大锤 1 把，铁锹 2 把，专用套筒扳手 1 套，加力杠 2 根，卸扣 6 个，600mm 水平仪 1 把，10mm 塞尺 1 把，细线绳 1 根，牵引绳 2 根，配套钢丝绳 4 根，15m 钢卷尺 1 把，试电笔 1 支，绝缘手套 1 副，安全警示牌 1 块，记号笔 1 支，垫铁若干，黄油、棉纱适量，吊车 1 台。

四、操作步骤

（一）检查地基

1. 检查地基是否夯实，上平面是否刮抹平整，地基整体水平是否符合要求：纵向误差应小于 3‰，横向误差小于 1.5‰。

2. 根据抽油机基座中心点的数据（距井口中心的距离），推算出井口中心与活动基础之间的距离，做好标记，允许偏差 ±5mm。在地基平面上用白石灰弹出对应井口中心的纵向中心线，允许偏差 ±2mm。

（二）吊装活动基座

1. 吊车停在便于操作的位置，钢丝绳挂入吊钩内，在活动基础上画出中心线，用卸扣将钢丝绳与基础预埋件连接，将活动基础在地基上摆正。

2. 检查活动基础中心线与地基纵向中心线是否重合，允许偏差 ±2mm。基础中心线与井口中心之间的距离允许偏差 ±5mm。用水平仪测量并找平，纵向误差应小于 3‰，横向误差小于 1.5‰。

（三）安装立柱

1. 组装立柱、平台和平台左右踏板。立柱与活动基座用螺栓连接。

2. 在立柱上组装人梯。

3. 在上下接近开关轨道上，组装接近开关组和接近开关挡块。

4. 在人梯上组装上接近开关轨道。

5. 将立柱立起组装在基座上，要求如下：

（1）用经纬仪检查立柱的垂直度：

$$垂直度误差 = \frac{H}{1000} \times 100\% \tag{1-6}$$

式中 H——立柱的总高，m。

（2）组装后应保证立柱中心点、两前导轮座距离的中点和井口的中心点要位于同一条直线上。

（3）组装后立柱下面的调平斜铁应与基座预埋件点焊固定。

（四）在立柱平台上安装电动机

1.电动机安装前的准备工作：

(1) 在电动机架上组装电动刹车装置及电动机。

(2) 皮带下料。每台机组需4条皮带，提升抽油杆用2条，提升平衡箱用2条。两种皮带需分别按行程要求分别计算出长度。各皮带的一端均需按电动机上该端头的皮带压板冲螺栓把合孔。皮带长的近似计算公式如下：

$$配重侧带长 = 5.66+L-(5.66+L)\times\Delta l \quad (1-7)$$

$$井口侧带长 = 6.5+L-(6.5+L)\times\Delta l \quad (1-8)$$

式中　L——机器的最大行程，m；

　　　Δl——机器所用皮带的延伸率。

(3) 将皮带绕装在电动机上。分别将4根皮带的打孔端头，用对应的压板压紧并全部绕在电动机的皮带轮槽内。其中，与抽油杆连接的2根皮带绕在电动机两端内侧的皮带轮槽内，绕向为站在电动机轴出线端看的顺时针方向；与配重连接的2根皮带绕在电动机两端的外侧皮带轮槽内，绕向为站在电动机轴出线端看的逆时针方向。

(4) 皮带端连接压板。在没完全绕完皮带之前，应将每条皮带的非固定端组装一个皮带端连接压板。使压紧螺钉背向立柱方向安装。

2.电动机安装及找正：

将电动机吊放在已安装好的立柱平台的电动机安装座上，使其主轴的出线端朝向人梯，找正后固定。要求组装后主轴中心线要对正平台上的十字坐标线，电动机轴的垂直中剖面应对在平台上的另一十字坐标线，电动机轴线水平度为0.1mm/1000mm。

（五）在立柱平台上安装皮带前、后导轮

1.前、后皮带导轮安装前的准备工作。组装前、后皮带导轮组，各轴承注入润滑脂。

2.在平台上安装前、后皮带导轮。将前、后皮带导轮吊放在已安装好的立柱平台的各安装座上，找正后压紧固定。

找正要求如下：

(1) 前、后皮带导轮的轴线与电动机轴线的平行度误差为±0.1mm。

(2) 2个前皮带导轮的轴线高度差为±0.20mm。

(3) 2个后皮带导轮的轴线高度差为±0.20mm。

（六）组装下围栏及手动刹车装置

1.在基础上组装下围栏，并按要求将其固定。

2.将2根横担梁吊放在下围栏的上框上，使其位于平衡箱下落的位置处，作为搁放平衡箱用。

3. 在基础上组装手动刹车装置，连接刹车钢绳。其钢绳的紧度调整要求如下：在电动刹车松开状态下，将手刹杆推到最前方位置（手刹松开的位置），使刹车钢绳为微拉紧状态，锁紧即可。钢绳锁紧后向后拉动手刹杆，做手刹车试验。

（七）连接抽油杆、平衡箱及皮带

1. 将平衡箱吊放在下围栏上框上面的2根横担梁上，行程识别器放置于人梯一侧。
2. 将抽油杆侧的皮带放下来，连接皮带与抽油杆。
3. 将泵挂吊起，转动电动机放下配重侧的皮带。连接皮带与平衡箱。
4. 吊车向下放泵挂，电动机向上提起平衡箱，直至可以卸掉泵挂上的吊绳。
5. 取掉下围栏上框上面的2根横担梁。
6. 先手动再自动地往返起动电动机，检查各皮带与其皮带轮的对中情况，要求皮带不得与其皮带轮的两侧挡板相互摩擦。
7. 组装立柱平台后侧踏板。

（八）安装平衡箱导柱

组装2根平衡箱导柱，要以自然下垂的平衡箱皮带为找正基准，要求如下：
1. 检查两导柱的接头处，要修圆，不得有错口，校直不得有硬弯。
2. 两导柱的中心和两皮带的厚度中心要在同一平面内。
3. 两导柱的上下两端的中心距要相等。
4. 两导柱的中心线要求垂直。
5. 连接导柱的支撑杆。

（九）安装平衡箱导轮组

将控制系统置于手动控制状态，启动电动机，按上行手动控制按钮，使平衡箱落在下方安装平衡箱导轮组最方便的位置上，停车后立即拉紧手动刹车装置，安装平衡箱两侧的平衡箱导轮组。调整固定后，要求在平衡箱自然下垂的情况下，两导轮圆弧面与导柱间的间隙均等。通过各导轮的油嘴为导轮注入润滑脂。

（十）安装行程控制组件及其调整

由生产厂家进行安装调试。

（十一）启动抽油机

1. 用试电笔检测配电箱外壳，确认无电后，打开配电箱门，戴好绝缘手套侧身合闸送电，按启动按钮，锁好配电箱门，记录启动抽油机的时间。
2. 检查立柱垂直度，确保皮带在电动机皮带轮和皮带导轮的中间运行，若有磨皮带现象需重新找正。
3. 听机组运行有无异响，有异响需查明原因并予以排除。
4. 检查各轴承室温度是否正常。
5. 运行24h后，进行例保。

（十二）清理现场

清理现场，收拾工具、用具，填写报表。

（十三）核实油井产量

按要求量油、取样，核实油井产量、含水率。

五、不安全行为

1. 未按 HSE 要求正确穿戴劳动保护用品。
2. 接触电气设备前未用试电笔验电。
3. 未戴绝缘手套操作电气设备。
4. 未侧身操作电气设备。
5. 挂负荷时手抓光杆。
6. 高空作业时未系安全带。
7. 光杆下行时手抓光杆检查光杆温度。
8. 戴手套使用大锤。
9. 在吊车吊臂的旋转范围内通行。
10. 高空作业抛掷工具、用具。
11. 不妥善放置高空作业中的工具、用具。
12. 无视危险标识进入危险区域。

第六节　螺杆泵井及电动潜油泵井

项目一　螺杆泵井开井操作

一、操作目的

螺杆泵井开井操作是采油工必须掌握的一项操作技能。主要目的是通过启动地面设备，带动井下螺杆泵旋转，将井内原油举升到地面。

二、操作流程

准备工作──→检查工艺流程──→检查抽油设备──→检查电气设备──→启动螺杆泵井──→检查设备运行情况──→检查油井生产情况──→清理现场。

三、准备工作

（一）项目操作人员及劳保要求

1. 操作人员 2 人，持有初级及以上职业资格证。

2. 按照 HSE 要求正确穿戴劳动保护用品。

3. 女工不得长发外露。

（二）安全风险识别及风险控制措施

安全风险：

1. 电气设备操作不当，造成电击、灼伤伤害甚至死亡。

2. 未正确使用和有序摆放工具、用具，造成人身伤害。

3. 开关阀门操作不当，造成人身伤害。

4. 井口旋转部位防护装置不齐全，造成机械伤害。

5. 倒错流程，造成污染和人身伤害。

风险控制措施：

1. 接触电气设备前先用试电笔验电，戴绝缘手套侧身操作电气设备。

2. 正确选择使用工具、用具，并有序摆放。

3. 侧身缓慢开关阀门。

4. 确保井口旋转部位防护装置齐全完好。

5. 正确倒流程并确认。

操作前先学习操作步骤，操作中应严格按照采油工标准化操作程序进行。

（三）工具、用具、材料

600mm 管钳 1 把，F 形扳手 1 把，试电笔 1 支，绝缘手套 1 副，记录本，记录笔。

四、操作步骤

（一）检查工艺流程

1. 检查井口设备设施是否完好，有无渗漏，井口仪器仪表是否完好。

2. 关闭取样放空阀门，打开 T 接点阀门、回压阀门、井口生产阀门、压力表控制阀门。

3. 井口有加热炉时，提前 2h 预热加热炉，有需要掺水的设备时，提前半小时倒通流程掺水。

（二）检查抽油设备

1. 检查皮带松紧是否合适。

2. 检查驱动头护罩和电动机皮带护罩是否完好、紧固。

3. 检查防反转装置是否灵活可靠。

4. 检查减速箱齿轮油位是否在 1/2~2/3 处，箱体有无渗漏。

5. 检查井口阻杆封井器是否处于开启状态，两边手轮的开启圈数是否一致。

6. 检查井口密封是否完好。

7. 检查光杆卡子、各部螺栓是否紧固。

（三）检查电气设备

1. 检查配电箱、电动机是否完好。

2. 检查接地装置是否完好。

（四）启动螺杆泵井

1. 检查螺杆泵周围有无障碍物。

2. 用试电笔检查配电箱外壳，确认无电后解锁，戴绝缘手套，侧身合闸送电。

3. 检查电压是否正常，按启动按钮启动螺杆泵。

（五）检查设备运行情况

1. 检查螺杆泵运转方向是否正确。

2. 检查驱动装置有无异响。

3. 检查电动机电流是否正常、平稳。

4. 若电流或地面设备振动过大，应立即停机查明原因，整改之后方可再启动。

（六）检查油井生产情况

1. 检查井口油管压力、掺水压力是否正常，油井是否正常出液。

2. 观察密封填料有无渗漏。

（七）清理现场

清理现场，收拾工具、用具，填写报表。

五、不安全行为

1. 未按 HSE 要求正确穿戴劳动保护用品。

2. 接触电气设备前未用试电笔验电。

3. 未戴绝缘手套接触电气设备。

4. 未侧身操作电气设备。

5. 启井后配电箱未上锁。

6. 正对手轮开关阀门。

7. 启井前未检查工艺流程。

项目二　螺杆泵井关井操作

一、操作目的

螺杆泵井关井操作是采油工必须掌握的一项操作技能。主要目的是通过停止地面设备运行，切断液流通道，便于设备设施维修保养以及各项作业施工的进行。

二、操作流程

准备工作──→检查油井生产情况──→检查螺杆泵运转情况──→停止螺杆泵──→倒井口流程──→清理现场。

三、准备工作

(一) 项目操作人员及劳保要求

1. 操作人员2人,持有初级及以上职业资格证。
2. 按照HSE要求正确穿戴劳动保护用品。
3. 女工不得长发外露。

(二) 安全风险识别及风险控制措施

安全风险:

1. 电气设备操作不当,造成电击、灼伤伤害甚至死亡。
2. 未正确使用和有序摆放工具、用具,造成人身伤害。
3. 开关阀门操作不当,造成人身伤害。
4. 井口旋转部位防护装置不齐全,造成机械伤害。
5. 倒错流程,造成污染和人身伤害。

风险控制措施:

1. 接触电气设备前先用试电笔验电,戴绝缘手套侧身操作电气设备。
2. 正确选择使用工具、用具,并有序摆放。
3. 侧身缓慢开关阀门。
4. 确保井口旋转部位防护装置齐全完好。
5. 正确倒流程并确认。

操作前先学习操作步骤,操作中应严格按照采油工标准化操作程序进行。

(三) 工具、用具、材料

600mm管钳1把,F形扳手1把,试电笔1支,绝缘手套1副,安全警示牌1块,记录本,记录笔。

四、操作步骤

(一) 检查油井生产情况

1. 检查井口油管压力、套管压力、回压是否正常并做好记录。
2. 检查井口流程有无渗漏,阀门开关是否正确。
3. 检查密封填料有无渗漏。

(二) 检查螺杆泵运转情况

1. 观察螺杆泵各连接部位和紧固件有无松动迹象。
2. 听螺杆泵运转声音是否正常。

3. 检查电动机外壳温度是否符合要求。

（三）停止螺杆泵

1. 用试电笔检测配电箱外壳，确认无电后，打开配电箱门，戴绝缘手套按停止按钮。

2. 侧身拉闸断电，关好电控柜门，记录停井时间。

（四）倒井口流程

1. 侧身关闭井口生产阀门和回压阀门。

2. 冬季关井要掺水循环，无掺水的井关井 2h 以上必须扫线。

3. 春、夏、秋季关井 3 个月以上的井要用压风机扫管线，长停井要组织回收电气设备、地面装置和井口有关设施。

4. 稠油井停止抽油机时间较长时，应倒地下掺水。

5. 记录停井时间和原因，上锁挂牌。

（五）清理现场

清理现场，收拾工具、用具，填写报表。

五、不安全行为

1. 未按 HSE 要求正确穿戴劳动保护用品。

2. 接触电气设备前未用试电笔验电。

3. 未戴绝缘手套接触电气设备。

4. 按停止按钮或拉闸时不侧身。

5. 关井后配电箱不上锁。

6. 扫线时不检查工艺流程。

项目三　螺杆泵井的巡回检查

一、操作目的

螺杆泵井的巡回检查是采油工必须掌握的一项操作技能。主要目的是通过巡回检查，及时发现设备和油井在生产中出现的问题，及时录取油井生产数据，确保设备和油井正常工作。

二、操作流程

准备工作──→检查井口设施并录取生产数据──→检查井口设备运行情况──→检查电气设备、设施──→清理现场。

三、准备工作

（一）项目操作人员及劳保要求

1. 操作人员 1 人，持有初级及以上职业资格证。

2. 按照 HSE 要求正确穿戴劳动保护用品。

3. 女工不得长发外露。

（二）安全风险识别及风险控制措施

安全风险：

1. 电气设备操作不当，造成电击、灼伤伤害甚至死亡。

2. 未正确使用和有序摆放工具、用具，造成人身伤害。

3. 井口旋转部位防护装置不齐全，造成机械伤害。

风险控制措施：

1. 接触电气设备前先用试电笔验电，戴绝缘手套侧身操作电气设备。

2. 正确选择使用工具、用具，并有序摆放。

3. 确保井口旋转部位防护装置齐全完好。

操作前先学习操作步骤，操作中应严格按照采油工标准化操作程序进行。

（三）工具、用具、材料

250mm 活动扳手 1 把，F 形扳手 1 把，试电笔 1 支，绝缘手套 1 副，记录本，记录笔。

四、操作步骤

（一）检查井口设施并录取生产数据

1. 检查流程是否正确，井口有无渗漏。

2. 观察油压是否稳定，并记录油管压力、套管压力、回压数据。

3. 检查光杆密封装置有无渗漏。

4. 录取掺水压力和温度并做好记录。

（二）检查井口设备运行情况

1. 检查设备有无缺损、松动、渗漏现象。

2. 检查井口密封有无渗漏。

3. 检查安全防护罩是否完好。

4. 观察皮带的松紧是否正常。

5. 检查减速箱有无异响。

6. 检查减速箱箱体是否渗漏，温度是否低于 50℃。

7. 检查减速箱油位是否在看窗之间。

（三）检查电气设备、设施

1. 检查电动机运行有无异常响声。

2. 检查电动机外壳温度是否低于 60℃。

3. 检查电动机接地线是否牢固。

（四）清理现场

收拾工具用具，清理现场，填写报表。

五、不安全行为

1. 未按 HSE 要求正确穿戴劳动保护用品。
2. 接触电气设备前未用试电笔验电。
3. 未戴绝缘手套接触电气设备。
4. 不规范使用工具、用具。

项目四　螺杆泵井更换皮带操作

一、操作目的

螺杆泵井更换皮带操作是采油工必须掌握的一项操作技能。主要目的是通过安装合格的皮带将电动机动力传送给井下螺杆泵，确保油井正常生产。

二、操作流程

准备工作──→停机──→更换皮带──→调整新皮带──→启动螺杆泵井──→检查生产情况、录取压力──→清理现场。

三、准备工作

（一）项目操作人员及劳保要求

1. 操作人员 2 人，持有中级及以上职业资格证。
2. 按照 HSE 要求正确穿戴劳动保护用品。
3. 女工不得长发外露。

（二）安全风险识别及风险控制措施

安全风险：

1. 未正确使用和有序摆放工具、用具，造成人身伤害。
2. 倒错流程，造成污染和人身伤害。
3. 电气设备操作不当，造成电击、灼伤伤害甚至死亡。
4. 井口旋转部位防护装置不齐全，造成机械伤害。
5. 戴手套盘车拆、装皮带，造成人身伤害。

风险控制措施：

1. 正确选择使用工具、用具，并有序摆放。
2. 正确倒流程并确认。
3. 接触电气设备前先用试电笔验电，戴绝缘手套侧身操作电气设备。
4. 确保井口旋转部位防护装置齐全完好。
5. 严禁戴手套盘车装卸皮带。

操作前先学习操作步骤，操作中应严格按照采油工标准化操作程序进行。

（三）工具、用具、材料

300mm、375mm 活动扳手各 1 把，500mm 撬杠 1 把，3.5kg 大锤 1 把，试电笔 1 支，绝缘手套 1 副，安全警示牌 1 块，相同型号的新皮带 1 组，细线绳 1 根，擦布，黄油。

四、操作步骤

（一）停机

1. 用试电笔检查配电箱外壳，确认无电后，打开配电箱门。
2. 戴绝缘手套侧身按停止按钮，侧身拉闸断电。
3. 锁好配电箱门，挂上安全警示牌，记录停止螺杆泵的时间。

（二）更换皮带

1. 拆卸皮带护罩。
2. 卸松电动机底座支撑杆上远离电动机侧的 2 个调节螺母。
3. 同时紧固支撑杆上靠近电动机侧的 2 个调节螺母，使电动机底座向上翻转，卸松皮带。
4. 取下旧皮带。
5. 将新皮带逐根套入 2 个皮带槽内，并检查皮带有无窜槽、交叉等现象。

（三）调整皮带

1. 卸松支撑杆上靠近电动机侧的 2 个调节螺母，使电动机底座向下翻转。
2. 用线绳测量两皮带轮端面"四点一线"是否合格，如不合格卸松电动机固定螺栓进行调整，误差不超过±2mm。
3. 同时紧固支撑杆上远离电动机侧的 2 个调节螺母，调节皮带松紧度。
4. 紧固支撑杆上靠近电动机侧的 2 个调节螺母，防止调节螺母松动。
5. 安装皮带防护罩。

（四）启动螺杆泵井

1. 检查螺杆泵周围有无障碍物。
2. 解锁，戴绝缘手套，侧身合闸送电。
3. 检查电压是否正常，按启动按钮启动螺杆泵。

（五）检查生产情况、录取压力

1. 检查皮带运行情况，有无异响、跳动等现象。
2. 检查、录取井口油管压力、套管压力、回压数据。

（六）清理现场

清理现场，收拾工具、用具，填写报表。

五、不安全行为

1. 未按照 HSE 要求正确穿戴劳动保护用品。

2. 接触电气设备前未用试电笔验电。
3. 未戴绝缘手套接触电气设备。
4. 未侧身操作电气设备。
5. 戴手套拆装皮带。
6. 启井前未检查工艺流程。

项目五　电动潜油泵井巡回检查

一、操作目的

电动潜油泵井巡回检查是采油工必须掌握的一项操作技能。主要目的是巡回检查电泵井井口设备、控制柜运行情况以及录取油井生产参数，保证电泵井正常生产。

二、操作流程

准备工作──→检查电力系统──→检查单井管线──→检查接线盒──→检查井口流程──→检查控制屏──→清理现场。

三、准备工作

（一）项目操作人员及劳保要求
1. 操作人员1人，持有初级及以上职业资格证。
2. 按照HSE要求正确穿戴劳动保护用品。
3. 女工不得长发外露。
（二）安全风险识别及风险控制措施
安全风险：
1. 电气设备操作不当，造成电击、灼伤伤害甚至死亡。
2. 未正确使用和有序摆放工具、用具，造成人身伤害。
风险控制措施：
1. 接触电气设备前先用试电笔验电，戴绝缘手套侧身操作电气设备。
2. 正确选择使用工具、用具，并有序摆放。
操作前先学习操作步骤，操作中应严格按照采油工标准化操作程序进行。
（三）工具、用具、材料
200mm活动扳手1把，600mm管钳1把，F形扳手1把，试电笔1支，绝缘手套1副，电流卡片，记录本，记录笔。

四、操作步骤

电动潜油泵井正常情况下每4h，严格按照采油站制定的巡回检查路线进行巡回检查一次（特殊天气除外）。

（一）检查电力系统

检查变压器的跌落开关有无跌落现象，发现后及时向调度汇报。

（二）检查单井管线

检查单井管线有无跑、冒、滴、漏现象，发现后及时汇报处理。

（三）检查接线盒

检查接线盒的门是否锁好，有无倾倒现象，包扎是否完好。

（四）检查井口流程

1. 检查井口有无渗漏，流程是否正确。
2. 观察油压是否稳定，录取油管压力、套管压力、回压数据。
3. 听出油声音，检查井口温度是否正常。

（五）检查控制屏

1. 观察控制屏指示灯工作状态。绿灯亮表示正常运行，黄灯亮表示欠载停机，红灯亮表示过载停机。
2. 检查主机电压、控制电压是否正常，误差在±5%范围内。
3. 检查记录仪是否正常工作，时钟是否需要上弦，笔尖是否正常出水。
4. 检查电流卡片上的曲线是否正常，起画时间、日期、井号填写是否正确，曲线是否连续，并按照要求及时更换电流卡片。
5. 在电流卡片上记录查井时间、主机电压、控制电压、电流、油管压力、套管压力、查井人。
6. 检查接地设施是否齐全完好。
7. 若发现异常情况立即汇报处理。

（六）清理现场

清理现场，收拾工具、用具，填写报表。

五、不安全行为

1. 未按照 HSE 要求正确穿戴劳动保护用品。
2. 接触电气设备前未用试电笔验电。
3. 未戴绝缘手套接触电气设备。
4. 未侧身操作电气设备。
5. 恶劣天气露天巡检作业。

项目六　电动潜油泵井开井操作

一、操作目的

电动潜油泵井开井操作是采油工必须掌握的一项操作技能。主要目的是通过地面提供电能，带动井下电动潜油泵工作，将井内原油举升到地面。

二、操作流程

准备工作——倒通生产流程——检查控制屏——启动电动潜油泵——启泵后检查——填写电流卡片——清理现场。

三、准备工作

（一）项目操作人员及劳保要求

1. 操作人员 2 人，持有初级及以上职业资格证。
2. 按照 HSE 要求正确穿戴劳动保护用品。
3. 女工不得长发外露。

（二）安全风险识别及风险控制措施

安全风险：

1. 未正确使用和有序摆放工具、用具，造成人身伤害。
2. 倒错流程，造成污染和人身伤害。
3. 开关阀门操作不当，造成人身伤害。
4. 电气设备操作不当，造成电击、灼伤伤害甚至死亡。

风险控制措施：

1. 正确选择使用工具、用具，并有序摆放。
2. 正确倒流程并确认。
3. 侧身缓慢开关阀门。
4. 戴绝缘手套侧身启停电气设备。

操作前先学习操作步骤，操作中应严格按照采油工标准化操作程序进行。

（三）工具、用具、材料

600mm 管钳 1 把，F 形扳手 1 把，油嘴扳手 1 把，150mm 游标卡尺 1 把，试电笔 1 支，合格油嘴 1 个，绝缘手套 1 副，锁具，电流卡片 1 张，擦布，记录本，记录笔。

四、操作步骤

新井投产（作业井开井）必须由专业人员操作，正常原因启井由调度通知方可开井操作。

（一）倒通生产流程

1. 井口有加热炉时须提前半小时点火预热，有需要掺水的井提前进行掺水。
2. 检查井口设备设施是否完好，有无渗漏，井口仪器仪表是否完好。
3. 检查油嘴是否符合生产要求。
4. 关闭取样放空阀门，打开 T 接点阀门、回压阀门、井口生产阀门。

5. 打开套管阀门，放套管气。

（二）检查控制屏

1. 用试电笔检查启动柜外壳，确认无电后，戴绝缘手套侧身合上控制柜总开关。

2. 检查主机电压、控制电压是否符合要求，误差范围是否在±5%以内。

3. 观察指示灯显示状态，黄灯亮，电路正常；若红灯亮，说明电路或机组有故障。

4. 根据井下机组的额定电流，查看过载、欠载整定值的设定是否符合启机要求。

5. 正确安装电流卡片，并上好弦。

（三）启动电动潜油泵

戴绝缘手套将选择旋钮转到手动位置，侧身按下启动按钮。

（四）启泵后检查

1. 观察录取油管压力、套管压力、回压数据，听出油声音是否正常。

2. 检查主机电压、控制电压、运行电流是否正常。

3. 根据正常运行电流，查看过载、欠载整定值的设定是否符合要求。

（五）填写电流卡片

1. 检查电流记录仪是否正常工作，时钟是否需要上弦，笔尖是否正常出水。

2. 检查电流卡片，检查起画时间、日期、井号填写是否正确。

3. 电流卡片上记录启井人姓名、开井时间、主机电压、控制电压、电流、油管压力、套管压力。

（六）清理现场

清理现场，收拾工具、用具、填写报表。

五、不安全行为

1. 未按照 HSE 要求正确穿戴劳动保护用品。
2. 正对手轮开关阀门。
3. 接触电气设备前未用试电笔验电。
4. 未戴绝缘手套接触电气设备。
5. 未侧身操作电气设备。
6. 启井后配电箱未上锁。
7. 启井前未检查工艺流程。
8. 在没有安全监护的情况下进行作业。

项目七 电动潜油泵井关井操作

一、操作目的

电动潜油泵井关井操作是采油工必须掌握的一项操作技能。主要目的是通过切断电源,停止油井生产,便于在井下作业和地面设备、设施维修时确保人身安全。

二、操作流程

准备工作──→关井前检查──→停止电动潜油泵──→倒关井流程──→填写电流卡片──→清理现场。

三、准备工作

(一) 项目操作人员及劳保要求

1. 操作人员2人,持有初级及以上职业资格证。
2. 按照HSE要求正确穿戴劳动保护用品。
3. 女工不得长发外露。

(二) 安全风险识别及风险控制措施

安全风险:

1. 未正确使用和有序摆放工具、用具,造成人身伤害。
2. 倒错流程,造成污染和人身伤害。
3. 开关阀门操作不当,造成人身伤害。
4. 电气设备操作不当,造成电击、灼伤伤害甚至死亡。

风险控制措施:

1. 正确选择使用工具、用具,并有序摆放。
2. 正确倒流程并确认。
3. 侧身缓慢开关阀门。
4. 戴绝缘手套侧身启停电气设备。

操作前先学习操作步骤,操作中应严格按照采油工标准化操作程序进行。

(三) 工具、用具、材料

600mm管钳1把,F形扳手1把,试电笔1支,绝缘手套1副,锁具,安全警示牌1块,记录本,记录笔。

四、操作步骤

必须接到电动潜油泵井关井的调度通知,方可操作。

(一) 关井前检查

1. 井口有加热炉的必须提前停炉,冬季放水。

2. 录取井口油管压力、套管压力数据，检查出油声音及温度是否正常。
3. 检查并录取主机电压、控制电压、运行电流等生产参数。

（二）停止电动潜油泵

用试电笔检查控制柜外壳，确认无电后，戴绝缘手套侧身按下停止按钮，将选择开关拨到停止位置，侧身拉下控制柜总开关，挂安全警示牌。

（三）倒关井流程

1. 侧身依次关闭生产阀门、回压阀门、套管阀门。
2. 打开取样放空阀门，放净余压后关闭。
3. 冬季停机应根据情况决定是否采取掺水循环或扫线措施，扫线后应关闭掺水阀门和T接点阀门。

（四）填写电流卡片

电流卡片上填写停机前生产数据：主机电压、控制电压、电流、油管压力、套管压力，注明停机原因及时间。

（五）清理现场

清理现场，收拾工具、用具，填写报表。

五、不安全行为

1. 未按照 HSE 要求正确穿戴劳动保护用品。
2. 正对手轮开关阀门。
3. 接触电气设备前未用试电笔验电。
4. 未戴绝缘手套接触电气设备。
5. 未侧身操作电气设备。
6. 未按停止按钮直接拉总闸。

项目八 电动潜油泵井更换电流卡片操作

一、操作目的

电动潜油泵井更换电流卡片操作是采油工必须掌握的一项操作技能。主要目的是通过更换电流卡片，保证及时、准确地记录电泵井电流数据，为电泵井生产和分析提供依据。

二、操作流程

准备工作──→更换前检查──→取出旧电流卡片──→安装新电流卡片──→填写电流卡片──→清理现场。

三、准备工作

（一）项目操作人员及劳保要求

1. 操作人员 1 人，持有初级及以上职业资格证。
2. 按照 HSE 要求正确穿戴劳动保护用品。
3. 女工不得长发外露。

（二）安全风险识别及风险控制措施

安全风险：

1. 未正确使用和有序摆放工具、用具，造成人身伤害。
2. 电气设备操作不当，造成电击、灼伤伤害甚至死亡。

风险控制措施：

1. 正确选择使用工具、用具，并有序摆放。
2. 接触电气设备前先用试电笔验电，确认无电再操作。

操作前先学习操作步骤，操作中应严格按照采油工标准化操作程序进行。

（三）工具、用具、材料

试电笔 1 支，绝缘手套 1 副，同规格电流卡片 1 张，记录本，记录笔。

四、操作步骤

（一）更换前检查

1. 检查井口生产流程是否正确，录取井口油管压力、套管压力、回压数据，检查出油声音及温度正常。
2. 检查并录取主机电压、控制电压、运行电流等生产参数。

（二）取出旧电流卡片

1. 打开记录仪门，抬起笔尖，松开卡片卡子。
2. 取下原来的电流卡片，检查电流记录情况。
3. 检查笔尖出水情况，将时钟上弦。

（三）安装新电流卡片

1. 将新电流卡片对准时间，压紧卡子，放下笔尖，观察笔尖出水正常。
2. 观察运行记录情况，使笔尖画线在正常范围内运行。

（四）填写电流卡片

按要求在新电流卡片上填写井号、日期、主机电压、控制电压、电流、油管压力、套管压力、查井人姓名，关好记录仪门。

（五）清理现场

清理现场，收拾工具、用具，填写报表。

五、不安全行为

1. 未按照 HSE 要求正确穿戴劳动保护用品。

2. 接触电气设备前未用试电笔验电。
3. 未戴绝缘手套接触电气设备。
4. 未侧身操作电气设备。

项目九　电动潜油泵井过载、欠载整定值设定操作

一、操作目的

电动潜油泵井过载、欠载整定值的查看、调整操作是采油工应掌握的一项操作技能。主要目的是通过设定合理的过载、欠载电流保护值，保证井下机组正常运行。

二、操作流程

准备工作——检查生产参数——过载、欠载整定值设定的原则——过载、欠载整定值的计算方法——过载、欠载整定值查看——过载、欠载整定值调整设定——清理现场。

三、准备工作

（一）项目操作人员及劳保要求

1. 操作人员2人，持有高级及以上职业资格证。
2. 按照HSE要求正确穿戴劳动保护用品。
3. 女工不得长发外露。

（二）安全风险识别及风险控制措施

安全风险：
1. 未正确使用和有序摆放工具、用具，造成人身伤害。
2. 电气设备操作不当，造成电击、灼伤伤害甚至死亡。

风险控制措施：
1. 正确选择使用工具、用具，并有序摆放。
2. 接触电气设备前先用试电笔验电，确认无电再操作。

操作前先学习操作步骤，操作中应严格按照采油工标准化操作程序进行。

（三）工具、用具、材料

试电笔1支，绝缘手套1副，记录本，记录笔。

四、操作步骤

电动潜油泵井过载、欠载整定值的设定与调整，一般由管理电动潜油泵的专业人员操作。

（一）检查生产参数

1. 检查录取井口油管压力、套管压力、回压，检查油嘴过流声音及出油温度

是否正常。

2. 检查并录取主机电压、控制电压、运行电流等生产参数。

(二) 过载、欠载整定值设定的原则

1. 新泵试运时（新开井时）：过载电流值为潜油电动机铭牌额定电流的 1.2 倍，欠载电流值为潜油电动机铭牌额定电流的 0.8 倍。

2. 正常运行后，根据其实际工作电流值再进行重新设定。

(三) 过载、欠载整定值的计算方法

1. 过载值＝保护仪显示三相电流中最高值×1.2（注意：过载值最高不能大于额定电流 1.2 倍）。

2. 欠载值＝保护仪显示三相电流中最低值×0.8（注意：欠载值最低不能小于电动机空载电流）。

(四) 过载、欠载整定值查看

1. 以无锡威龙电子通信设备厂生产的 DBK-003 系列电动机保护仪（PCC）为例。PCC 由显示屏、指示灯、键盘三部分组成，键盘有 12 个键，其中 10 个数字键上共分三层，表示每一个数字按键有 3 个功能，除了本身数字外，还有上层、下层两类功能，分别由上挡键、下挡键来控制实现，如图 1-14 所示。

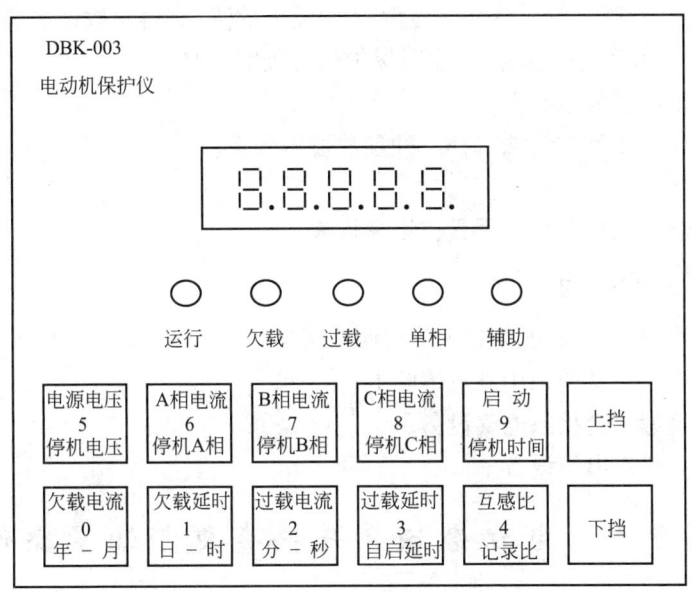

图 1-14　DBK-003 系列电动机保护仪（PCC）

2. 查看工作电流、过载值、欠载值：

PCC 数据显示有两种状态：固定显示某一参数和各项参数循环显示：

(1) 查看某相电流——按上挡键，然后按相应相电流键。

(2) 各项电流循环显示——按上挡键出现"F",然后按启动键。

(3) 过载、欠载值查看——按上挡键出现"F",然后按过载、欠载键查看。

（五）过载、欠载整定值调整设定

1. 过载整定值调整设定。

(1) 按"上挡"键,直至液晶屏出现"F"字样。

(2) 按"过载电流"键——数字2键,此时液晶屏显示的数值为原设定的过载值。

(3) 根据所要设定过载值按相应数字按键,液晶屏显示"d+相应数值"。

(4) 按"上挡"键,液晶屏显示"F+设定数值",再次按"过载电流"键,液晶屏显示"调整设定数值",表明保护仪正确完成修改。

2. 欠载整定值调整设定。

(1) 按"上挡"键,直至液晶屏出现"F"字样。

(2) 按"欠载电流"键——数字0键,此时液晶屏显示的数值为原设定的欠载值。

(3) 根据所要设定欠载值按相应数字按键,液晶屏显示"d+相应数值"。

(4) 按"上挡"键,液晶屏显示"F+设定数值",再次按"欠载电流"键,液晶屏显示"调整设定数值",表明保护仪正确完成修改。

3. 恢复液晶屏显示状态。

按查看工作电流的方法选择一种参数显示状态。

（六）清理现场

清理现场,收拾工具、用具,填写报表。

五、不安全行为

1. 未按照HSE要求正确穿戴劳动保护用品。
2. 接触电气设备前未用试电笔验电。
3. 未戴绝缘手套接触电气设备。
4. 未侧身操作电气设备。

项目十　电动潜油泵井检查更换油嘴操作

一、操作目的

电动潜油泵井检查更换油嘴操作是采油工应掌握的一项操作技能。主要目的是通过不停产实现查嘴掏蜡,以此来减少出砂井、低产能油井等由于停止抽油机造成的沉砂躺井和长时间不出油问题,确保油井正常生产。

二、操作流程

准备工作──更换油嘴前检查──倒更换油嘴流程──检查更换油嘴──恢复正常生产流程──填写电流卡片──清理现场。

三、准备工作

（一）项目操作人员及劳保要求

1. 操作人员 1 人，持有中级及以上职业资格证。
2. 按照 HSE 要求正确穿戴劳动保护用品。
3. 女工不得长发外露。

（二）安全风险识别及风险控制措施

安全风险：

1. 未正确使用和有序摆放工具、用具，造成人身伤害。
2. 倒错流程，造成污染和人身伤害。
3. 开关阀门操作不当，造成人身伤害。

风险控制措施：

1. 正确选择使用工具、用具，并有序摆放。
2. 正确倒流程并确认。
3. 侧身缓慢开关阀门。

操作前先学习操作步骤，操作中应严格按照采油工标准化操作程序进行。

（三）工具、用具、材料

600mm 管钳 1 把，油嘴扳手 1 把，150mm 游标卡尺 1 把，通针 1 个，合格油嘴 1 个，F 形扳手 1 把，试电笔 1 支，绝缘手套 1 副，密封带 1 卷，黄油，擦布，记录本，记录笔。

四、操作步骤

电动潜油泵井定期检查油嘴，更换油嘴必须接到调度通知方可操作。

（一）更换油嘴前检查

1. 录取井口油管压力、套管压力、回压数据，检查油嘴过流声音及出油温度是否正常。
2. 检查并录取主机电压、控制电压、运行电流等生产参数。

（二）倒更换油嘴流程

关闭/检查关闭备用端放空阀门，打开回压阀门和生产阀门，确认该侧生产流程畅通后再关闭生产阀门及回压阀门，开放空，放净余压，回压落零。

（三）检查更换油嘴
1. 人站在侧面卸掉保温套堵头。
2. 用通针通油嘴，放掉油嘴前余压。
3. 用油嘴扳手卸掉原油嘴，清理保温套。
4. 检查、测量新、旧油嘴。
5. 将合格的油嘴螺纹涂好黄油，用油嘴扳手装入保温套内。
6. 将丝堵缠好密封带，装在保温套上拧紧。

（四）恢复正常生产流程
1. 关闭放空阀门。
2. 稍开原生产端的回压阀门，试压合格后全开，打开生产阀门。
3. 关闭备用端的生产阀门和回压阀门。
4. 听出油声正常，录取油管压力、套管压力、回压数据。

（五）填写电流卡片
电流卡片上填写更换油嘴后生产数据：主机电压、控制电压、电流、油管压力、套管压力并注明更换原因及时间。

（六）清理现场
清理现场，收拾工具、用具，填写报表。

五、不安全行为
1. 未按照 HSE 要求正确穿戴劳动保护用品。
2. 未倒流程就拆卸油嘴套丝堵。
3. 未打开放空阀门泄压。
4. 正对手轮开关阀门。

第七节　气井

项目一　气井更换油嘴操作

一、操作目的
气井更换油嘴操作是采油工必须掌握的一项操作技能。主要目的是按照地质配产方案要求，选择安装合格的油嘴直径，确保气井在合理工作制度下工作。

二、操作流程
准备工作──→检查流程──→倒流程、放空──→检查更换油嘴──→恢复流程——→录取相关资料——→清理现场。

三、准备工作

（一）项目操作人员及劳保要求

1. 操作人员2人，持有初级及以上职业资格证。
2. 按照HSE要求正确穿戴劳动保护用品。
3. 女工不得长发外露。

（二）安全风险识别及风险控制措施

安全风险：

1. 未正确使用和有序摆放工具、用具，造成人身伤害。
2. 倒错流程，造成污染和人身伤害。
3. 开关阀门操作不当，造成人身伤害。
4. 气体泄漏造成硫化氢中毒。
5. 未放空或未放净余压，造成人身伤害。

风险控制措施：

1. 正确选择使用工具、用具，并有序摆放。
2. 正确倒流程并确认。
3. 侧身缓慢开关阀门。
4. 由专业人员检测井场硫化氢气体和可燃气体浓度。
5. 操作前必须放净压力。

操作前先学习操作步骤，操作中应严格按照采油工标准化操作程序进行。

（三）工具、用具、材料

600mm管钳1把，300mm活动扳手1把，油嘴扳手1把，F形扳手1把，150mm游标卡尺1把，300mm螺丝刀1把，合格的油嘴1个，通针1根，污油桶1个，钢丝刷1把，硫化氢检测仪1部，防毒面具2套，安全警示牌1块，棉纱，记录本，记录笔。

四、操作步骤

（一）检查流程

1. 检测井场硫化氢浓度和可燃气体浓度。
2. 检查流程是否正确。
3. 检查采油树配件是否齐全、完好。
4. 检查采油树有无渗漏。
5. 检查水套炉液位，提前关小井场水套炉炉火，控制好炉温。
6. 记录油管压力、套管压力数据和关井时间。

（二）倒流程、放空

1. 侧身缓慢关闭生产阀门。
2. 侧身缓慢关闭回压阀门。
3. 侧身缓慢打开取样阀门放空，放净余压。

（三）检查更换油嘴

1. 边卸边晃动卸下丝堵，检查螺纹有无损坏。
2. 用通针通油嘴，放净油嘴内余压。
3. 清理干净油嘴套内油污。
4. 将旧油嘴清理干净，检查旧油嘴孔径，有无刺大，并做好记录。
5. 检查新油嘴孔径，误差不大于±0.2mm，将油嘴装入油嘴套内并上紧。
6. 保养油嘴套内螺纹，将丝堵清理干净，安装并上紧油嘴套丝堵。

（四）恢复流程

1. 关闭取样放空阀门。
2. 侧身缓慢稍开回压阀门，试压无渗漏后，全部打开。
3. 侧身缓慢开生产阀门，观察压力变化，平稳后全开生产阀门。
4. 观察气井出气正常后，调大水套炉炉火。

（五）录取相关资料

录取油管压力、套管压力、回压，气表瞬时流量等数据。

（六）清理现场

清理现场，收拾工具、用具，填写报表。

五、不安全行为

1. 未按 HSE 要求正确穿戴劳动保护用品。
2. 检测危险气体时未按要求正确佩戴防毒面具。
3. 正对手轮开关阀门。
4. 卸油嘴时未用通针通油嘴。
5. 未打开放空阀门泄压。
6. 站在气井下风口放空。

项目二　气井开井操作

一、操作目的

气井开井操作是采油工必须掌握的一项操作技能。主要目的是通过气井开井，建立天然气流动通道，保证将井下天然气采出地面。

二、操作流程

准备工作──→开井前的检查──→开井操作──→检查、记录──→清理现场。

三、准备工作

（一）项目操作人员及劳保要求

1. 操作人员2人，持有初级及以上职业资格证。
2. 按照HSE要求正确穿戴劳动保护用品。
3. 女工不得长发外露。

（二）安全风险识别及风险控制措施

安全风险：

1. 未正确使用和有序摆放工具、用具，造成人身伤害。
2. 倒错流程，造成污染和人身伤害。
3. 开关阀门操作不当，造成人身伤害。
4. 气体泄漏造成硫化氢中毒。
5. 加热炉点火前未排放炉膛内余气，未先点火后开气，造成人身伤害。

风险控制措施：

1. 正确选择使用工具、用具，并有序摆放。
2. 正确倒流程并确认。
3. 侧身缓慢开关阀门。
4. 戴好防毒面具，配备安全监护人员。
5. 加热炉点火前先排放炉膛内余气，侧身点火再开供气阀门。

操作前先学习操作步骤，操作中应严格按照采油工标准化操作程序进行。

（三）工具、用具、材料

600mm管钳1把，300mm活动扳手1把，油嘴扳手1把，150mm游标卡尺1把，300mm螺丝刀1把，F形扳手1把，合格的油嘴1个，通针1根，密封带1卷，污油桶1个，钢丝刷1把，硫化氢检测仪1部，防毒面具2套，开井指示牌1块，点火用具1套，防护服1套，棉纱，记录本，记录笔。

四、操作步骤

（一）开井前的检查

1. 用硫化氢检测仪检查站场周围有无异常泄漏。
2. 检查井场水套炉液位是否合格、安全阀是否完好，提前2h小火预热。
3. 检查分离器底水情况是否符合要求。
4. 检查采油树配件是否齐全、完好。
5. 检查仪表是否齐全、完好。
6. 检查流程是否正确。
7. 记录开井前井口油管压力、套管压力数据。

（二）开井操作

1. 按要求更换合格油嘴。
2. 关闭取样阀门，倒通 T 接点阀门，打开井口回压阀门。
3. 侧身缓慢打开采油树生产阀门。
4. 开大加热炉供气阀门，调节水套炉温度。
5. 启动流量计计量产气量，调节产量至配产要求。
6. 挂开井指示牌。

（三）检查、记录

1. 录取井口油管压力、套管压力、回压数据。
2. 检查采油树有无渗漏。
3. 检查现场有无异常情况。

（四）清理现场

1. 清理采油树油污。
2. 清理现场，收拾工具、用具，填写报表。

五、不安全行为

1. 未按 HSE 要求正确穿戴劳动保护用品。
2. 检测危险有害气体时未佩戴防毒面具。
3. 正对手轮开关阀门。
4. 拆卸油嘴时正对保温套操作。
5. 未打开放空阀门泄压。
6. 站在气井下风口放空。

项目三 气井关井操作

一、操作目的

气井关井操作是采油工必须掌握的一项操作技能。主要目的是通过气井关井，切断天然气流动通道，保证测压、气井维护、修井作业等各项施工的正常进行。

二、操作流程

准备工作──→关井前的检查──→关井操作──→录取相关资料──→清理现场。

三、准备工作

（一）项目操作人员及劳保要求

1. 操作人员2人，持有初级及以上职业资格证。

2. 按照 HSE 要求正确穿戴劳动保护用品。

3. 女工不得长发外露。

（二）安全风险识别及风险控制措施

安全风险：

1. 未正确使用和有序摆放工具、用具，造成人身伤害。

2. 开关阀门操作不当，造成人身伤害。

3. 气体泄漏造成硫化氢中毒。

风险控制措施：

1. 正确选择使用工具、用具，并有序摆放。

2. 侧身缓慢开关阀门。

3. 戴好防毒面具，配备安全监护人员。

操作前先学习操作步骤，操作中应严格按照采油工标准化操作程序进行。

（三）工具、用具、材料

600mm 管钳 1 把，300mm、375mm 活动扳手各 1 把，F 形扳手 1 把，硫化氢检测仪 1 部，防毒面具 2 套，关井标示牌 1 块，棉纱，记录本，记录笔。

四、操作步骤

（一）关井前的检查

1. 了解关井原因。

2. 记录关井前井口油管压力、套管压力、回压数据。

3. 检查采油树、工艺流程有无渗漏。

（二）关井操作

1. 侧身缓慢关闭采油树生产阀门，回压阀门。

2. 停水套炉，冬季关井超过 2h 应扫线，放净水套炉内的水。

3. 挂关井标示牌。

（三）记录数据

1. 记录关井时间、关井原因。

2. 录取关井前、后的油管压力、套管压力、回压数据。

（四）清理现场

清理现场，收拾工具、用具，填写报表。

五、不安全行为

1. 未按 HSE 要求正确穿戴劳动保护用品。

2. 正对手轮开关阀门。

3. 检测危险有害气体时未佩戴防毒面具。

项目四　气井巡回检查

一、操作目的

气井巡回检查是采油工必须掌握的一项操作技能。主要目的是通过巡检发现气井在生产过程中存在的问题，并及时处理，确保气井的正常生产。

二、操作流程

准备工作——检查气井井口设施——检查外输管线及其他设施——清理现场。

三、准备工作

(一) 项目操作人员及劳保要求

1. 操作人员2人，持有初级及以上职业资格证。
2. 按照HSE要求正确穿戴劳动保护用品。
3. 女工不得长发外露。

(二) 安全风险识别及风险控制措施

安全风险：

1. 未正确使用和有序摆放工具、用具，造成人身伤害。
2. 气体泄漏造成硫化氢中毒。
3. 点加热炉前未排放炉膛内余气，未侧身点火，造成人身伤害。
4. 未按巡回检查路线检查气井。

风险控制措施：

1. 正确选择使用工具、用具，并有序摆放。
2. 检测井场硫化氢气体浓度和可燃气体浓度，配备安全监护人员。
3. 加热炉点火前先排放炉膛内余气，侧身点火。
4. 严格按巡回检查路线进行检查。

操作前先学习操作步骤，操作中应严格按照采油工标准化操作程序进行。

(三) 工具、用具、材料

300mm活动扳手1把，F形扳手1把，硫化氢气体检测仪1部，防护服2套，点火用具1套，棉纱，记录本，记录笔。

四、操作步骤

(一) 检查气井井口设施

1. 佩戴硫化氢气体检测仪。
2. 检查采油树各阀门是否灵活好用，连接是否紧固、有无渗漏。

3. 检查仪器仪表是否齐全完好。
4. 录取井口油管压力、套管压力、回压，产气量数据。
5. 听出气声音，检查气井生产情况。

（二）检查外输管线及其他设施

1. 检查管网流程有无损坏、穿孔。
2. 检测管网有无硫化氢气体渗漏。
3. 检查水套炉零部件是否齐全完好、工作是否正常。

（三）清理现场

清理现场，收拾工具、用具，填写报表。

五、不安全行为

1. 未按 HSE 要求正确穿戴劳动保护用品。
2. 不检测井场硫化氢浓度和可燃气体浓度。
3. 开关阀门时不侧身操作，开关阀门过快。
4. 未清理干净油嘴及闸阀各处形成的水化物。
5. 脱离巡回检查路线。
6. 加热炉点火前未排放炉膛内余气，不侧身点火，阀门无控制。

第八节　注水井

项目一　注水井巡回检查

一、操作目的

注水井巡回检查是采油工必须掌握的一项操作技能。主要目的是通过定期检查注水管网、各连接部位及压力、注水量等，保证注水井正常工作。

二、操作流程

准备工作──→检查采油树──→检查注水情况──→检查自动化设备──→检查注水管线──→清理现场。

三、准备工作

（一）项目操作人员及劳保要求

1. 操作人员 1 人，持有初级及以上职业资格证。
2. 按照 HSE 要求正确穿戴劳动保护用品。

3. 女工不得长发外露。

（二）安全风险识别及风险控制措施

安全风险：

1. 未正确使用和有序摆放工具、用具，造成人身伤害。
2. 管线内高压水刺出，造成人身伤害。
3. 开关阀门操作不当，造成人身伤害。
4. 倒错流程，造成污染和人身伤害。
5. 未按操作规程操作，造成机械伤害。

风险控制措施：

1. 正确选择使用工具、用具，并有序摆放。
2. 禁止靠近高压泄漏部位。
3. 侧身缓慢开关阀门。
4. 正确倒流程并确认。
5. 严格按照操作规程操作。

操作前先学习操作步骤，操作中应严格按照采油工标准化操作程序进行。

（三）工具、用具、材料

F形扳手1把，250mm活动扳手1把，擦布，记录本，记录笔。

四、操作步骤

按注水井巡回检查路线进行巡检。

（一）检查采油树

1. 检查采油树各阀门是否灵活好用，连接是否紧固，有无渗漏。
2. 检查仪器仪表是否齐全完好。

（二）检查注水情况

1. 检查注水压力是否正常，记录油管压力、套管压力。
2. 检查流量计显示是否正常，记录瞬时流量，核实注水量。

（三）检查自动化设备

1. 检查注水井太阳能杆是否倾斜。
2. 检查太阳能控制柜是否完好。
3. 检查太阳能杆与仪表连接电缆是否完好。
4. 检查智能流量控制器运行灯是否正常闪烁。

（四）检查注水管线

1. 检查注水管线有无渗漏。
2. 检查阀门是否齐全、完好，开关是否正确。

（五）清理现场

清理现场，收拾工具、用具，填写报表。

五、不安全行为

1. 未按 HSE 要求正确穿戴劳动保护用品。
2. 正对手轮开关阀门。

项目二 注水井开井操作

一、操作目的

注水井开井操作是采油工必须掌握的一项操作技能。主要目的是通过注水井开井注水，保持地层能量，实现油井高产稳产。

二、操作流程

准备工作——检查流程——记录压力——倒注水流程——检查井口流程和仪器仪表——清理现场。

三、准备工作

（一）项目操作人员及劳保要求

1. 操作人员1人，持有初级及以上职业资格证。
2. 按照 HSE 要求正确穿戴劳动保护用品。
3. 女工不得长发外露。

（二）安全风险识别及风险控制措施

安全风险：

1. 未正确使用和有序摆放工具、用具，造成人身伤害。
2. 管线内高压水刺出，造成人身伤害。
3. 开关阀门操作不当，造成人身伤害。
4. 倒错流程，造成污染和人身伤害。

风险控制措施：

1. 正确选择使用工具、用具，并有序摆放。
2. 禁止靠近高压泄漏部位。
3. 侧身缓慢开关阀门。
4. 正确倒流程并确认。

操作前先学习操作步骤，操作中应严格按照采油工标准化操作程序进行。

（三）工具、用具、材料

F形扳手1把，250mm活动扳手1把，秒表，计算器，擦布，记录本，记录笔。

四、操作步骤

（一）检查流程

1. 检查采油树配件是否齐全、完好。
2. 检查仪表是否齐全、完好。
3. 检查注水井太阳能杆是否倾斜。
4. 检查太阳能控制柜是否完好。
5. 检查太阳能杆与仪表连接电缆是否完好。
6. 检查智能流量控制器角度是否符合要求。
7. 检查注水管线有无渗漏，阀门是否齐全、完好。

（二）记录压力

1. 记录开井前油管压力、套管压力。
2. 按配注方案设置《油水井生产信息采集与传输系统》。

（三）倒注水流程

1. 打开T接点控制阀门。
2. 按注水方式倒通井口流程，正注井开油管阀门，关闭套管阀门。反注井开套管阀门，关闭油管阀门。
3. 缓慢稍开来水阀门，注意观察压力变化，达到平稳时全开来水阀门，记录开井时间。

（四）检查井口流程和仪器仪表

1. 检查采油树及注水管线有无渗水、刺水、漏水现象。
2. 检查智能流量控制器运行灯是否正常闪烁。
3. 检查注水压力是否正常，记录泵压、油管压力、套管压力。
4. 检查流量计显示是否正常，记录瞬时流量，核实注水量。

（五）清理现场

清理现场，收拾工具、用具，填写报表。

五、不安全行为

1. 未按HSE要求正确穿戴劳动保护用品。
2. 正对手轮开关阀门。
3. 开关阀门速度过快。

项目三 注水井关井操作

一、操作目的

注水井关井操作是采油工必须掌握的一项操作技能。主要目的是通过停止向地层注水，配合钻井、测压、故障处理等工作。

二、操作流程

准备工作──→检查流程及仪器仪表──→关井停注──→记录相关数据──→清理现场。

三、准备工作

（一）项目操作人员及劳保要求

1. 操作人员1人，持有初级及以上职业资格证。
2. 按照HSE要求正确穿戴劳动保护用品。
3. 女工不得长发外露。

（二）安全风险识别及风险控制措施

安全风险：

1. 未正确使用和有序摆放工具、用具，造成人身伤害。
2. 管线内高压水刺出，造成人身伤害。
3. 开关阀门操作不当，造成人身伤害。
4. 倒错流程，造成污染和人身伤害。

风险控制措施：

1. 正确选择使用工具、用具，并有序摆放。
2. 禁止靠近高压泄漏部位。
3. 侧身缓慢开关阀门。
4. 正确倒流程并确认。

操作前先学习操作步骤，操作中应严格按照采油工标准化操作程序进行。

（三）工具、用具、材料

F形扳手1把，200mm活动扳手1把，擦布，记录本，记录笔。

四、操作步骤

（一）检查流程及仪器仪表

1. 检查、记录泵压、油管压力、套管压力、瞬时水量、流量计底数。
2. 检查井口流程有无渗漏，阀门开关是否正确。

（二）关井停注

1. 关闭T接点阀门。
2. 关闭井口阀门，合注井先关套管阀门，再关油管阀门。正注井关闭油管阀门。反注井关闭套管阀门。
3. 如遇多井关井时，先关高压井，后关低压井，以免井内脏物吐出进入注水系统。

4. 注水井酸化、压裂前关井，要紧固井口螺栓，确保施工时不渗不漏。

5. 冬季长期关井要扫线，总阀门以下用保温材料包好。短期关井，地面管线及井口要放空，以防管线冻坏。

（三）记录相关数据

1. 记录关井时间、关井原因、关井压力、流量计底数等相关资料。

2. 设置油水井生产信息采集与传输系统配注量为零。

（四）清理现场

清理现场，收拾工具、用具，填写报表。

五、不安全行为

1. 未按 HSE 要求正确穿戴劳动保护用品。
2. 正对手轮开关阀门。
3. 开关阀门速度过快。

项目四　测注水井全井指示曲线操作

一、操作目的

测注水井全井指示曲线操作是采油工必须掌握的一项操作技能。主要目的是为了获得注水井全井指示曲线，分析、判断注水井分层注水是否达到配注要求，了解地层吸水能力的变化，判断井下配水工具工作状况是否正常。

二、操作流程

准备工作──检查记录──设置信息──测试指示曲线──恢复正常注水──绘制指示曲线──分析指示曲线──清理现场。

三、准备工作

（一）项目操作人员及劳保要求

1. 操作人员 1 人，持有中级及以上职业资格证。
2. 按照 HSE 要求正确穿戴劳动保护用品。
3. 女工不得长发外露。

（二）安全风险识别及风险控制措施

安全风险：

1. 未正确使用和有序摆放工具、用具，造成人身伤害。
2. 管线内高压水刺出，造成人身伤害。
3. 开关阀门操作不当，造成人身伤害。
4. 倒错流程，造成污染和人身伤害。

风险控制措施：
1. 正确选择使用工具、用具，并有序摆放。
2. 禁止靠近高压泄漏部位。
3. 侧身缓慢开关阀门。
4. 正确倒流程并确认。
操作前先学习操作步骤，操作中应严格按照采油工标准化操作程序进行。

（三）工具、用具、材料

F 形扳手 1 把，计算器，秒表，网格纸，擦布，记录本，记录笔。

四、操作步骤

本操作采用降压法测注水井全井指示曲线。

（一）检查记录

1. 检查并记录泵压、油管压力、套管压力、瞬时水量、流量计底数。
2. 检查井口流程有无渗漏，阀门开关是否正确。

（二）设置信息

根据实际注水情况，合理设置油水井生产信息采集与传输系统配注量，使智能流量控制阀全开。

（三）测试指示曲线

1. 调节来水阀门，将井口压力逐步调至设定的最高测试压力点。
2. 观察瞬时注水量变化，15min 内瞬时注水量波动在 ±5% 以内，记录注水压力和相应的瞬时水量，换算成日注水量。
3. 平稳控制来水阀门，使井口压力逐步下降至每一个设计测试压力点进行测试，测试 5 个点，不能少于 3 个点。
4. 地面分注井测试油管指示曲线后，按同样的方法再测试套管指示曲线。

（四）恢复正常注水

1. 恢复油水井生产信息采集与传输系统设置。
2. 全开来水阀门。
3. 检查注水井注水是否正常，记录泵压、油管压力、套管压力、瞬时水量、流量计底数。

（五）绘制指示曲线

1. 确定坐标比例，横坐标为注水量（m^3/d），纵坐标为注入压力（MPa），在横坐标和纵坐标旁标注项目和单位。
2. 根据测试资料，在坐标上标注各坐标点，并将各数据标注在坐标上，用直线连接各点。
3. 在绘图纸上部标注图名：××井指示曲线。

（六）分析指示曲线
1. 根据绘制的注水井指示曲线分析注水状况。
2. 提出下步措施。
（七）清理现场
清理现场，收拾工具、用具，填写报表。

五、不安全行为
1. 未按 HSE 要求正确穿戴劳动保护用品。
2. 正对手轮开关阀门。
3. 开关阀门速度过快。

项目五　取注水井水样操作

一、操作目的
取注水井水样操作是采油工必须掌握的一项操作技能。主要目的是通过化验，检测注入水水质是否符合要求。

二、操作流程
准备工作──→观察压力、注水量──→洗刷取样瓶──→取水样──→填写标签──→检查水样──→清理现场。

三、准备工作
（一）项目操作人员及劳保要求
1. 操作人员 1 人，持有初级及以上职业资格证。
2. 按照 HSE 要求正确穿戴劳动保护用品。
3. 女工不得长发外露。
（二）安全风险识别及风险控制措施
安全风险：
1. 管线内高压水刺出，造成人身伤害。
2. 开关阀门操作不当，造成人身伤害。
3. 未站在上风口操作，造成人身伤害。
风险控制措施：
1. 禁止靠近高压泄漏部位。
2. 侧身缓慢开关阀门。
3. 站在上风口侧身操作。
操作前先学习操作步骤，操作中应严格按照采油工标准化操作程序进行。

（三）工具、用具、材料

200mm 活动扳手 1 把，500mL 广口瓶 1 个，污油桶，试管刷 1 把，擦布，标签，记录笔。

四、操作步骤

（一）观察压力、注水量

观察注水井泵压、油管压力、套管压力是否正常，注水是否正常。

（二）洗刷取样瓶

1. 站在上风口，侧身平稳打开取样阀门冲洗取样口。
2. 洗刷取样瓶 3 次以上。

（三）取水样

1. 侧身平稳打开取样阀门取水样。
2. 取样量为样瓶容积的 2/3。

（四）填写标签

1. 取完水样盖好瓶盖，擦净污渍。
2. 在取样瓶上贴上标签，填写井号、日期、时间、取样人。

（五）检查水样

1. 检查取样量是否符合要求。
2. 检查取样瓶瓶盖是否盖严。
3. 检查标签内容填写是否齐全准确。

（六）清理现场

清理现场，收拾工具、用具，填写报表。

五、不安全行为

1. 不按 HSE 要求穿戴劳动保护用品。
2. 正对手轮开关阀门。
3. 取样时站在下风口。

项目六 更换注水井涡轮流量计操作

一、操作目的

更换注水井涡轮流量计是采油工应掌握的一项操作技能。主要目的是保证涡轮流量计完好、准确，保证注水井能够定量完成配注任务。

二、操作流程

准备工作——→检查流程——→停注——→拆装流量计——→恢复流程注水——→清理

现场。

三、准备工作

（一）项目操作人员及劳保要求

1. 操作人员2人，持有中级及以上职业资格证。
2. 按照HSE要求正确穿戴劳动保护用品。
3. 女工不得长发外露。

（二）安全风险识别及风险控制措施

安全风险：

1. 未正确使用和有序摆放工具、用具，造成人身伤害。
2. 开关阀门操作不当，造成人身伤害。
3. 操作前未放净压力，造成人身伤害。
4. 倒错流程，造成污染和人身伤害。

风险控制措施：

1. 正确选择使用工具、用具，并有序摆放。
2. 侧身缓慢开关阀门。
3. 操作前必须放净压力。
4. 正确倒流程并确认。

操作前先学习操作步骤，操作中应严格按照采油工标准化操作程序进行。

（三）工具、用具、材料

375mm活动扳手2把，F形扳手1把，200mm平口螺丝刀1把，刮刀1把，污油桶，合格流量计1个，法兰垫片2个，黄油，擦布，记录本，记录笔。

四、操作步骤

（一）检查流程

1. 检查流程是否正确。
2. 检查采油树配件是否齐全、完好。
3. 检查采油树有无渗漏。
4. 检查并记录泵压、油管压力、套管压力、瞬时流量。

（二）停注

1. 侧身缓慢关闭来水阀门、注水阀门。
2. 打开放空阀门，放净余压。

（三）拆装流量计

1. 断开涡轮流量计与智能流量控制器连接线。
2. 卸掉流量计两边法兰螺栓，取下旧流量计。
3. 清理流程上的法兰平面及水纹线，检查密封面，保证密封良好。

4. 安装新流量计，将垫片两侧均匀涂抹黄油装入法兰盘中，并使其对正。
5. 对角紧固法兰螺栓。
6. 连接涡轮流量计与智能流量控制器连接线。

（四）恢复流程注水
1. 关闭放空阀门，稍开来水阀门，检查流量计法兰有无渗漏。
2. 确认无渗漏后，全开来水阀门，缓慢打开注水阀门，待流量计示数稳定，根据瞬时流量计算日注水量。
3. 记录泵压、油管压力、套管压力、瞬时流量、流量计底数、关井时间。

（五）清理现场
清理现场，收拾工具、用具，填写报表。

五、不安全行为

1. 未按 HSE 要求正确穿戴劳动保护用品。
2. 未放净余压。
3. 先卸松面向操作者的法兰螺栓。
4. 正对手轮开关阀门。

项目七　注水井洗井操作

一、操作目的

注水井洗井操作是采油工必须掌握的一项操作技能。主要目的是确保注水井井筒、吸水层段以及井底附近不受注入水水质的污染，同时通过洗井可以解除油层、井底附近堵塞，提高注水井吸水能力。

二、操作流程

准备工作──确定洗井方式──检查流程──冲洗管线──洗井──化验水质──恢复注水──检查洗井效果──清理现场。

三、准备工作

（一）项目操作人员及劳保要求
1. 操作人员 2 人，持有中级及以上职业资格证。
2. 按照 HSE 要求正确穿戴劳动保护用品。
3. 女工不得长发外露。

（二）安全风险识别及风险控制措施
安全风险：
1. 未正确使用和有序摆放工具、用具，造成人身伤害。

2. 管线内高压水刺出，造成人身伤害。

3. 洗井管线未连接好，造成环境污染。

4. 倒错流程，造成污染和人身伤害。

5. 开关阀门操作不当，造成人身伤害。

6. 化验药品泄漏，造成人身伤害。

风险控制措施：

1. 正确选择使用工具、用具，并有序摆放。

2. 禁止靠近高压泄漏部位。

3. 洗水管线应连接牢固。

4. 正确倒流程并确认。

5. 侧身缓慢开关阀门。

6. 应妥善保管化验药品。

操作前先学习操作步骤，操作中应严格按照采油工标准化操作程序进行。

（三）工具、用具、材料、设备

250mm、375mm 活动扳手各 1 把，600mm、900mm 管钳各 1 把，F 形扳手 1 把，洗井管线 1 根，水质化验仪器 1 套，药品适量，秒表 1 块，擦布，记录本，记录笔，罐车 2 辆。

四、操作步骤

（一）确定洗井方式

1. 一般有 3 种洗井方式：正洗井、反洗井及正反洗井。

2. 现以反洗井为例进行洗井。

（二）检查流程

1. 检查采油树各阀门是否灵活好用、开关是否正确、连接是否紧固、有无渗漏。

2. 检查仪器仪表是否齐全完好。

3. 检查并记录泵压、油管压力、套管压力、瞬时流量、流量计底数。

（三）冲洗管线

1. 洗井管线一端与油压阀门连接，另一端与罐车连接，并用管钳上紧。

2. 与班组联系，根据实际注水情况，合理设置油水井生产信息采集与传输系统配注量，使智能流量控制阀全开。

3. 打开油压阀门、洗井放空阀门，关闭注水总阀门，冲洗管线，当冲洗管线初期和末期管线水质一样时即可结束冲洗管线操作。

（四）洗井

1. 打开注水总阀门、套管阀门，关油管阀门，开始洗井。

2. 在井口通过注水阀门控制洗井排量。

（1）微喷不漏阶段用排量 15~20m^3/h 洗 1~2h。如果出口的水还是黑臭的，要延长到水清洁为止，当排量为 15m^3/h 时要稍喷，喷量一般不大于 3m^3/h。

（2）平衡洗井阶段排量为 25m^3/h，进出口排量一致，达到进出口水质相同为止。

（3）稳定洗井阶段排量为 30m^3/h，进出口排量一致，稳定 2h。

（五）化验水质

1. 洗井初期和结束时，分别取水样，化验总铁、机械杂质含量。
2. 进出口水质一致时，方可结束洗井。

（六）恢复注水

1. 打开油管阀门，关闭油压阀门、套管阀门和洗井放空阀门。
2. 与班组联系设置数据采集远程控制系统，调至配注水量。
3. 拆卸洗井管线。

（七）检查洗井效果

1. 记录油管压力、套管压力、注水量、流量计底数、洗井时间。
2. 检查洗井效果。

（八）清理现场

清理现场，收拾工具、用具，填写报表。

五、不安全行为

1. 未按 HSE 要求正确穿戴劳动保护用品。
2. 正对手轮开关阀门。
3. 洗井时井口无人监护。
4. 冒罐造成环境污染。
5. 化验药品洒落在肌肤上。

项目八 注水井清洗井口过滤缸操作

一、操作目的

注水井清洗井口过滤缸操作是采油工必须掌握的一项操作技能。主要目的是通过清除过滤缸内腐蚀物、沉淀物、机械杂质等堵塞物，有效提高注入水质量。

二、操作流程

准备工作──→倒关井流程──→清洗过滤器──→倒开井流程──→检查清洗效果──→清理现场。

三、准备工作

(一) 项目操作人员及劳保要求

1. 操作人员2人,持有中级及以上职业资格证。
2. 按照HSE要求正确穿戴劳动保护用品。
3. 女工不得长发外露。

(二) 安全风险识别及风险控制措施

安全风险:

1. 未正确使用和有序摆放工具、用具,造成人身伤害。
2. 管线内高压水刺出,造成人身伤害。
3. 倒错流程,造成污染和人身伤害。
4. 开关阀门操作不当,造成人身伤害。

风险控制措施:

1. 正确选择使用工具、用具,并有序摆放。
2. 禁止靠近高压泄漏部位。
3. 正确倒流程并确认。
4. 侧身缓慢开关阀门。

操作前先学习操作步骤,操作中应严格按照采油工标准化操作程序进行。

(三) 工具、用具、材料

300mm、375mm活动扳手各1把,F形扳手1把,500mm撬杠1根,顶丝2根,毛刷1只,清洗剂若干,水桶,污油桶,O形密封圈2个,安全警示牌2块,水质化验仪器1套,药品适量,黄油,擦布,记录本,记录笔。

四、操作步骤

(一) 清洗过滤器原则

1. 新井投注或更换注水管线后。
2. 注水井长时间停注后。
3. 例行清洗过滤器。

现以例行清洗过滤器为例进行操作。

(二) 倒关井流程

1. 侧身关闭注水井来水阀门,挂上安全警示牌。
2. 正注井侧身关闭油管阀门,反注井侧身关闭套管阀门,油管、套管合注井先侧身关闭套管阀门,后关闭油管阀门,挂上安全警示牌。
3. 缓慢打开放空阀门,放净余压,记录关井时间,注水井井口如图1-15所示。

第一章 油气水井日常标准操作项目

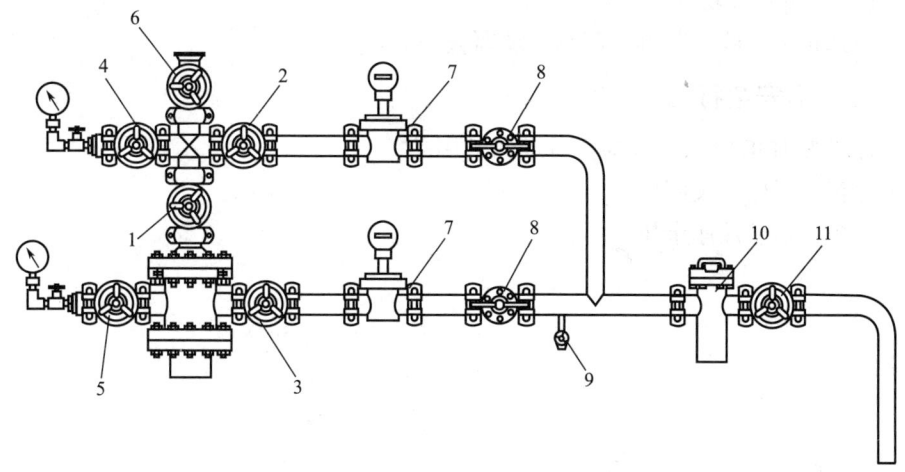

图 1-15 注水井井口示意图

1—总阀门；2—油管阀门；3—套管阀门；4—油压阀门（洗井、溢流阀门）；5—套压阀门；6—测试阀门；7—流量计；8—来水阀门；9—放空阀门；10—过滤缸；11—总来水阀门

（三）清洗过滤器

1. 侧身卸下过滤缸的排污丝堵排液。

2. 卸下过滤缸压盖螺栓，将2根顶丝分别拧入过滤缸压盖上的螺孔，对角紧顶丝，将压盖顶起并取下。

3. 取出滤网，先用清洗剂进行清洗，再用清水清洗干净。

4. 装上过滤缸的排污丝堵，倒入清洗剂进行清洗，清理上游端直管段管线内壁脏物，然后再卸下过滤缸的排污丝堵，用清水冲洗干净。

5. 卸下过滤缸压盖上的顶丝，更换过滤缸压盖O形密封圈，螺栓涂抹黄油。

6. 将清洗干净的滤网放入过滤缸内，对正螺孔坐上过滤缸压盖，对角紧固压盖螺栓，安装过滤缸的排污丝堵并拧紧。

（四）倒开井流程

1. 关闭放空阀门，取下安全警示牌，侧身缓慢稍开来水阀门试压，检查有无渗漏。

2. 正注井打开油管阀门，反注井打开套管阀门，油管、套管合注井先打开油管阀门，后打开套管阀门。

3. 侧身缓慢全开来水阀门。

4. 检查流程是否正确，记录开井时间。

（五）检查清洗效果

1. 正常注水2h后，录取油管压力、套管压力、注水量数据，取水样。

2. 化验注水井水质，对比清洗过滤器前、后的水质。

（六）清理现场

清理现场，收拾工具、用具，填写报表。

五、不安全行为

1. 未按 HSE 要求正确穿戴劳动保护用品。
2. 正对手轮开关阀门。
3. 操作前未放净余压。

第二章　设备保养与故障处理标准操作

第一节　抽油机

项目一　游梁式抽油机曲柄销、轴承座磨曲柄故障处理操作

一、操作目的

游梁式抽油机曲柄销、轴承座磨曲柄故障处理操作是采油工应掌握的一项操作技能，主要目的是准确判断游梁式抽油机曲柄销、轴承座磨曲柄故障，及时排除设备故障，确保抽油机的正常运转。

二、操作流程

准备工作→判断故障原因→停止抽油机→卸驴头负荷→拆卸曲柄销→安装曲柄销→挂驴头负荷→启动抽油机、检查→清理现场。

三、准备工作

（一）项目操作人员及劳保要求

1. 操作人员3人，持有高级及以上职业资格证。
2. 按照HSE要求正确穿戴劳动保护用品。
3. 女工不得长发外露。

（二）安全风险识别及风险控制措施

安全风险：

1. 电气设备操作不当，造成电击、灼伤伤害甚至死亡。
2. 未正确使用和有序摆放工具、用具，造成人身伤害。
3. 拆装光杆卡子时手抓光杆，造成人身伤害。
4. 高空作业时未系安全带，造成人身伤害。
5. 未锁紧死刹车，发生溜车，造成机械伤害。
6. 进入吊臂旋转范围内，造成人身伤害。

风险控制措施：
1. 接触电气设备前先用试电笔验电，戴绝缘手套侧身操作电气设备。
2. 正确选择使用工具、用具，并有序摆放。
3. 拆装光杆卡子时禁止手抓光杆。
4. 高空作业时要系好安全带。
5. 锁紧死刹车。
6. 严禁进入吊臂旋转范围内。

操作前由直线领导申报《专项类特殊危险作业项目作业许可证》，明确操作人员，熟悉施工内容和施工步骤，做好安全风险识别并制定风险控制措施，由操作者签字确认；操作中严格按照采油工标准化操作进行。

（三）工具、用具、材料、设备

250mm、375mm、450mm 活动扳手各 1 把，24～27mm 梅花扳手 1 把，300mm 平锉 1 把，5kg 铁锤 1 把，ϕ50mm×300mm 铜棒 1 根，光杆卡子 1 副，1000mm 撬杠 1 根，游标卡尺 1 把，相同规格的曲柄销子 1 套，钢丝绳套 2 根，棕绳 2 根，试电笔 1 支，绝缘手套 1 副，黄油、细纱布、砂纸、黑漆，安全警示牌 2 块，记录本，记录笔，吊车 1 台。

四、操作步骤

（一）判断故障原因
1. 游梁偏扭造成偏磨。
2. 曲柄销子安装不合格（衬套安装偏里）。
3. 曲柄销与锥套配合不合格。

根据故障原因确定具体处理方案，现以曲柄销安装不合格（衬套安装偏里）为例进行处理操作。

（二）停止抽油机
1. 检测配电箱外壳，确认无电后，戴绝缘手套打开配电箱门。
2. 侧身按停止按钮，将抽油机停止至接近下死点处，刹紧刹车，检查刹车是否牢固。
3. 侧身拉闸断电，锁好配电箱门，挂上安全警示牌，记录停止抽油机的时间。
4. 锁紧死刹车，在刹车手柄上挂上安全警示牌。

（三）卸驴头负荷
1. 在密封盒上方打紧光杆卡子。
2. 检查抽油机周围，确认无障碍物后，缓慢松开刹车，戴绝缘手套侧身合闸送电，启动抽油机。

3. 卸掉驴头负荷，侧身按停止按钮，刹紧刹车。

4. 侧身拉闸断电，锁好配电箱门，锁紧死刹车，在刹车手柄上挂上安全警示牌。

（四）拆卸曲柄销

1. 使光杆脱离悬绳器。

2. 用吊车吊住曲柄，使曲柄停在前方45°~60°，锁紧刹车。

3. 根据抽油机结构不平衡重，确定吊臂位置。

4. 用吊车吊住游梁前后吊环，均匀绷紧两边绳套，确保游梁平衡。

5. 卸掉曲柄销挡板固定螺栓，取下挡板，卸松锤击螺帽，当锤击螺帽与曲柄销端面平齐时，把铜棒垫在销子头上，用大锤向外击打，此时注意观察曲柄销整体受力方向，适当调整吊车位置来活动曲柄销，便于打出曲柄销。

6. 用棕绳捆绑在连杆下部，一边用撬杠撬曲柄销轴承座，一边用棕绳向外拉连杆，直至曲柄销退出。

（五）安装曲柄销

1. 检查曲柄销、衬套、键及键槽有无磨损，曲柄销与衬套锥度配合是否良好，如果曲柄销磨损或与衬套锥度不相符，要进行更换。

2. 清理曲柄冲程孔内的污物，涂抹少许黄油，重新安装衬套，装入键，对准键槽将曲柄销推入，在曲柄销的螺纹上涂抹黄油，上紧锤击螺帽，安装挡板并上紧固定螺栓。曲柄销安装（局部剖面）如图2-1所示。

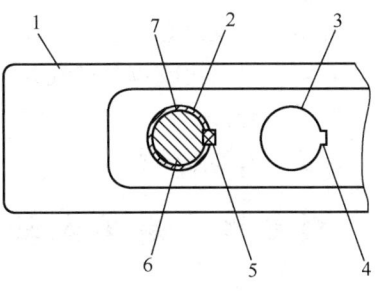

图2-1 曲柄销子安装（局部剖面）示意图

1—曲柄；2—在用冲程孔；3—备用冲程孔；4—冲程孔键槽；5—销键；6—曲柄销子；7—锥套

3. 检查曲柄销轴承座与曲柄的间隙应不小于5mm，解下连杆上的棕绳，画好安全线。

4. 收吊臂，取下绳套。

（六）挂驴头负荷

1. 检查抽油机周围有无障碍物。

2. 用吊车吊住曲柄，取下安全警示牌，松死刹车，缓慢松开刹车。

3. 用吊车缓慢吊起曲柄，使驴头下行接近下死点，刹紧刹车，锁紧死刹车。

4. 将悬绳器复位。

5. 松死刹车，缓慢松刹车，利用配重块的质量使驴头上行，当驴头挂上负荷后，刹紧并锁死刹车，收吊臂，取下绳套。

6. 卸下密封盒上的光杆卡子，锉掉光杆上的毛刺。

（七）启动抽油机、检查

1. 检查抽油机周围有无障碍物。
2. 摘下安全警示牌，松开死刹车，松刹车。
3. 戴绝缘手套，摘下安全警示牌，打开配电箱门，侧身合闸送电。
4. 侧身按启动按钮，利用惯性启动抽油机，锁好配电箱门，记录启动抽油机的时间。
5. 检查抽油机运转是否正常，曲柄销子有无异响，密封填料有无渗漏。
6. 观察油井生产是否正常，记录油管压力、套管压力、回压数据。

（八）清理现场

清理现场，收拾工具、用具，填写报表。

五、不安全行为

1. 未按 HSE 要求正确穿戴劳动保护用品。
2. 接触电气设备前不用试电笔验电。
3. 不戴绝缘手套接触电气设备。
4. 按启停按钮或拉合空气开关时不侧身。
5. 手抓光杆。
6. 使用大锤时戴手套。

项目二　游梁式抽油机曲柄外移故障处理操作

一、操作目的

游梁式抽油机曲柄外移故障处理操作是采油工应掌握的一项操作技能。主要目的是准确判断曲柄销子外移原因，及时排除故障，确保抽油机的正常运转。

二、操作流程

准备工作——判断故障原因——停止抽油机——卸驴头负荷——卸抽油机游梁——卸减速箱——拔曲柄键，验证故障原因——安装曲柄键，曲柄复位——安装减速箱、游梁——挂驴头负荷——启动抽油机、检查——清理现场。

三、准备工作

（一）项目操作人员及劳保要求

1. 操作人员 3 人，持有高级及以上职业资格证。
2. 按照 HSE 要求正确穿戴劳动保护用品。
3. 女工不得长发外露。

(二) 安全风险识别及风险控制措施

安全风险：

1. 未正确使用和有序摆放工具、用具，造成人身伤害。

2. 电气设备操作不当，造成电击、灼伤伤害甚至死亡。

3. 高空作业时未系安全带，造成人身伤害。

4. 戴手套抓皮带，造成人身伤害。

5. 拔键器操作不当，挤伤手指。

6. 拆装光杆卡子时手抓光杆，造成人身伤害。

7. 未锁紧死刹车，发生溜车，造成机械伤害。

8. 进入吊臂旋转范围内，造成人身伤害。

风险控制措施：

1. 正确选择使用工具、用具，并有序摆放。

2. 接触电气设备前先用试电笔验电，戴绝缘手套侧身操作电气设备。

3. 高空作业时要系好安全带。

4. 禁止手抓皮带。

5. 正确使用拔键器。

6. 拆装光杆卡子时禁止手抓光杆。

7. 锁紧死刹车。

8. 严禁进入吊臂旋转范围内。

操作前由直线领导申报《专项类特殊危险作业项目作业许可证》，明确操作人员，熟悉施工内容和施工步骤，做好安全风险识别并制定风险控制措施，由操作者签字确认。操作中严格按照采油工标准化操作进行。

(三) 工具、用具、材料、设备

300mm、375mm、450mm 活动扳手各 1 把，24～27mm 梅花扳手 1 把，300mm 平锉 1 把，5kg 铁锤 1 把，ϕ50mm×300mm 铜棒 1 根，专用套筒扳手 1 套，光杆卡子 1 副，1000mm 撬杠 1 根，游标卡尺 1 把，钢丝绳套 4 根，拔键器 1 个，备用键 2 块，楔铁 1 块，棕绳 2 根，试电笔 1 支，绝缘手套 1 副，黄油、细纱布、砂纸若干，安全警示牌 2 块，记录本，记录笔，吊车 1 台。

四、操作步骤

(一) 判断故障原因

1. 曲柄安装不合格。

2. 输出轴键与键槽配合不合适。

3. 曲柄拉紧螺栓松动。

如图 2-2 所示，根据故障原因确定具体处理方案，现以输出轴键与键槽配合不合适为例进行处理操作。

（二）停止抽油机

1. 根据油井生产情况，确定抽油机停止后驴头所处的位置。
2. 用试电笔检测配电箱外壳，确认无电后，戴绝缘手套打开配电箱门。
3. 侧身按停止按钮停止抽油机，刹紧刹车，检查刹车是否牢固。
4. 侧身拉闸断电，锁好配电箱门，挂上安全警示牌。
5. 锁紧死刹车，在刹车手柄上挂上安全警示牌。

（三）卸驴头负荷

1. 在密封盒上方打紧光杆卡子。
2. 检查抽油机周围，确认无障碍物后，缓慢松开刹车，戴绝缘手套侧身合闸送电，启动抽油机。
3. 卸掉驴头负荷，侧身按停止按钮，刹紧刹车。
4. 侧身拉闸断电，锁好配电箱门，锁紧死刹车，在刹车手柄上挂安全警示牌。

（四）卸抽油机游梁

1. 用吊车吊住游梁前后吊环，均匀绷紧两边绳套，确保游梁平衡。
2. 使悬绳器脱离光杆。
3. 卸掉两侧连杆与曲柄销总成连接的扣环固定螺栓，撬出连杆，用棕绳捆绑在连杆下部，拉开连杆。
4. 卸掉中轴卡瓦固定螺栓，吊下游梁。

（五）卸减速箱

1. 将曲柄停在垂直位置。
2. 抽油机有平衡块时先卸掉平衡块。
3. 松电动机固定螺栓，移动电动机，卸掉皮带。
4. 卸掉刹车连杆与刹车摇臂连接销子。
5. 卸掉减速箱固定螺栓。
6. 吊下减速箱。

（六）拔曲柄键，验证故障原因

1. 卸掉曲柄拉紧螺栓，在曲柄的叉头部位插入楔铁，用大锤打入，为的是胀开曲柄的叉头便于拔键操作，输出轴与曲柄安装示意图如图2-2所示。
2. 卸掉曲柄键挡板，将拔键器的螺栓接头与曲柄键螺孔连接，通过拔键器的振荡块向后部挡板撞击的反作用力，拔出曲柄键，如图2-3所示。
3. 用游标卡尺检查、校对键和键槽的尺寸是否符合设计尺寸、配合间隙、加工精度等要求。若曲柄键的尺寸偏差超限，就要重新加工曲柄键；若曲柄的键槽与输出轴键槽不相匹配，可加工异形（非标准件）键解决；若减速箱的输出轴

第二章 设备保养与故障处理标准操作

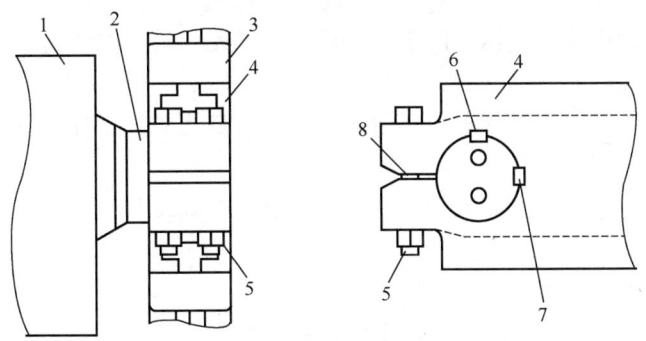

图 2-2 输出轴与曲柄安装示意图
1—减速箱；2—输出轴；3—配重块；4—曲柄；5—锁紧固定螺栓；
6—备用键槽；7—现用键槽及键；8—胀力插口

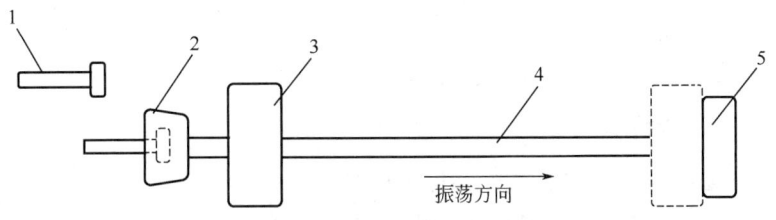

图 2-3 拔键器及使用操作示意图
1—接头螺栓；2—螺栓接头；3—振荡块；4—拔键器杆；5—挡板

键槽损坏，可更换到另一组的备用键槽。

（七）安装曲柄键，曲柄复位

1.用吊车吊住两曲柄，边砸边晃动，使曲柄复位。

2.输出轴键槽与曲柄键槽对正，将新的曲柄键涂抹少许黄油，用铜棒轻轻打入键槽。

3.安装曲柄键挡板，上紧固定螺栓，卸掉叉头上的楔铁，安装并紧固曲柄拉紧螺栓。

（八）安装减速箱、游梁

1.安装并紧固减速箱。

2.连接刹车连杆和刹车摇臂。

3.安装皮带，调好"四点一线"，紧固电动机。

4.安装游梁，紧固中轴卡瓦固定螺栓。

5.将两侧连杆扣环套入曲柄销总成上，解下棕绳，对角上紧扣环固定螺栓。

（九）挂驴头负荷

1.检查抽油机周围有无障碍物。

2. 用吊车吊住曲柄，取下安全警示牌，松死刹车，缓慢松开刹车。

3. 用吊车缓慢吊起曲柄，使驴头下行接近下死点时，刹紧刹车，锁死刹车。

4. 复位悬绳器。

5. 松死刹车，缓慢松刹车，利用配重块的质量使驴头上行，当驴头挂上负荷后，刹紧并锁死刹车，收吊臂取下绳套。

6. 卸下密封盒上的光杆卡子，锉掉光杆上的毛刺。

（十）启动抽油机、检查

1. 检查抽油机周围有无障碍物。

2. 摘下安全警示牌，松开死刹车，缓慢松刹车。

3. 戴绝缘手套，摘下安全警示牌，打开配电箱门，侧身合闸送电。

4. 侧身按启动按钮，利用惯性启动抽油机，锁好配电箱门。

5. 检查抽油机运转是否正常，曲柄有无异响，密封填料有无渗漏。

6. 观察油井生产是否正常，记录油管压力、套管压力、回压、停井时间。

（十一）清理现场

清理现场，收拾工具、用具，填写报表。

五、不安全行为

1. 未按 HSE 要求正确穿戴劳动保护用品。

2. 接触电气设备前不用试电笔验电。

3. 不戴绝缘手套就接触电气设备。

4. 按启停按钮或拉合空气开关时不侧身。

5. 戴手套使用大锤。

6. 手抓光杆。

7. 交叉作业。

项目三　游梁式抽油机曲柄销子退扣故障处理操作

一、操作目的

游梁式抽油机曲柄销子退扣故障处理操作是采油工应掌握的一项操作技能，主要目的是正确判断抽油机曲柄销子退扣的原因，从而采取有效措施处理曲柄销子退扣故障，确保抽油机的正常运转。

二、操作流程

准备工作——判断故障原因——停止抽油机——卸负荷——检查曲柄销磨损情况——紧固曲柄销螺帽——挂负荷——启动抽油机、检查——清理现场。

三、准备工作

（一）项目操作人员及劳保要求

1. 操作人员3人，持有高级及以上职业资格证。
2. 劳保穿戴整齐，做到"三紧"（领口紧、袖口紧、鞋带紧）。
3. 戴好安全帽，女工不得长发外露。

（二）安全风险识别及风险控制措施

安全风险：

1. 电气设备操作不当，造成电击、灼伤伤害甚至死亡。
2. 未正确使用和有序摆放工具、用具，造成人身伤害。
3. 拆装光杆卡子时手抓光杆，造成人身伤害。
4. 高空作业时未系安全带，造成人身伤害。
5. 未锁紧死刹车，发生溜车，造成机械伤害。
6. 进入吊臂旋转范围内，造成人身伤害。

风险控制措施：

1. 接触电气设备前先用试电笔验电，戴绝缘手套侧身操作电气设备。
2. 正确选择使用工具、用具，并有序摆放。
3. 拆装光杆卡子时禁止手抓光杆。
4. 高空作业时要系好安全带。
5. 锁紧死刹车。
6. 严禁进入吊臂旋转范围内。

操作前由直线领导申报《专项类特殊危险作业项目作业许可证》，明确操作人员，熟悉施工内容和施工步骤，做好安全风险识别并制定风险控制措施，由操作者签字确认；操作中严格按照采油工标准化操作进行。

（三）工具、用具、材料、设备

375mm活动扳手1把，24~27mm梅花扳手1把，300mm平锉1把，5kg铁锤1把，光杆卡子1副，相同规格的曲柄销子1套，试电笔1支，绝缘手套1副，黄油、细纱布、砂纸、黑漆若干，安全警示牌2块，擦布，记录本，记录笔。

四、操作步骤

（一）判断故障原因

1. 曲柄销止退螺帽松动。
2. 曲柄销与衬套的锥度配合不紧密。
3. 曲柄销、衬套加工质量不合格。
4. 曲柄销、衬套磨损。

根据故障原因确定具体处理方案,现以曲柄销止退螺帽松动为例进行处理操作。

(二) 停止抽油机

1. 用试电笔检测配电箱外壳,确认无电后,打开配电箱门。

2. 戴绝缘手套侧身按停止按钮,将抽油机停在上死点,刹紧刹车,检查刹车是否牢固。

3. 侧身拉闸断电,锁好配电箱门,挂上安全警示牌,记录停止抽油机的时间。

4. 锁紧死刹车,在刹车手柄上挂上安全警示牌。

(三) 卸负荷

1. 在密封盒上方打紧光杆卡子。

2. 检查抽油机周围,确认无障碍物后,缓慢松开刹车,戴绝缘手套侧身合闸送电,启动抽油机。

3. 卸掉驴头负荷,抽油机停在前方 $45°\sim 60°$ 时,侧身按停止按钮,刹紧刹车。

4. 侧身拉闸断电,锁好配电箱门,锁紧死刹车,在刹车手柄上挂上安全警示牌。

(四) 检查曲柄销磨损情况

1. 卸掉曲柄销挡板固定螺栓,取下挡板,卸松锤击螺帽。

2. 检查曲柄销有无磨损,如果发现有研磨的铁屑,说明曲柄销、衬套磨损严重,必须及时更换曲柄销及衬套,按照《更换曲柄销总成操作》进行更换。

(五) 紧固曲柄销螺帽

1. 紧固曲柄销锤击螺帽。

2. 安装挡板并上紧固定螺栓。

3. 画好安全线。

(六) 挂负荷

1. 检查抽油机周围,确认无障碍物后,取下安全警示牌,缓慢松刹车,利用曲柄配重块的质量使驴头上行,当驴头挂上负荷后,刹紧并锁死刹车,侧身拉闸断电,挂上安全警示牌。

2. 卸下密封盒上的光杆卡子,用锉刀锉净光杆上的毛刺。

(七) 启动抽油机、检查

1. 检查抽油机周围有无障碍物。

2. 摘下安全警示牌,松开死刹车,缓慢松刹车。

3. 戴绝缘手套,摘下安全警示牌,打开配电箱门,侧身合闸送电。

4. 侧身按启动按钮，利用惯性启动抽油机，锁好配电箱门，记录启动抽油机的时间。

5. 检查抽油机运转是否正常，曲柄销子有无异响，密封填料有无渗漏。

6. 观察油井生产是否正常，录取油管压力、套管压力、回压数据。

（八）清理现场

清理现场，收拾工具、用具，填写报表。

五、不安全行为

1. 未按 HSE 要求正确穿戴劳动保护用品。
2. 接触电气设备前不用试电笔验电。
3. 不戴绝缘手套接触电气设备。
4. 按启停按钮或拉合空气开关时不侧身。
5. 未锁死刹车。
6. 戴手套使用大锤。
7. 手抓光杆。

项目四　游梁式抽油机减速箱有冲击声故障的原因分析及处理操作

一、操作目的

游梁式抽油机减速箱有冲击声故障的原因分析及处理操作是采油工应掌握的一项操作技能，主要目的是正确判断游梁式抽油机减速箱有冲击声故障发生的原因，针对不同故障原因进行处理，确保抽油机的正常运转。

二、操作流程

准备工作──→检查平衡率、核实冲次──→停止抽油机──→判断故障原因──→故障处理──→启动抽油机──→检查──→清理现场。

三、准备工作

（一）项目操作人员及劳保要求

1. 操作人员 3 人，持有高级及以上职业资格证。
2. 按照 HSE 要求正确穿戴劳动保护用品。
3. 女工不得长发外露。

（二）安全风险识别及风险控制措施

安全风险：

1. 电气设备操作不当，造成电击、灼伤伤害甚至死亡。

2. 未正确使用和有序摆放工具、用具，造成人身伤害。

3. 戴手套安装皮带，挤伤手指。

4. 未锁紧死刹车，发生溜车，造成机械伤害。

5. 高空作业时未系安全带，造成人身伤害。

风险控制措施：

1. 接触电气设备前先用试电笔验电，戴绝缘手套侧身操作电气设备。

2. 正确选择使用工具、用具，并有序摆放。

3. 拆装皮带时禁止戴手套。

4. 锁紧死刹车。

5. 高空作业时要系好安全带。

操作前由直线领导申报《专项类特殊危险作业项目作业许可证》，明确操作人员，熟悉施工内容和施工步骤，做好安全风险识别并制定风险控制措施，由操作者签字确认；操作中严格按照采油工标准化操作进行。

（三）工具、用具、材料

300mm活动扳手1把，数字式电流表1块，绝缘手套1副，试电笔1支，安全带1副，安全警示牌2块，擦布，记录本，记录笔。

四、操作步骤

（一）检查平衡率、核实冲次

1. 用数字式电流表测抽油机三相电流，平衡率应在85%~115%之间。

2. 核实抽油机冲次，冲次应符合油井生产状况，冲次太快会导致抽油机减速箱有冲击声。

（二）停止抽油机

1. 根据油井生产情况，确定抽油机停止后驴头所处的位置。

2. 用试电笔检测配电箱外壳，确认无电后，打开配电箱门。

3. 戴绝缘手套侧身按停止按钮停止抽油机，刹紧刹车，检查刹车是否牢固。

4. 侧身拉闸断电，锁好配电箱门，挂上安全警示牌。

5. 锁紧死刹车，在刹车手柄上挂上安全警示牌。

（三）判断故障原因

打开减速箱盖检查，判断故障原因，减速箱内部结构如图2-4所示。

1. 减速箱有窜轴现象。

2. 轴承磨损或损坏。

3. 抽油机严重不平衡。

4. 冲次太快。

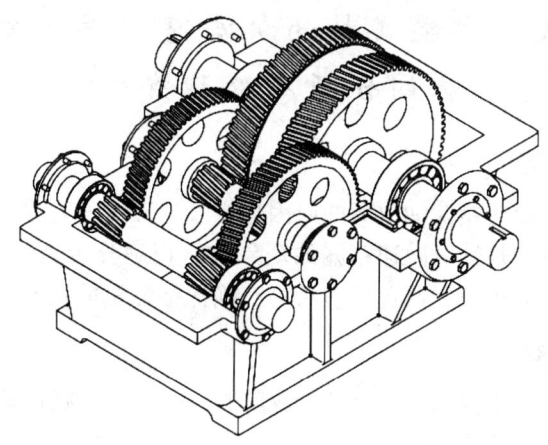

图 2-4 减速箱内部结构示意图

（四）故障处理
1. 若减速箱轴承窜槽、磨损或损坏时，应及时修理或更换减速箱。
2. 若抽油机严重不平衡，则需调整抽油机平衡，平衡率范围为 85%～115%。
3. 若冲次太快，则需调慢冲次。

（五）启动抽油机
1. 检查抽油机周围有无障碍物。
2. 摘下安全警示牌，松开死刹车，缓慢松刹车。
3. 戴绝缘手套，摘下安全警示牌，打开配电箱门，侧身合闸送电。
4. 侧身按启动按钮，利用惯性启动抽油机，锁好配电箱门。

（六）检查
1. 检查减速箱运转情况及油井生产情况。
2. 录取油管压力、套管压力、回压数据和停止抽油机的时间。

（七）清理现场
清理现场，收拾工具、用具，填写报表。

五、不安全行为

1. 未按 HSE 要求正确穿戴劳动保护用品。
2. 接触电气设备前不用试电笔验电。
3. 不戴绝缘手套接触电气设备。
4. 按启停按钮或拉合闸刀时不侧身。
5. 未锁死刹车。

项目五 游梁式抽油机减速箱漏油故障的原因分析及处理操作

一、操作目的

游梁式抽油机减速箱漏油故障的原因分析及处理操作是采油工应掌握的一项操作技能，主要目的是针对减速箱漏油现象进行正确分析判断，找出漏油原因，及时排除减速箱漏油故障，避免环境污染，确保抽油机的正常运转。

二、操作流程

准备工作——→停止抽油机——→判断故障原因——→处理减速箱故障——→启动抽油机——→检查——→清理现场。

三、准备工作

（一）项目操作人员及劳保要求

1. 操作人员3人，持有高级及以上职业资格证。
2. 按照 HSE 要求正确穿戴劳动保护用品。
3. 女工不得长发外露。

（二）安全风险识别及风险控制措施

安全风险：

1. 电气设备操作不当，造成电击、灼伤伤害甚至死亡。
2. 未正确使用和有序摆放工具、用具，造成人身伤害。
3. 戴手套安装皮带，挤伤手指。
4. 未锁紧死刹车，发生溜车，造成机械伤害。
5. 高空作业时未系安全带，造成人身伤害。
6. 漏油造成环境污染。

风险控制措施：

1. 接触电气设备前先用试电笔验电，戴绝缘手套侧身操作电气设备。
2. 正确选择使用工具、用具，并有序摆放。
3. 拆装皮带时禁止戴手套。
4. 锁紧死刹车。
5. 高空作业时要系好安全带。
6. 及时处理故障，避免环境污染。

操作前由直线领导申报《专项类特殊危险作业项目作业许可证》，明确操作人员，熟悉施工内容和施工步骤，做好安全风险识别并制定风险控制措施，由操作者签字确认；操作中严格按照采油工标准化操作进行。

（三）工具、用具、材料

300mm 活动扳手 1 把，通针 1 根，绝缘手套 1 副，数字试电笔 1 支，安全带 1 副，安全警示牌 2 块，擦布。

四、操作步骤

（一）停止抽油机

1. 根据油井生产情况，确定抽油机停止后驴头所处的位置。
2. 用试电笔检测配电箱外壳，确认无电后，打开配电箱门。
3. 戴绝缘手套侧身按停止按钮停止抽油机，刹紧刹车，检查刹车是否牢固。
4. 侧身拉闸断电，锁好配电箱门，挂上安全警示牌，记录停止抽油机的时间。
5. 锁紧死刹车，在刹车手柄上挂上安全警示牌。

（二）判断故障原因

1. 检查减速箱内润滑油是否过多。
2. 检查箱口是否合严，螺栓有无松动或有无抹合箱密封胶。
3. 检查减速箱回油槽是否堵塞。
4. 检查油封失效或唇口是否磨损严重。
5. 检查减速箱的呼吸器有无堵塞，从而使减速箱内压力增大。

（三）处理减速箱故障

1. 若润滑油过多，则放掉减速箱内多余的润滑油，油面应在检视孔的 1/2～2/3 之间。
2. 若减速箱箱口不严，可重新进行组装，组装时应抹合箱口胶。如无合箱口胶时，可用密封脂替代。若箱口螺栓松动，紧固箱口螺栓。
3. 因现场采用的减速箱润滑方式是飞溅式润滑和重力式润滑的混合式润滑，油道堵后油不能退回到箱内，从而造成合箱口渗油、漏油。若检查发现回油槽有脏物堵塞，则需清理干净。
4. 油封在运转一段时间之后应在二级保养时更换，更换不及时，造成油封的唇口磨损严重而漏油。若发现油封失效或唇口磨损严重，则需更换新油封。
5. 减速箱呼吸器堵塞会造成减速器内压力增大，从油封处漏油，应定期拆洗清理呼吸器。因此，若发现呼吸器堵塞时，应及时拆洗清理呼吸器。
6. 及时清理干净抽油机上的油污。

（四）启动抽油机

1. 检查抽油机周围有无障碍物。
2. 摘下安全警示牌，松开死刹车，缓慢松刹车。
3. 戴绝缘手套，摘下安全警示牌，打开配电箱门，侧身合闸送电。

4. 侧身按启动按钮，利用惯性启动抽油机，锁好配电箱门，记录启动抽油机的时间。

（五）检查

1. 检查减速箱运转情况及油井生产情况。
2. 录取油管压力、套管压力、回压数据。

（六）清理现场

清理现场，收拾工具、用具、填写报表。

五、不安全行为

1. 未按 HSE 要求正确穿戴劳动保护用品。
2. 接触电气设备前不用试电笔验电。
3. 不戴绝缘手套接触电气设备。
4. 按启停按钮或拉合闸刀时不侧身。
5. 未锁死刹车。

项目六 作业后抽油机启动不起来故障的原因分析及处理操作

一、操作目的

作业后抽油机启动不起来故障的原因分析及处理操作是采油工应该掌握的一项操作技能，主要目的是分析抽油机作业后启动不起来的原因，并正确处理故障，保证抽油机的正常启动。

二、操作流程

准备工作──→故障位置──→故障原因分析──→处理方法。

三、准备工作

（一）项目操作人员及劳保要求

1. 操作人员3人，持有高级及以上职业资格证，维修电工1人。
2. 按照 HSE 要求正确穿戴劳动保护用品。
3. 女工不得长发外露。

（二）安全风险识别及风险控制措施

安全风险：

1. 电气设备操作不当，造成电击、灼伤伤害甚至死亡。
2. 未正确使用和有序摆放工具、用具，造成人身伤害。

风险控制措施:
1. 接触电气设备前先用试电笔验电,戴绝缘手套侧身操作电气设备。
2. 正确选择使用工具、用具,并有序摆放。
操作前先学习操作步骤,操作中应严格按照采油工标准化操作程序进行。

(三)工具、用具、材料

200mm、300mm、375mm 活动扳手各 1 把,电工工具 1 套,钳形电流表 1 块,绝缘手套 1 副,数字式试电笔 1 支,安全警示牌 2 块,擦布,记录本,记录笔。

四、操作步骤

故障原因分析及处理方法见表 2-1。

表 2-1 故障原因分析及处理方法

故障位置	故障原因分析	处理方法
电路故障	配电箱空气开关未合上	配电箱合闸送电
	配电箱内急停按钮未抬起	复位急停按钮
	配电箱内过载保护未复位	复位过载保护
	配电箱内无电、缺相	维修电工进行维修
	电缆有损坏现象	更换电缆
	变压器闸刀未合上,令克掉落	合上变压器电源控制开关及令克
电动机故障	电动机功率未达到设计要求	更换合适的电动机
	电动机接线错误	正确连接电动机线路
抽油机刹车故障	死刹车未松开	松开死刹车
	刹车抱死	松开刹车
抽油机负荷故障	抽油机未满足地质、工艺设计要求	选择合适的抽油机
	作业后泵径、泵深或管柱情况发生变化,平衡配重未符合设计要求	根据地质设计和工艺设计,调整抽油机平衡
	井筒内有砂蜡或其他脏物,造成卡泵	洗井
	死油过多或油稠	洗井,加降黏剂或地下掺水降黏
	重压井液未替出	洗井

五、不安全行为

1. 未按 HSE 要求正确穿戴劳动保护用品。
2. 接触电气设备前不用试电笔验电。
3. 不戴绝缘手套接触电气设备。
4. 未拉闸就检查电气设备。
5. 按启停按钮或拉合闸刀时不侧身。

6. 未拉闸、锁死刹车就进入抽油机检查。

项目七 抽油机井回压高故障的原因分析及处理操作

一、操作目的

抽油机井回压高故障的原因分析及处理操作是采油工应掌握的一项操作技能，主要目的是分析抽油机井回压高的原因，并用合理方法进行处理，使回压降低，从而保证油井的正常生产及集输。

二、操作流程

准备工作——→故障原因分析——→故障处理方法。

三、准备工作

（一）项目操作人员及劳保要求

1. 操作人员2人，持有中级及以上职业资格证。
2. 按照HSE要求正确穿戴劳动保护用品。
3. 女工不得长发外露。

（二）安全风险识别及风险控制措施

安全风险：

1. 电气设备操作不当，造成电击、灼伤伤害甚至死亡。
2. 未正确使用和有序摆放工具、用具，造成人身伤害。
3. 倒错流程，导致憋压、泄漏，造成污染和人身伤害。
4. 用高压泵车解堵时油气冲出，造成人身伤害。
5. 管线内高压水刺出，造成人身伤害。

风险控制措施：

1. 接触电气设备前先用试电笔验电，戴绝缘手套侧身操作电气设备。
2. 正确选择使用工具、用具，并有序摆放。
3. 正确倒流程并确认。
4. 高压泵车解堵时，人不能站在管线连接的位置，要侧身缓慢开关阀门。
5. 禁止靠近高压泄漏部位。

操作前先学习操作步骤，操作中应严格按照采油工标准化操作程序进行。

（三）工具、用具、材料

250mm、300mm活动扳手各1把，600mm管钳1把，F形扳手1把，油嘴扳手1把，合格压力表1块，合格油嘴1个，擦布，记录本，记录笔。

四、操作步骤

故障原因分析及处理方法见表2-2，单井集输流程如图2-5所示。

表 2-2 故障原因分析及处理方法

故障原因分析	处理方法
压力表损坏或冬季压力表有冻堵现象	更换合格压力表
油压上升	若油压上升较多,应立即停止抽油机并查明原因
有油嘴时油嘴刺大,造成回压过高	更换合格油嘴
误关闭单井 T 接点阀门	打开单井 T 接点阀门
误关闭回压阀门或闸板脱落	打开回压阀门,若闸板脱落,及时更换合格的阀门
误关闭输油站阀门或闸板脱落	打开输油站阀门,若闸板脱落,要及时更换阀门
在同一条管线上新开了一口高产井,液量、气量增加,造成油井回压过高	合理控制高产井的产量
油井原油黏度高、流动性差,造成回压过高	在油井套管处安装加药流程进行点滴加药,根据油井情况,加入适量的降黏剂。也可加装掺水流程,掺水降回压
油井因结蜡造成管线堵塞	用高压泵车洗干线或解堵
油井液量低、温度低,冬季易出现冻堵	油井液量过低,可掺水生产,也可用高产液量井带低产液量井生产
因多井共用一条集油管线且管线过细,造成油井回压过高	优化地面工艺管线,降低系统压力

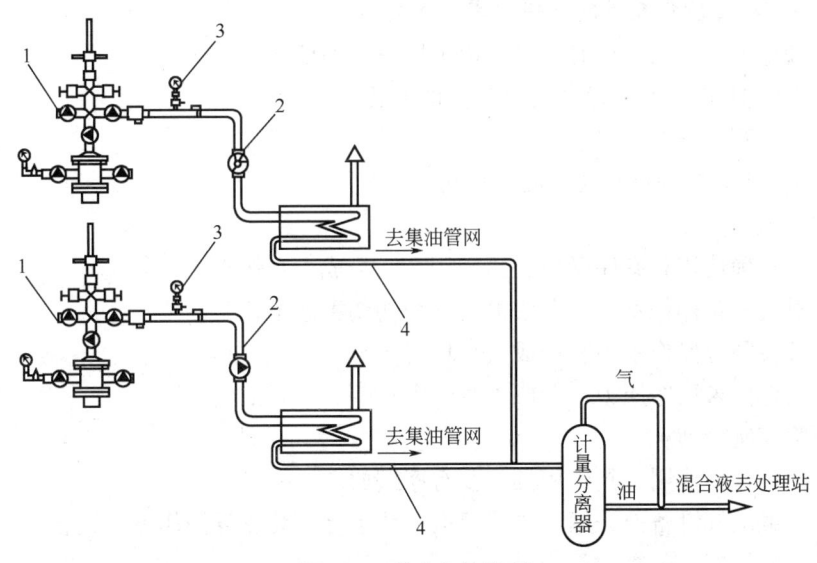

图 2-5 单井集输流程
1—采油树;2—回压阀门;3—回压表;4—单井管线

五、不安全行为

1. 未按 HSE 要求正确穿戴劳动保护用品。
2. 接触电气设备前不用试电笔验电。
3. 不戴绝缘手套接触电气设备。
4. 按启停按钮或拉合闸刀时不侧身。
5. 正对阀门进行开关操作。

项目八 抽油机井作业后不出油故障的原因分析及处理操作

一、操作目的

抽油机井作业后不出油故障的原因分析及处理操作是采油工应掌握的一项操作技能,主要目的是分析造成油井不出油故障的原因,及时处理故障,尽快恢复油井生产。

二、操作流程

准备工作──→地面故障原因分析及处理──→井筒故障原因分析及处理──→地层故障原因分析及处理。

三、准备工作

(一)项目操作人员及劳保要求

1. 操作人员 2 人,持有高级及以上职业资格证。
2. 按照 HSE 要求正确穿戴劳动保护用品。
3. 女工不得长发外露。

(二)安全风险识别及风险控制措施

安全风险:

1. 未正确使用和有序摆放工具、用具,造成人身伤害。
2. 电气设备操作不当,造成电击、灼伤伤害甚至死亡。
3. 开关阀门操作不当,造成人身伤害。
4. 操作前未放净压力,造成人身伤害。

风险控制措施:

1. 正确选择使用工具、用具,并有序摆放。
2. 接触电气设备前先用试电笔验电,戴绝缘手套侧身操作电气设备。
3. 侧身缓慢开关阀门。
4. 操作前必须放净压力。

操作前先学习操作步骤，操作中应严格按照采油工标准化操作程序进行。

（三）工具、用具、材料

250mm、300mm活动扳手各1把，600mm管钳1把，F形扳手1把，250mm一字螺丝刀1把，250mm锉刀1把，500mm钢板尺1把，污油桶，安全警示牌2块，合格压力表1块，光杆卡子1副，试电笔1支，绝缘手套1副，擦布，密封胶带、黄油若干，秒表，计算器，记录本，记录笔。

四、操作步骤

抽油机作业后不出油故障的原因及处理流程如图2-6所示。

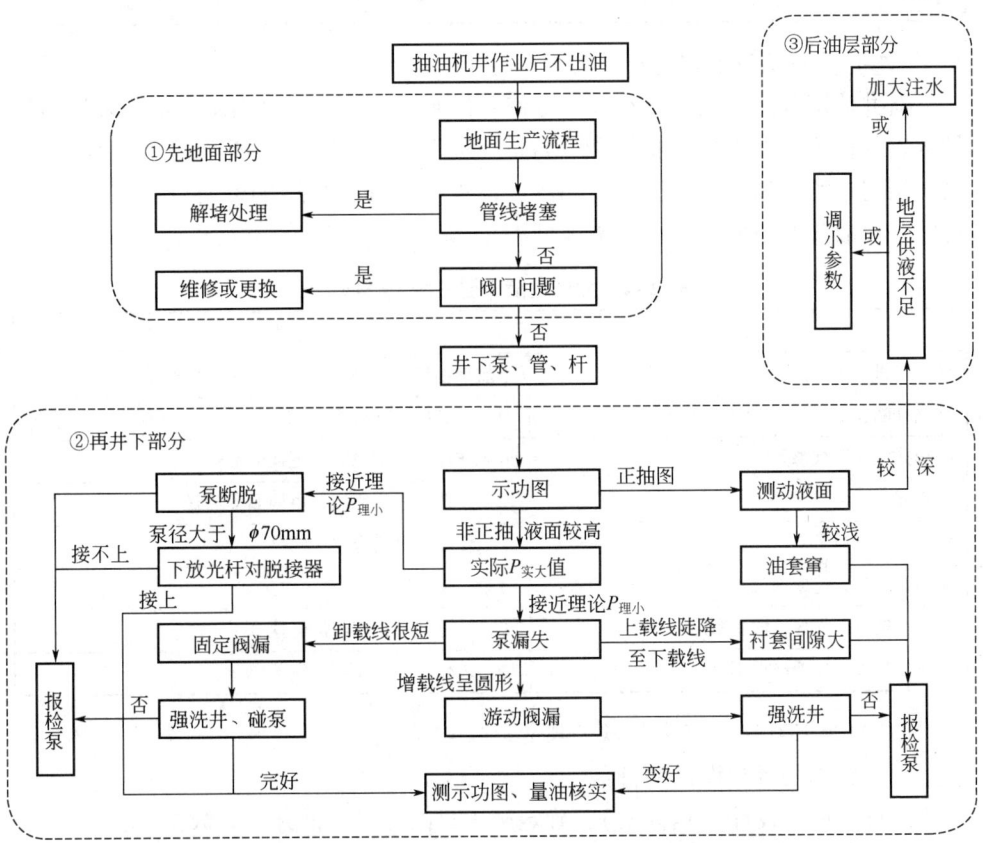

图2-6 抽油机作业后不出油故障的原因及处理流程图

（一）地面故障原因分析及处理

对地面生产流程进行排查，观察井口油管压力、回压的变化，如果压力急剧上升，说明有阀门未开或闸板脱落；如果压力逐渐上升，说明管线不畅通。井口核产时，回压（直通）阀门未关，分离器量不上油。地面故障原因分析及处理措施见表2-3。

表2-3 地面故障原因分析及处理措施

故障原因分析	处理措施
核产流程倒错	检查并正确倒通流程
阀门未开	侧身缓慢打开阀门
闸板脱落	维修或更换阀门
油嘴堵塞	检查或更换油嘴
管线冻堵	找到冻堵部位，用锅炉车蒸汽解堵
管线蜡堵	热洗地面管线

（二）井筒故障原因分析及处理

对井筒部分进行核实排查。通常修井作业后，要在井口憋压，检查泵效和管柱的密封情况。如果停止抽油机10min，压降>0.3MPa，说明泵或管柱有漏失，具体情况还要通过生产数据、示功图、动液面、修井总结等资料进行综合分析。常见井筒故障原因分析及处理措施见表2-4。

表2-4 井筒故障原因分析及处理措施

故障原因分析	处理措施
活塞未进入工作筒	下放抽油杆柱，碰泵后，重新调整防冲距
抽油杆断脱	对扣、打捞抽油杆
挡板式泄油器被憋开	返工作业，分析原因，更换泄油器
油管漏失	返工作业，分析原因，更换漏失油管
深井泵制造质量差	返工作业，更换合格深井泵
泵内有脏物，造成漏失	碰泵、反洗井
油管挂密封圈损坏，油套窜通	更换油管挂密封圈或油管挂
泵排量过大，供液严重不足	调小工作参数，注水补充地层能量

（三）地层故障原因分析及处理

检查施工是否与设计相符：

1. 查看地质设计（送修书），确定施工目的，了解油井基础数据。
2. 查看工艺设计和设计变更，了解各施工项目的质量要求。
3. 查看施工设计，了解具体施工步骤是否与地质设计和工艺设计相符。
4. 查看举升设计，检查工艺参数是否满足本井设备。
5. 查看完井管柱和杆柱是否符合设计要求，有封隔器的井要检查丈量油管记录、复核卡点深度。

根据上述资料进行综合分析，地层故障原因及处理措施见表2-5。

表 2-5　地层故障原因及处理措施

故障原因分析	处理措施
冲砂不彻底，砂埋油层	查看修井监督日志、修井总结，检查冲砂是否达到设计要求，查明冲砂不到位的原因（是否有套变或井下落物等），根据具体情况制定下步措施
封堵了主力油层	检查丈量油管记录、复核卡点深度是否符合设计要求。返工作业，按设计要求重新卡层
压井液不合格，造成油层污染	采用酸化解堵或热化学解堵
对应注水井停注，造成供液不足	查明对应注水井停注原因，恢复正常注水，及时补充地层能量

五、不安全行为

1. 未按 HSE 要求正确穿戴劳动保护用品。
2. 正对阀门进行开关操作。
3. 操作前未放净压力，造成人身伤害。
4. 启动抽油机前未检查工艺流程。

项目九　游梁式抽油机剧烈振动故障的原因分析及排除操作

一、操作目的

游梁式抽油机剧烈振动故障的原因分析及排除操作是采油工应掌握的一项操作技能，主要目的是正确分析抽油机剧烈振动的原因并及时排除故障，确保抽油机的正常运转。

二、操作流程

准备工作──→确定振动原因──→检查方法──→处理方法──→清理现场。

三、准备工作

（一）项目操作人员及劳保要求

1. 操作人员 3 人，持有中级及以上职业资格证。
2. 按照 HSE 要求正确穿戴劳动保护用品。
3. 女工不得长发外露。

（二）安全风险识别及风险控制措施

安全风险：
1. 电气设备操作不当，造成电击、灼伤伤害甚至死亡。
2. 未正确使用和有序摆放工具、用具，造成人身伤害。

3. 未锁紧死刹车，发生溜车，造成机械伤害。
4. 拆装光杆卡子时手抓光杆，造成人身伤害。

风险控制措施：
1. 接触电气设备前先用试电笔验电，戴绝缘手套侧身操作电气设备。
2. 正确选择使用工具、用具，并有序摆放。
3. 锁紧死刹车。
4. 拆装光杆卡子时禁止手抓光杆。

操作前由直线领导申报《专项类特殊危险作业项目作业许可证》，明确操作人员，熟悉施工内容和施工步骤，做好安全风险识别并制定风险控制措施，由操作者签字确认；操作中严格按照采油工标准化操作进行。

（三）工具、用具、材料

300mm、375mm 活动扳手各 1 把，600mm 管钳 1 把，0.75kg 锤子 1 把，500mm 撬杠 1 根，250mm 中平锉 1 把，钢板尺 1 把，光杆卡子 1 副，绝缘手套 1 副，试电笔 1 支，安全警示牌 2 块，黄油、细砂布、砂纸若干，吊线锤 1 个，画线笔。

四、操作步骤

（一）确定振动原因

1. 检查是否是底座的原因：地基建筑是否牢固、底座与基础是否接触不实有空隙、支架底板与底座接触是否不实等。
2. 检查是否是负载与对中的原因：驴头对中是否误差大、悬点负荷是否过重超载、平衡率是否不够、井下抽油泵是否有刮卡、出砂严重、减速器齿轮打齿现象。
3. 检查抽油机各连接部位有无松动，轴承有无损坏。
4. 检查电动机轴承是否损坏，带动抽油机整机振动。
5. 检查冲次是否过快。

（二）检查方法

1. 检查基墩与底板接触是否牢固。如果不牢固，当抽油机上行时，基墩跟着抽油机上升，下行时又回到原位，下雨时发现有明显的泥水从基础与大地的缝隙中被挤出来。
2. 检查基墩和底座的连接部分，楔铁、紧固螺栓是否松动。
3. 检查支架的 3 条支腿底座与抽油机的底座连接部分，水平是否达到要求，是否有缝隙。
4. 驴头对中检查时可卸掉负荷，用垂线法测量驴头打点。
5. 驴头悬点负荷严重超载可通过测示功图得到。此类故障一般易发生在井下更换大泵、加深泵挂或抽汲参数不合理、冲程大、冲速快的情况下。
6. 平衡率不够，可用钳形电流表测平衡率或听电动机的声音来判断平衡率的

7. 井下碰泵、刮卡现象可造成整机的振动。每上下一次都有一次卸载、增载的过程。

8. 减速箱齿轮打齿或左右旋齿松动，减速箱噪声很大，机身振动很大，可打开减速箱检查孔逐一检查左右旋齿、中间齿、人字齿和输出轴齿。

9. 检查抽油机各部位紧固螺栓有无松动，轴承有无损坏。

10. 检查电动机固定螺栓有无松动，底座有无悬空现象。

11. 核实冲次。

（三）处理方法

1. 如基墩与底板预埋件开焊，可挖出基墩至底板预埋件重新焊接。

2. 基墩与底座的连接部位不牢时，可重新加满楔铁，重新找水平后，紧固各螺栓。

3. 支架与底座有缝隙时，可用金属垫片找平，重新紧固。

4. 驴头不对中时，应及时调整对中。

5. 严重超载时，应及时调小冲程、冲次，换小泵径或更换大的机型。

6. 平衡率不够时，应及时调整平衡，平衡率应在85%～115%之间。

7. 碰泵时，应调整防冲距，有刮卡现象时可将抽油杆调整一个位置。

8. 如减速箱齿轮打齿，应立即更换。

9. 紧固抽油机各连接部位，检查各轴承有无损坏，若发现损坏应及时换轴承。

10. 若电动机固定螺栓有松动，需紧固或更换电动机。

11. 若冲次过快，则需调小冲次。

（四）清理现场

清理现场，收拾工具、用具，填写报表。

五、不安全行为

1. 未按 HSE 要求正确穿戴劳动保护用品。
2. 接触电气设备前不用试电笔验电。
3. 不戴绝缘手套接触电气设备。
4. 按启停按钮或拉合闸刀时不侧身。
5. 戴手套使用大锤。

项目十 游梁式抽油机电动机振动大故障的原因分析及处理操作

一、操作目的

游梁式抽油机电动机振动大故障的原因分析及处理操作是采油工应掌握的一

项操作技能，主要目的是正确分析电动机振动故障的原因并及时处理，保证电动机的安全运行。

二、操作流程

准备工作──→振动原因分析──→处理故障方法。

三、准备工作

(一) 项目操作人员及劳保要求

1. 操作人员3人，持有中级及以上职业资格证。
2. 按照HSE要求正确穿戴劳动保护用品。
3. 女工不得长发外露。

(二) 安全风险识别及风险控制措施

安全风险：

1. 电气设备操作不当，造成电击、灼伤伤害甚至死亡。
2. 未正确使用和有序摆放工具、用具，造成人身伤害。
3. 未锁紧死刹车，发生溜车，造成机械伤害。

风险控制措施：

1. 接触电气设备前先用试电笔验电，戴绝缘手套侧身操作电气设备。
2. 正确选择使用工具、用具，并有序摆放。
3. 锁紧死刹车。

操作前由直线领导申报《专项类特殊危险作业项目作业许可证》，明确操作人员，熟悉施工内容和施工步骤，做好安全风险识别并制定风险控制措施，由操作者签字确认；操作中严格按照采油工标准化操作进行。

(三) 工具、用具、材料

300mm、375mm活动扳手各1把，0.75kg锤子1把，200mm平口螺丝刀1把，500mm撬杠1根，绝缘手套1副，试电笔1支，黄油、细纱布、砂纸若干，画线笔、擦布、细线绳。

四、操作步骤

抽油机电动机振动原因分析及处理方法见表2-6。

五、不安全行为

1. 未按HSE要求正确穿戴劳动保护用品。
2. 接触电气设备前不用试电笔验电。
3. 不戴绝缘手套接触电气设备。
4. 按启停按钮或拉合闸刀时不侧身。

表 2-6 振动原因分析及处理方法

振动原因	处理方法
滑轨固定螺栓松动、滑轨不水平或悬空现象	紧固电动机滑轨固定螺栓，调整滑轨水平
电动机固定螺栓松动	紧固电动机固定螺栓
电动机底座有悬空现象	扶正垫铁，紧固电动机底座固定螺栓
电动机轴弯曲	检修保养电动机，校正电动机轴
皮带"四点一线"没调好	调整皮带"四点一线"
电动机轴承缺油或损坏	电动机加注黄油或更换电动机
电动机风扇叶损坏	更换电动机风扇叶
电动机电源缺相	检查三相电源是否完好

项目十一　钳形电流表测抽油机井平衡操作

一、操作目的

钳形电流表测抽油机井平衡操作是采油工必须掌握的一项操作技能。主要目的是根据测得的电流来计算抽油机平衡率，进而判断抽油机的平衡情况，为抽油机井调整平衡操作提供依据。

二、操作流程

准备工作——检查电流表——选择挡位——测量取值——计算平衡率——判断结果——清理现场。

三、准备工作

（一）项目操作人员及劳保要求

1. 操作人员 1 人，持有初级及以上职业资格证。
2. 按 HSE 要求正确穿戴劳动保护用品。
3. 女工不得长发外露。

（二）安全风险识别及风险控制措施

安全风险：

1. 电气设备操作不当，造成电击、灼伤害甚至死亡。
2. 旋转部位造成机械伤害。

风险控制措施：

1. 接触电气设备前先用试电笔验电，戴绝缘手套侧身操作电气设备。
2. 身体远离电动机旋转部位。

操作前先学习操作步骤，操作中应严格按照采油工标准化操作程序进行。

(三) 工具、用具、材料

钳形电流表（指针式或数字式）1个，试电笔1支，绝缘手套1副，计算器1个，记录本，记录笔。

四、操作步骤

(一) 检查电流表

1. 检查钳口是否清洁、开合是否自如，电流表外观是否完好。
2. 检查电流表内干电池应完好有电。
3. 将电流表挡位调节旋钮拨到电流区，检查指针是否指在零位，如不在零位，调节机械零位调节旋钮使其至零位（数字式钳形电流表应检查电流锁定按钮是否处于开启状态）。

(二) 选择挡位

1. 用试电笔检测电控柜外壳有无电，确认安全。
2. 将电流表挡位调节旋钮拨到最大挡位（如果是经常测量的电动机，可拨到适当的挡位），将被测三相中的任一相导线竖直卡入表钳中央，同时对被测电流进行粗略估计，选择适当的量程，从大到小依次选择挡位，换挡位时将钳口移开导线。

(三) 测量取值

1. 测量过程中导线居中且竖直于钳口内，操作平稳，分别读出驴头上冲程中的峰值电流和驴头下冲程中的峰值电流。
2. 读取并记录数值（取整数），误差不超过±1A。

(四) 计算平衡率

$$平衡率 = \frac{I_下}{I_上} \times 100\% \qquad (2-1)$$

式中　$I_下$——下冲程中的峰值电流，A；
　　　$I_上$——上冲程中的峰值电流，A。

(五) 判断结果

当平衡率为85%～115%之间时，可不调整；平衡率<85%，配重块向远离曲柄轴的方向调整；平衡率>115%，配重块向曲柄轴的方向调整。

(六) 清理现场

清理现场，收拾工具、用具，填写报表。

五、不安全行为

1. 未按HSE要求正确穿戴劳动保护用品。
2. 接触电气设备前未用试电笔验电。
3. 未戴绝缘手套就进行测电流操作。

4. 更换电流表挡位时,未将电流表脱离导线。

5. 电流表钳口接触裸线部位,或在裸线部位进行测量。

项目十二　抽油机井热洗操作（洗井车组）

一、操作目的

抽油机井热洗操作是采油工应掌握的一项操作技能。主要目的是通过热洗油井,清除吸附在油管、抽油杆表面的蜡,保证抽油机井的正常生产。

二、操作流程

准备工作──→连接热洗管线──→倒井口流程──→热洗操作──→测电流,观察油井液体上返情况及温度──→停泵、倒生产流程──→录取相关资料──→清理现场。

三、准备工作

（一）项目操作人员及劳保要求

1. 操作人员 2 人,持有中级及以上职业资格证。
2. 按 HSE 要求正确穿戴劳动保护用品。
3. 女工不得长发外露。

（二）安全风险识别及风险控制措施

安全风险：

1. 未按 HSE 要求正确穿戴劳动保护用品。
2. 测电流操作不当,造成电击、灼伤伤害甚至死亡。
3. 未正确使用和有序摆放工具、用具,造成人身伤害。
4. 正对手轮开关阀门。
5. 倒错流程憋压,造成油气泄漏和人身伤害。

风险控制措施：

1. 按 HSE 要求正确穿戴劳动保护用品。
2. 接触电气设备前先用试电笔验电,戴绝缘手套侧身操作电气设备。
3. 正确选择使用工具、用具,并有序摆放。
4. 侧身开关阀门。
5. 正确倒流程并确认。

操作前先学习操作步骤,操作中应严格按照采油工标准化操作程序进行。

（三）工具、用具、材料

600mm 管钳 1 把、F 形扳手 1 把,油嘴扳手 1 把,钳形电流表 1 块,绝缘手套 1 副,5kg 大锤 1 把,砂纸适量,记录笔,记录本。

四、操作步骤

（一）连接热洗管线

将车组流程和井口套管阀门连接（套压高于洗井泵压时，应先放套管气）。

（二）倒井口流程

1. 安装油嘴生产的油井，需要先将油嘴拆掉。
2. 将罐车洗井液和泵车建立循环。
3. 启动泵车点火，给洗井液加压、升温，当泵压高于油井套管压力时，开套管阀门进行热洗。

（三）热洗操作

1. 热洗时排量应按大——小——大，温度由低——高——低的顺序进行。
2. 排量及温度执行单井洗井方案。
3. 洗井液用量为井筒容积的 1.5~2.5 倍。

$$Q = \frac{\pi}{4}(D^2 - d^2 + d'^2) \times h \times A \qquad (2-2)$$

式中　Q——洗井液用量，m^3；

　　　D——套管内径，mm；

　　　d——油管外径，mm；

　　　d'——油管内径，mm；

　　　h——泵挂深度，m；

　　　A——洗井液用量系数，取值范围为 1.5~2.5。

（四）测电流，观察油井液体上返情况及温度

1. 洗井过程中同时进行电流监测，用钳形电流表测量上下冲程的电流，取各自的峰值，电流达到正常值方可停止。
2. 洗井过程中同时进行温度监测，根据温度判断油井液体的上返情况。

（五）停泵、倒生产流程

1. 停止热洗前应先停止加热，然后停泵并关闭套管阀门。
2. 打开泵车上的放空阀门，进行放空，待压力落零后，拆车组洗井流程。

（六）录取相关资料

1. 记录油管压力、套管压力，记录热洗时间、用量、温度数据。
2. 按要求取样核对产量、含水率、含砂率。

（七）清理现场

清理现场，收拾工具、用具，将洗井时间、用量、温度、洗井后油管压力、套管压力填写报表。

五、不安全行为

1. 未按 HSE 要求正确穿戴劳动保护用品。

2. 戴手套使用大锤。
3. 测电流时未戴绝缘手套。
4. 连接洗井管线过长,无支撑。
5. 正对丝杠开关阀门。
6. 未泄压就拆卸管线。

项目十三　油井套管加药操作

一、操作目的

油井套管加药操作是采油工必须掌握的一项操作技能。主要目的是通过套管加药清除积结在管壁上的蜡并起到降黏作用。

二、操作流程

准备工作──→放套管气──→安装加药漏斗──→加入药剂──→拆除加药漏斗──→清理现场。

三、准备工作

(一) 项目操作人员及劳保要求

1. 操作人员 2 人,持有初级及以上职业资格证。
2. 按 HSE 要求正确穿戴劳动保护用品。
3. 女工不得长发外露。

(二) 安全风险识别及风险控制措施

安全风险:

1. 未正确使用和有序摆放工具、用具,造成人身伤害。
2. 倒错流程,导致憋压,泄漏,造成污染和人身伤害。
3. 开关阀门操作不当,造成人身伤害。
4. 未正确使用加药专用防护用品。
5. 未放净套管气,药剂喷出造成人身伤害。

风险控制措施:

1. 正确选择使用工具、用具,并有序摆放。
2. 正确倒流程并确认。
3. 侧身缓慢开关阀门。
4. 加药操作时人在上风口,正确使用加药专用防护用品。
5. 确认放净套管气后再进行加药操作。

操作前先学习操作步骤,操作中应严格按照采油工标准化操作程序进行。

（三）工具，用具，材料

300mm活动扳手1把，600mm管钳1把，F形扳手1把，加药漏斗1个，卡箍1副，钢圈1个，防毒面具2具，塑胶手套2副，化学药剂适量，记录本，记录笔。

四、操作步骤

（一）放套管气

1. 侧身缓慢打开套管阀门。
2. 控制套管气，使压力缓慢下降至零。

（二）安装加药漏斗

在加药套管阀门上安装加药漏斗。

（三）加入药剂

1. 佩戴好防毒面具，站在上风口向漏斗内倒入药剂，油溶性药剂可直接加入油套环形空间。
2. 添加水溶性药剂时，打开套管阀门后，打开地下掺水阀门，冲洗药剂进入油套环形空间，冲洗后再关闭地下掺水阀门。
3. 关闭连接加药漏斗的套管阀门。

（四）拆卸加药漏斗

1. 拆卸卡箍固定螺栓，取下卡箍。
2. 卸下加药漏斗，取下钢圈。

（五）清理现场

清理现场，收拾工具、用具，填写报表。

五、不安全行为

1. 未按HSE要求正确穿戴劳动保护用品。
2. 压力未放净就进行操作，造成药剂喷溅。
3. 站在下风口进行加药操作。
4. 未正确佩戴防毒面具。
5. 正对阀门丝杠操作。

项目十四　游梁式抽油机一级保养

一、操作目的

游梁式抽油机一级保养是采油工应掌握的一项操作技能，主要目的是保证抽油机能正常运转，延长其使用寿命。

二、操作流程

准备工作──→检查──→停止抽油机──→保养操作──→启动抽油机、检查──→清理现场。

三、准备工作

（一）项目操作人员及劳保要求

1. 操作人员3人，持有中级及以上职业资格证。
2. 按照HSE要求正确穿戴劳动保护用品。
3. 女工不得长发外露。

（二）安全风险识别及风险控制措施

安全风险：

1. 未正确使用和有序摆放工具、用具，造成人身伤害。
2. 电气设备操作不当，造成电击、灼伤伤害甚至死亡。
3. 未锁紧死刹车，发生溜车，造成机械伤害。
4. 戴手套抓皮带。
5. 高空作业未系安全带，造成人身伤害。

风险控制措施：

1. 正确选择使用工具、用具，并有序摆放。
2. 接触电气设备前先用试电笔验电，戴绝缘手套侧身操作电气设备。
3. 锁紧死刹车。
4. 禁止戴手套抓皮带。
5. 高空作业要系好安全带。

操作前由直线领导申报《专项类特殊危险作业项目作业许可证》，明确操作人员，熟悉施工内容和施工步骤，做好安全风险识别并制定风险控制措施，由操作者签字确认。操作中严格按照采油工标准化操作进行。

（三）工具、用具、材料

300mm、375mm、450mm活动扳手各1把，600mm管钳1把，300mm螺丝刀1把，绝缘手套1副，试电笔1支，黄油枪1支，吊线锤1个，黄油、细纱布，安全警示牌2块，记录本，记录笔。

四、操作步骤

（一）检查

1. 检查井口流程是否正常，记录油管压力、套管压力、回压。
2. 检查抽油机的平衡情况，用钳形电流表测量电流，观察上行电流峰值和下行电流峰值的变化情况，平衡率应在85%~115%之间，如达不到要求应进行调节。

(二) 停止抽油机

1. 根据油井生产情况，确定抽油机停止后驴头所处的位置。

2. 用试电笔检测配电箱外壳，确认无电后，打开配电箱门。

3. 戴绝缘手套侧身按停止按钮停止抽油机，刹紧刹车，检查刹车是否牢固。

4. 侧身拉闸断电，锁好配电箱门，挂上安全警示牌。

5. 锁紧死刹车，在刹车手柄上挂上安全警示牌。

(三) 保养操作

1. 按例行保养的全部内容进行操作。

2. 清除抽油机外部油污、泥土，旋转部位挂安全警示牌。

3. 紧固减速箱、底座、中轴承、平衡块、电动机等部位的固定螺栓。检查安全线有无错位，用手锤击打一下螺帽，听声音无空洞的声响即为合格。检查电动机、中轴承、顶丝有无缺损，是否顶紧。

4. 打开减速箱视孔，松开刹车，盘动皮带轮，检查齿轮啮合情况。

5. 检查减速箱油面及油质，要求液面在看窗的 $1/3 \sim 1/2$，不足时补加，变质时更换。

6. 清洗减速箱呼吸阀。

7. 在中轴承、尾轴承、曲柄销子轴承、驴头固定销子、减速箱轴承等处加注黄油。

8. 检查刹车是否灵活好用，刹车片上是否有油污，必要时应进行调整和保养。刹车行程在 $1/2 \sim 2/3$ 之间，不在此范围应进行调整。通过调整刹车拉杆的调节螺栓来实现刹车行程的调节，如横向拉杆调整不到位，可考虑调整纵向拉杆，如果两拉杆都不能调整到位，可在刹车的凸轮处进行调整。刹车的锁死弹簧应无自动复位现象，以免刹车后自行滑落而出事故。

9. 检查皮带松紧程度，不合适进行调整，皮带损坏要及时更换。

10. 检查毛辫子，有起刺、断股现象应更换。检查悬绳器上下夹板是否完好，毛辫子的同部位断三丝的钢绳就需要更换。检查时若发现钢绳粗细不均匀，细的地方则说明钢绳内的麻芯断，应更换。检查时发现钢绳锈很多，说明麻芯中的机油已经用尽，应当加油润滑钢绳或外部抹黄油润滑。

11. 检查电气设备绝缘是否良好，有无接地线，各触点接触是否完好。

12. 检查驴头中心与井口中心是否对正。

(四) 启动抽油机、检查

1. 检查抽油机周围有无障碍物。

2. 摘下安全警示牌，松开死刹车，松刹车。

3. 戴绝缘手套，摘下安全警示牌，打开配电箱门，侧身合闸送电。

4. 侧身按启动按钮，利用惯性启动抽油机，锁好配电箱门。

5. 检查抽油机运转是否正常，油井生产是否正常，记录油管压力、套管压力、回压、停井时间。

（五）清理现场

清理现场，收拾工具、用具，填写报表。

五、不安全行为

1. 未按 HSE 要求正确穿戴劳动保护用品。

2. 接触电气设备前不用试电笔验电。

3. 不戴绝缘手套接触电气设备。

4. 按启停按钮或拉合闸刀时不侧身。

项目十五　游梁式抽油机二级保养

一、操作目的

游梁式抽油机二级保养是采油工应掌握的一项操作技能，主要目的是保证抽油机正常运转，延长其使用寿命。抽油机运转 4000h 左右，需进行二级保养作业，包括一级保养各项内容。

二、操作流程

准备工作──停止抽油机──保养操作──启动抽油机、检查──清理现场。

三、准备工作

（一）项目操作人员及劳保要求

1. 操作人员 3 人，电工 1 人，持有中级及以上职业资格证。

2. 按照 HSE 要求正确穿戴劳动保护用品。

3. 女工不得长发外露。

（二）安全风险识别及风险控制措施

安全风险：

1. 未正确使用和有序摆放工具、用具，造成人身伤害。

2. 电气设备操作不当，造成电击、灼伤伤害甚至死亡。

3. 未锁紧死刹车，发生溜车，造成机械伤害。

4. 戴手套抓皮带。

5. 高空作业时未系安全带，造成人身伤害。

风险控制措施：
1. 正确选择使用工具、用具，并有序摆放。
2. 接触电气设备前先用试电笔验电，戴绝缘手套侧身操作电气设备。
3. 锁紧死刹车。
4. 禁止戴手套抓皮带。
5. 高空作业时要系好安全带。

操作前由直线领导申报《专项类特殊危险作业项目作业许可证》，明确操作人员，熟悉施工内容和施工步骤，做好安全风险识别并制定风险控制措施，由操作者签字确认；操作中严格按照采油工标准化操作进行。

（三）工具、用具、材料

300mm、375mm、450mm 活动扳手各 1 把，600mm 管钳 1 把，300mm 螺丝刀 1 把，电工工具 1 套，600mm 水平仪 1 把，绝缘手套 1 副，试电笔 1 支，黄油枪 1 支，吊线锤 1 个，细线绳、黄油、细纱布若干，安全警示牌 2 块，安全带 1 副，记录本，记录笔。

四、操作步骤

（一）检查
1. 检查井口流程是否正常，记录油管压力、套管压力、回压数据。
2. 检查抽油机的平衡情况，用钳形电流表测量电流，观察上行电流峰值、下行电流峰值的变化情况，平衡率应在 85%~115% 之间，如达不到要求应进行调节。

（二）停止抽油机
1. 根据油井生产情况，确定抽油机停止后驴头所处的位置。
2. 用试电笔检测配电箱外壳，确认无电后，打开配电箱门。
3. 戴绝缘手套侧身按停止按钮停止抽油机，刹紧刹车，检查刹车是否牢固。
4. 侧身拉闸断电，锁好配电箱门，挂上安全警示牌。
5. 锁紧死刹车，在刹车手柄上挂上安全警示牌。

（三）保养操作
1. 按一级保养的全部内容进行操作，也可与最后一次一级保养同时进行。
2. 对抽油机中轴、尾轴、曲柄轴承的润滑部位逐个进行清洗并加足黄油。
3. 回收减速箱内污油，打开减速箱上盖，检查各齿轮啮合情况，并用煤油清洗减速箱内部，用磁铁吸出铁屑并擦干，卸下减速箱上的呼吸阀，拆洗清理干净后装好。加足机油，根据情况决定是否更换垫片和油封，安装好减速箱上盖。
4. 检查校对抽油机纵、横水平和连杆长度：在抽油机基础平面上选取适当纵、横位置，用水平尺测量纵、横误差。用钢卷尺直接测量两侧连杆长度是否一致。

5. 调整抽油机刹车，使刹车行程在 1/2~2/3 之间。检查抽油机两刹车蹄动作是否一致、刹车片是否磨损，再决定是否需要调整或更换刹车片。

6. 调整驴头对中，根据检查情况确定是否需要进行调整。可卸掉驴头负荷后，卸松中轴固定螺栓，通过调整中轴底座两侧顶丝来调整驴头的对中。确定调整合乎要求后，紧固固定螺栓，挂负荷，验证调整效果。

7. 检查曲柄销子螺帽是否有松动，并及时紧固。

8. 对电气设备进行接地检查。

9. 检查皮带松紧度以及"四点一线"情况，如不合格，应进行调整。

（四）启动抽油机、检查

1. 检查抽油机周围有无障碍物。
2. 摘下安全警示牌，松开死刹车，松刹车。
3. 戴绝缘手套，摘下安全警示牌，打开配电箱门，侧身合闸送电。
4. 侧身按启动按钮，利用惯性启动抽油机，锁好配电箱门。
5. 检查抽油机运转正常，油井生产正常，记录压力、停井时间。

（五）清理现场

清理现场，收拾工具、用具，填写报表。

五、不安全行为

1. 未按 HSE 要求正确穿戴劳动保护用品。
2. 接触电气设备前不用试电笔验电。
3. 不戴绝缘手套接触电气设备。
4. 按启停按钮或拉合闸刀时不侧身。
5. 戴手套使用大锤。

第二节 采油树

项目一 采油树更换钢圈操作

一、操作目的

采油树更换钢圈操作是采油工应掌握的一项操作技能，主要目的是排除采油树故障，保证采油树能够正常控制和调节油气井生产。

二、操作流程

准备工作──→采油树结构──→左右生产阀门内卡箍钢圈刺漏处理──→左右生

产阀门外卡箍钢圈刺漏处理──→左右套管阀门内外卡箍钢圈刺漏处理──→总阀门卡箍钢圈刺漏处理──→检查更换效果──→清理现场。

三、准备工作

（一）项目操作人员及劳保要求

1. 操作人员 3 人，持有中级及以上职业资格证。
2. 按照 HSE 要求正确穿戴劳动保护用品。
3. 戴好安全帽，女工不得长发外露。

（二）安全风险识别及风险控制措施

安全风险：

1. 电气设备操作不当，造成电击、灼伤伤害甚至死亡。
2. 未正确使用和有序摆放工具、用具，造成人身伤害。
3. 开关阀门操作不当，造成人身伤害。
4. 拆卸卡箍时，未放净余压，造成高压伤人。
5. 放空时未接好污油桶，造成污染。

风险控制措施：

1. 接触电气设备前先用试电笔验电。戴绝缘手套方可接触电气设备。按启停按钮或拉合闸刀时侧身操作。
2. 正确选择使用工具、用具，并有序摆放。
3. 侧身缓慢开关阀门。
4. 拆卸卡箍操作前，对流程进行放压，余压放净后方可操作。
5. 放空时，放空处接好污油桶，防止外溢造成污染。

操作前先学习操作步骤，操作中应严格按照采油工标准化操作程序进行。

（三）工具、用具、材料

600mm 管钳 1 把，375mm 活动扳手 1 把，300mm 活动扳手 1 把，1.25kg 手锤 1 把，500mm 撬杠 1 根，F 形扳手 1 把，固定扳手，同型号钢圈，同型号卡箍片 1 副，绝缘手套 1 副，试电笔 1 支，警示牌 2 块，黄油，擦布。

四、操作步骤

（一）采油树结构

采油树卡箍可分为：左右生产阀门的内卡箍 2 个、外卡箍 2 个，左右套管阀门的内卡箍 2 个、外卡箍 2 个，总生产阀门上下各 1 个卡箍，测试阀连接胶皮阀门的下卡箍上下各 1 个。整个采油树总计 12 个卡箍钢圈，常见的故障是刺漏，各部分的刺漏更换方法不一样。下面就依次说明各卡箍钢圈刺漏的处理方法。井口 CY250 型采油树如图 2-7 所示。

第二章 设备保养与故障处理标准操作

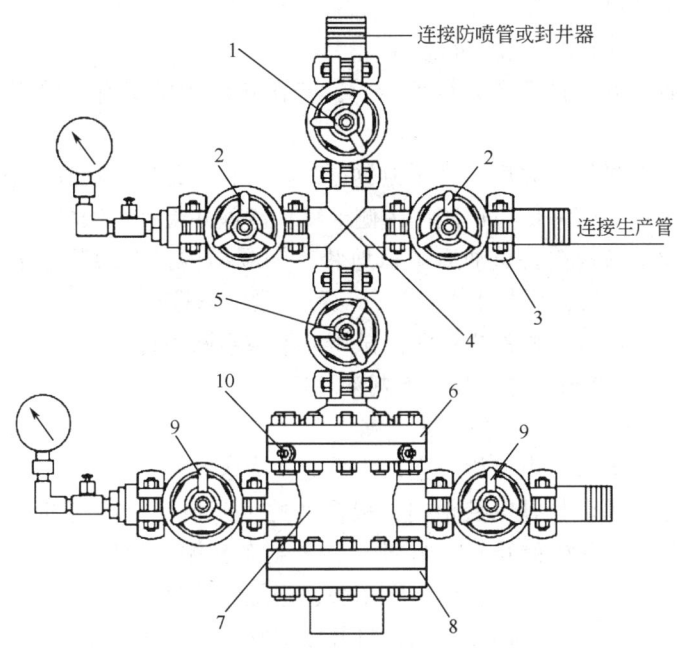

图 2-7 井口 CY250 型采油树

1—测试阀门；2—左右生产阀门；3—卡箍；4—油管四通；5—总阀门；6—上法兰；
7—套管四通；8—下法兰；9—左右套管阀门；10—油管挂顶丝

(二) 左右生产阀门内卡箍钢圈刺漏处理

1. 连接流程一侧的内卡箍钢圈渗漏。

（1）检查油井停抽后有无自喷能力，若在井口放压仍有自喷现象，应采取压井措施。

（2）用试电笔检测电控柜外壳是否带电，确认安全。

（3）戴绝缘手套打开电控柜门，根据油井生产情况，确定抽油机停止后驴头所处的位置，侧身按停止按钮停抽，刹紧刹车，侧身拉闸断电，关好电控柜门，锁死刹车，挂上"禁止启动"警示牌，记录停抽时间。

（4）用泵车进行压井后，将油井内压力放空，确保井口无自喷现象后，关闭回压阀门，打开放空阀门，放净余压。

（5）卸掉流程一侧生产阀门内侧卡箍，清理并检查钢圈槽，更换新钢圈。

（6）新钢圈应抹少许黄油后平稳地装入钢圈槽内，然后装上卡箍片，用手锤轻轻敲击，卡住后，再装下卡箍片，对称上紧卡箍螺栓。

（7）关闭放空阀门，打开回压阀门、生产阀门试压，不渗不漏为合格。

（8）检查抽油机周围，确认无障碍物后，取下"禁止启动"警示牌，缓慢松死刹车，松刹车，戴绝缘手套侧身合闸，利用惯性启动抽油机，关好电控柜门，记录启抽时间。

2. 压力表一侧的内卡箍钢圈渗漏。

（1）检查油井停抽后有无自喷能力，若在井口放压仍有自喷现象，应采取压井措施。

（2）用泵车进行压井后，将压力放空，确保井口无自喷现象。

（3）卸掉压力表一侧生产阀门内侧卡箍，清理并检查钢圈槽，更换新钢圈。

（4）新钢圈应抹少许黄油后平稳地装入钢圈槽内，然后装上卡箍片，用手锤轻轻敲击，卡住后，再装下卡箍片，对称上紧卡箍螺栓。

（5）打开压力表一侧的生产阀门试压，不渗不漏为合格。

（三）左右生产阀门外卡箍钢圈刺漏处理

1. 连接流程一侧的外卡箍钢圈渗漏。

（1）用试电笔检测电控柜外壳是否带电，确认安全。

（2）戴绝缘手套打开电控柜门，根据油井生产情况，确定抽油机停止后驴头所处的位置。侧身按停止按钮停抽，刹紧刹车，侧身拉闸断电，关好电控柜门，锁死刹车，挂上"禁止启动"警示牌，记录停抽时间。

（3）关闭生产阀门、回压阀门，打开放空阀门，放净余压。

（4）卸掉流程一侧生产阀门外侧卡箍，清理并检查钢圈槽，更换新钢圈。

（5）新钢圈应抹少许黄油后平稳地装入钢圈槽内，然后装上卡箍片，用手锤轻轻敲击，卡住后，再装下卡箍片，对称上紧卡箍螺栓。

（6）关闭放空阀门，打开回压阀门、生产阀门试压，不渗不漏为合格。

（7）检查抽油机周围，确认无障碍物后，取下"禁止启动"警示牌，缓慢松死刹车，松刹车，戴绝缘手套侧身合闸，利用惯性启动抽油机，关好电控柜门，记录启抽时间。

2. 压力表一侧的外卡箍钢圈渗漏。

（1）关闭生产阀门，打开放空阀门，放净余压。

（2）卸掉压力表一侧生产阀门外侧卡箍，清理并检查钢圈槽，更换新钢圈。

（3）新钢圈应抹少许黄油后平稳地装入钢圈槽内，然后装上卡箍片，用手锤轻轻敲击，卡住后，再装下卡箍片，对称上紧卡箍螺栓。

（4）关闭放空阀门，打开生产阀门试压，不渗不漏为合格。

（四）左右套管阀门内外卡箍钢圈刺漏处理

1. 左右套管阀门内卡箍钢圈渗漏。

（1）检查油井停抽后有无自喷能力，若在井口放压仍有自喷现象，应采取压井措施。

（2）用试电笔检测电控柜外壳是否带电，确认安全。

（3）戴绝缘手套打开电控柜门，根据油井生产情况，确定抽油机停止后驴头所处的位置，侧身按停止按钮停抽，刹紧刹车，侧身拉闸断电，关好电控柜门，锁死刹车，挂上"禁止启动"警示牌，记录停抽时间。

（4）用泵车进行压井后，将压力放空，确保井口无自喷现象。

（5）卸掉套管阀门内侧卡箍，清理并检查钢圈槽，更换新钢圈。

（6）新钢圈应抹少许黄油后平稳地装入钢圈槽内，然后装上卡箍片，用手锤轻轻敲击，卡住后，再装下卡箍片，对称上紧卡箍螺栓。

（7）打开套管阀门试压，不渗不漏为合格。

（8）检查抽油机周围，确认无障碍物后，取下"禁止启动"警示牌，缓慢松死刹车，松刹车，戴绝缘手套侧身合闸，利用惯性启动抽油机，关好电控柜门，记录启抽时间。

2. 左右套管阀门外卡箍钢圈渗漏。

（1）关闭套管阀门，打开放空阀门，放净余压。

（2）卸掉压力表一侧套管阀门外侧卡箍，清理并检查钢圈槽，更换新钢圈。

（3）新钢圈应抹少许黄油后平稳地装入钢圈槽内，然后装上卡箍片，用手锤轻轻敲击，卡住后，再装下卡箍片，对称上紧卡箍螺栓。

（4）打开套管阀门试压，不渗不漏为合格。

（五）总阀门卡箍钢圈刺漏处理

1. 用试电笔检测电控柜外壳是否带电，确认安全。

2. 戴绝缘手套打开电控柜门。当抽油机驴头接近下死点位置时，侧身按停止按钮停抽，刹紧刹车，侧身拉闸断电，关好电控柜门，锁死刹车，记录停抽时间。

3. 检查刹车：以刹车锁块在其行程的 $1/2\sim2/3$ 之间、各部件连接完好为宜。

4. 检查油井停抽后有无自喷能力，若在井口放压仍有自喷现象，连接放空管线，进罐车放压，直至油压归零。若地层压力较高，需压井平衡压力，直到井口无溢流为止。

5. 使用扳手卸总阀门下部卡箍和小四通左右卡箍，拆卸卡箍螺栓，使用手锤砸松卡箍片，取下卡箍。

6. 上提总阀门及钢圈并固定好，在总阀门下方（总阀门与大四通之间）打紧光杆卡子。

7. 检查抽油机周围，确认无障碍物后，缓慢松死刹车、松刹车，戴绝缘手套侧身合闸，利用惯性启动抽油机。

8. 待驴头运行到下死点时，侧身按停止按钮停抽，刹紧刹车，使光杆载荷由悬绳器转移到卸载卡子上。

9. 侧身拉闸断电，关好配电箱门，锁死刹车，挂上"禁止启动"警示牌。

10. 卸掉悬绳器上方的方卡子，卸悬绳器上的压板螺栓，取下压板，将悬绳器与光杆分离。

11. 拆卸密封填料，将总阀门、小四通、密封盒及钢圈上提，与光杆脱离。

12. 检查总阀门上下钢圈有无损坏，若有损坏则需更换新钢圈。

13. 依次将钢圈、总阀门、小四通、密封盒套在光杆上，慢慢下放，避免磕碰损伤钢圈。

14. 将悬绳器套在光杆上，安装压板，上紧压板螺栓，并对称紧固。

15. 在悬绳器原位置上打紧方卡子，扶正悬绳器。

16. 检查抽油机周围，确认无障碍物后，取下"禁止启动"警示牌，缓慢松刹车。

17. 让抽油机利用惯性慢慢移动上行，使之挂上负荷，刹紧刹车。

18. 卸密封盒下方方卡子，将光杆的卡子印记，使用锉刀打磨平整。

19. 将钢圈放入钢圈槽，将总阀门放在钢圈上扶正，卡好卡箍片，穿上卡箍螺栓，再安装小四通左右卡箍，并将所有卡箍对称上紧。

20. 将新密封填料加入密封盒内，上紧密封盒压盖。

21. 检查抽油机周围，确认无障碍物后，取下"禁止启动"警示牌，缓慢松死刹车，松刹车，戴绝缘手套侧身合闸，利用惯性启动抽油机，关好电控柜门，记录启抽时间。

22. 检查抽油机运转是否正常、有无异响，密封盒卡箍及密封填料有无渗漏，有无光杆偏磨密封盒现象。

23. 收拾擦拭工具、用具，清理施工现场，将维护、保养情况填入报表及设备运转记录。

（六）检查更换效果

1. 检查抽油机运转是否正常、有无异响，各个卡箍连接部位有无油气渗漏。
2. 记录井口压力值，观察油井生产是否正常。

（七）清理现场

清理现场，收拾工具、用具，填写报表。

五、不安全行为

1. 未按 HSE 要求正确穿戴劳动保护用品。
2. 接触电气设备前不用试电笔验电。
3. 不戴绝缘手套接触电气设备。
4. 按启停按钮或拉合闸刀时不侧身。
5. 未锁死刹车。
6. 未掌握油井生产情况下，处理不可控部分的卡箍渗漏。
7. 戴手套使用手锤。

项目二 处理油井采油树卡箍渗漏操作

一、操作目的

处理油井采油树卡箍渗漏操作是采油工应当掌握的一项操作技能。主要目的是根据采油树卡箍的渗漏情况和渗漏位置，采取安全方法进行维修或更换，确保油井的正常生产。

二、操作流程

准备工作──→原因分析──→处理可控部位操作──→处理不可控部位操作──→检查处理效果──→清理现场。

三、准备工作

（一）项目操作人员及劳保要求

1. 操作人员3人，持有中级及以上职业资格证。
2. 按照HSE要求正确穿戴劳动保护用品。
3. 戴好安全帽，女工不得长发外露。

（二）安全风险识别及风险控制措施

安全风险：

1. 电气设备操作不当，造成电击、灼伤伤害甚至死亡。
2. 未正确使用和有序摆放工具、用具，造成人身伤害。
3. 开关阀门操作不当，造成人身伤害。
4. 拆卸卡箍时，未放净余压，造成高压伤人。
5. 放空时未接好污油桶，造成污染。

风险控制措施：

1. 接触电气设备前先用试电笔验电，戴绝缘手套方可接触电气设备，按启停按钮或拉合闸刀时侧身操作。
2. 正确选择使用工具、用具，并有序摆放。
3. 侧身缓慢开关阀门。
4. 拆卸卡箍操作前，对流程进行放压，余压放净后方可操作。
5. 放空时，放空处接好污油桶，防止外溢造成污染。

操作前先学习操作步骤，操作中应严格按照采油工标准化操作程序进行。

（三）工具、用具、材料

600mm管钳1把，300mm、375mm活动扳手各1把，1.25kg手锤1把，500mm撬杠1根，F形扳手1把，固定扳手1把，同型号钢圈1个，同型号卡箍片1副，绝缘手套1副，试电笔1支，安全警示牌2块，黄油，擦布。

四、操作步骤

（一）原因分析

油井采油树卡箍渗漏故障原因分析及解决办法见表2-7。

表2-7 油井采油树卡箍渗漏故障原因分析及解决办法

原因分析	解决办法
卡箍螺栓未紧固	紧固卡箍螺栓
钢圈、卡箍装偏	调整对中并紧固
钢圈损坏	更换合格的钢圈
钢圈槽损坏	根据损坏位置进行更换
卡箍片损坏或不配套	更换合适的卡箍片

（二）处理可控部分操作

1. 连接流程一侧的卡箍渗漏。

（1）用试电笔检测电控柜外壳是否带电，确认安全。

（2）戴绝缘手套打开电控柜门，根据油井生产情况，确定抽油机停止后驴头所处的位置，侧身按停止按钮停抽，刹紧刹车，侧身拉闸断电，关好电控柜门，锁死刹车，挂上"禁止启动"警示牌，记录停抽时间。

（3）关闭生产阀门、回压阀门，打开放空阀门，放净余压。

（4）若卡箍螺栓松动，则用固定扳手紧固。若钢圈损坏，则卸掉卡箍，清理并检查钢圈，更换新钢圈。

（5）新钢圈上抹少许黄油后平稳地装入钢圈槽内，装上卡箍片，用手锤轻轻敲击，卡住后，再装下卡箍片，对称上紧卡箍螺栓。

（6）关闭放空阀门，依次打开回压阀门、生产阀门试压，不渗不漏为合格。

（7）检查抽油机周围，确认无障碍物后，取下"禁止启动"警示牌，缓慢松死刹车，松刹车，戴绝缘手套侧身合闸，利用惯性启动抽油机，关好电控柜门，记录启抽时间。

2. 压力表一侧的卡箍渗漏。

（1）关闭压力表一侧的生产阀门或套管阀门，打开放空阀门，放净余压。

（2）若卡箍螺栓松动，则用固定扳手紧固。若钢圈损坏，则卸掉卡箍，清理并检查钢圈，更换新钢圈。

（3）新钢圈应抹少许黄油后平稳地装入钢圈槽内，然后装上卡箍片，用手锤轻轻敲击，卡住后，再装下卡箍片，对称上紧卡箍螺栓。

（4）关闭放空阀门，打开压力表一侧的生产阀门或套管阀门试压，不渗不漏为合格。

（三）处理不可控部分操作

1. 检查油井停抽后有无自喷能力，若在井口放压仍有自喷现象，应采取压井措施。
2. 用泵车进行压井后，将压力放空，确保井口无自喷现象。
3. 按可控部分卡箍渗漏处理方法进行处理。

（四）检查处理效果

1. 检查抽油机运转是否正常、有无异响，各个卡箍连接部位有无油气渗漏。
2. 记录井口压力值，观察油井生产是否正常。

（五）清理现场

清理现场，收拾工具、用具、填写报表。

五、不安全行为

1. 未按 HSE 要求正确穿戴劳动保护用品。
2. 接触电气设备前不用试电笔验电。
3. 不戴绝缘手套接触电气设备。
4. 按启停按钮或拉合闸刀时不侧身。
5. 未锁死刹车。
6. 在未知油井生产情况下，处理不可控部分的卡箍渗漏。
7. 戴手套使用手锤。

项目三 制作、更换采油树回压阀门上法兰垫片操作

一、操作目的

制作、更换采油树回压阀门上法兰垫片操作是采油工必须掌握的一项操作技能。主要目的是熟练制作合格法兰垫片，对采油树回压阀门上法兰垫片进行更换，保证法兰的密封性，使油井能够正常生产。

二、操作流程

准备工作——→制作垫片——→停抽——→倒关井流程——→更换新垫片——→倒生产流程——→启抽、检查——→清理现场。

三、准备工作

（一）项目操作人员及劳保要求

1. 操作人员 2 人，持有中级及以上职业资格证。
2. 按照 HSE 要求正确穿戴劳动保护用品。
3. 戴好安全帽，女工不得长发外露。

（二）安全风险识别及风险控制措施

安全风险：

1. 电气设备操作不当，造成电击、灼伤伤害甚至死亡。
2. 不侧身缓慢开关阀门，丝杠打出，造成人身伤害。
3. 操作前未放净余压，造成高压伤害。
4. 放空操作不当，造成环境污染。
5. 未正确使用和有序摆放工具、用具，造成人身伤害。
6. 未确认流程正确，造成憋压。
7. 未锁紧死刹车，发生溜车，造成机械伤害。

风险控制措施：

1. 接触电气设备前先用试电笔验电。戴绝缘手套方可接触电气设备。按启停按钮或拉合空气开关时侧身操作。
2. 侧身缓慢开关阀门，防止丝杠打出，造成人身伤害。
3. 操作前必须放净余压，待压力落零后方可操作。
4. 缓慢打开放空阀门，将放空液排入污油桶内。
5. 正确选择使用工具、用具，并有序摆放。
6. 倒好流程后，要认真检查，确认流程是否正确。
7. 锁紧死刹车。

操作前先学习操作步骤，操作中应严格按照采油工标准化操作程序进行。

（三）工具、用具、材料

250mm、300mm活动扳手各1把，F形扳手1把，200mm×6mm一字螺丝刀1把，200mm划规1个，300mm钢板尺1把，剪刀1把，灰刀1把，500mm撬杠1根，300mm钢锯条1根，污油桶1个，同规格法兰盘1个，试电笔1支，绝缘手套1副，安全警示牌2块，2mm石棉板，擦布，黄油，记录纸，记录笔。

四、操作步骤

（一）制作垫片

1. 用钢板尺测量法兰盘密封面的内径、外径，折算成半径，用划规在石棉板上画线。
2. 用剪刀沿着画线先剪外圆，留出小把，再剪内圆。

（二）停抽

1. 用试电笔检测配电箱外壳是否带电，确认安全。
2. 戴绝缘手套，打开配电箱门，根据油井生产情况，确定抽油机停止后驴头所处的位置。

3. 侧位按停止按钮停抽，刹紧刹车，检查刹车是否有效，是否牢固可靠。拉闸断电，关好配电箱门上锁，挂上"禁止合闸"警示牌，记录停抽时间。

4. 锁紧死刹车，挂上"禁止触摸"警示牌。

（三）倒关井流程

1. 侧身关闭生产阀门。

2. 侧身关闭回压阀门。

3. 用污油桶放在取样阀门的放空口下方，缓慢打开阀门放空。

4. 观察回压表落零。抽油井井口如图 2-8 所示。

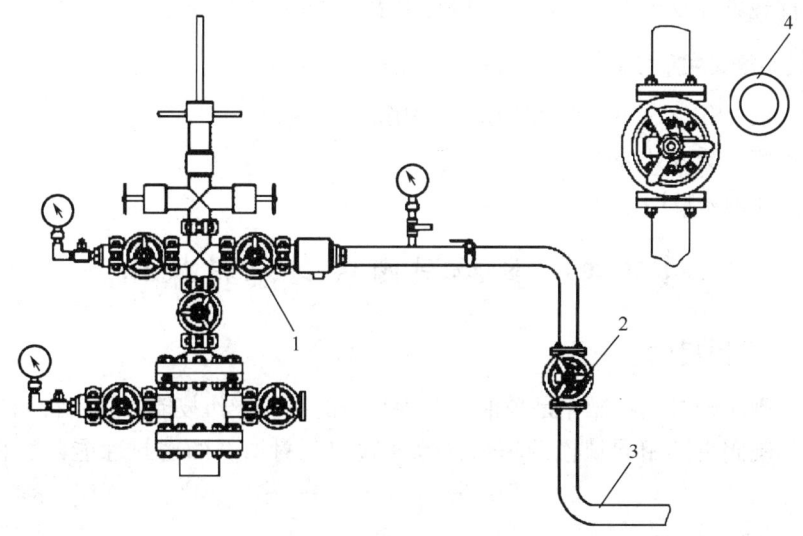

图 2-8 抽油井井口示意图
1—生产阀门；2—回压阀门；3—出油管线；4—法兰垫片

（四）更换新垫片

1. 由远至近依次卸松回压阀门上的法兰螺栓，用撬杠撬开法兰，排净油污。

2. 在便于操作的位置，卸下 1 根螺栓，用撬杠撬开法兰，用一字螺丝刀取出旧石棉垫片，再用钢锯条清理法兰密封面。

3. 将制作好的石棉垫片均匀涂抹黄油，放入两法兰盘之间。

4. 穿入螺栓，调整石棉垫片使之居中，对角上紧法兰螺栓。

（五）倒生产流程

1. 关闭取样放空阀门。

2. 侧身缓慢打开回压阀门试压，不渗不漏为合格。

3. 侧身缓慢打开生产阀门。

4. 检查流程是否正确。

（六）启抽、检查

1. 检查抽油机周围有无障碍物。
2. 摘下"禁止启动"警示牌，缓慢松死刹车，松刹车。
3. 戴绝缘手套，摘下"禁止合闸"警示牌，解锁，打开配电箱门，侧身合闸送电。
4. 按启动按钮，利用曲柄惯性启动抽油机，关好配电箱门。
5. 记录启抽时间，检查生产情况，录取油管压力、套管压力、数据。

（七）清理现场

清理现场，收拾工具、用具，填写报表。

五、不安全行为

1. 未按 HSE 要求正确穿戴劳动保护用品。
2. 不侧身缓慢开关阀门。
3. 操作前未放净余压。

项目四　更换闸阀密封填料操作

一、操作目的

更换闸阀密封填料操作是采油工必须掌握的一项操作技能。主要目的是给填料损坏的闸阀更换相同规格的填料，保证阀门密封填料的密封性能，防止介质泄漏。

二、操作流程

准备工作──倒流程放压──卸密封填料压盖──取旧密封填料──加入新密封填料──试压倒流程──检查更换效果──清理现场。

三、准备工作

（一）项目操作人员及劳保要求

1. 操作人员 2 人，持有中级及以上职业资格证。
2. 按照 HSE 要求正确穿戴劳动保护用品。
3. 戴好安全帽，女工不得长发外露。

（二）安全风险识别及风险控制措施

安全风险：

1. 未正确使用和有序摆放工具、用具，造成人身伤害。
2. 开关阀门操作不当，造成人身伤害。
3. 更换密封填料操作前，未放净余压，造成高压伤人。

4. 放空时未接好污油桶，造成污染。

风险控制措施：

1. 正确选择使用工具、用具，并有序摆放。
2. 侧身缓慢开关阀门。
3. 更换密封填料操作前，对流程进行放压，余压放净后方可操作。
4. 放空时，放空处接好污油桶，防止外溢造成污染。

操作前先学习操作步骤，操作中应严格按照采油工标准化操作程序进行。

（三）工具、用具、材料

F 形扳手 1 把，200mm、250mm 活动扳手各 1 把，150mm 螺丝刀 1 把，剪刀 1 把，安全警示牌 2 块，自制密封填料钩子 1 把，污油桶、试压桶各 1 个，黄油，擦布，碳素密封填料。

四、操作步骤

（一）倒流程

1. 侧身打开旁通阀门，侧身关闭上流阀门，侧身关闭下流阀门。
2. 将污油桶接好在放空处，侧身缓慢打开放空阀门，放净余压。

（二）卸密封填料压盖

1. 使用扳手卸松压盖紧固螺栓，用螺丝刀撬松密封填料压盖，泄空阀内气体。
2. 卸掉压盖紧固螺栓，抬起压盖并固定好。闸阀结构如图 2-9 所示。

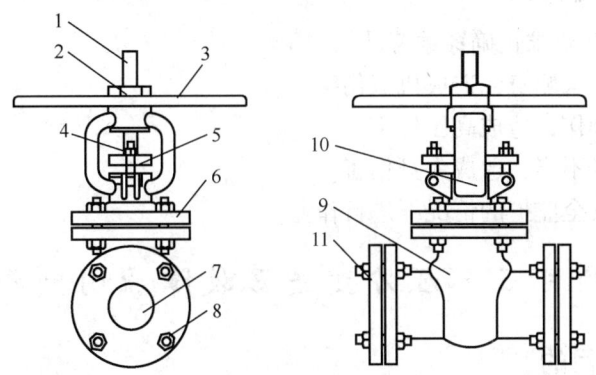

图 2-9 闸阀结构示意图

1—丝杠；2—备帽；3—手轮；4—压盖螺栓；5—密封填料压盖；6—大压盖；7—闸板；8—连接螺栓孔；9—阀体；10—压盖支架；11—法兰

（三）取旧密封填料

1. 使用自制密封填料钩子取出旧密封填料。

2. 将填料盒内密封填料全部取净。

3. 用擦布擦净密封盒、阀杆、压盖。

（四）加入新密封填料

1. 根据阀杆直径，量取密封填料长度。

2. 使用剪刀剪下密封填料，切口要成 30°~45°，两切口要平行。

3. 密封填料涂抹黄油后加入密封盒，相邻填料切口要错开 90°~120°，密封盒要加满。

4. 上压盖，对称紧固压盖螺栓，压盖前端压入密封盒的深度至少要达到 5mm，压盖阀杆之间间隙要均匀。

5. 活动阀杆，检查压盖松紧度，过紧时阀门开关不灵活，过松会渗漏。

（五）试压倒流程

1. 侧身关闭放空阀门、打开下流阀门 2~3 扣试压，压盖处不渗不漏为合格。

2. 侧身打开下流阀门，侧身打开上流阀门，侧身关闭旁通阀门。

（六）检查更换效果

1. 检查流程各个阀门、法兰、管线有无渗漏。

2. 检查更换阀门压盖处有无渗漏，阀门手轮是否灵活好用。

（七）清理现场

清理现场，收拾工具、用具，填写报表。

五、不安全行为

1. 未按 HSE 要求正确穿戴劳动保护用品。

2. 开关阀门未侧身，造成机械伤害。

3. 未泄压操作，造成高压伤害。

4. 使用工具不当，造成人身伤害。

5. 在没有安全监护的情况下进行作业。

项目五 压力变送器故障原因判断

一、操作目的

压力变送器故障原因判断是采油工应掌握的一项操作技能。主要目的是正确判断压力变送器的故障原因，制定合理的处理措施，保障油水井压力数据的正常采集与传输。

二、操作流程

准备工作——→故障现象——→故障原因判断——→清理现场。

三、准备工作

（一）项目操作人员及劳保要求

1. 操作人员 1 人，持有初级及以上职业资格证。
2. 按照 HSE 要求正确穿戴劳动保护用品。
3. 女工不得长发外露。

（二）安全风险识别及风险控制措施

安全风险：

1. 未正确使用和有序摆放工具、用具，造成人身伤害。
2. 倒错流程，导致憋压、泄漏，造成污染和人身伤害。
3. 开关阀门操作不当，造成人身伤害。

风险控制措施：

1. 正确选择使用工具、用具，并有序摆放。
2. 正确倒流程并确认。
3. 侧身缓慢开关阀门。

操作前先学习操作步骤，操作中应严格按照采油工标准化操作程序进行。

（三）工具、用具、材料

300mm 活动扳手 1 把，同型号压力变送器 1 个，3.6V 锂电池 1 块，绝缘胶带 1 卷，记录本，记录笔。

四、操作步骤

本操作以 WLP-0601A 型压力变送器为例。

（一）故障现象

1. 无显示。
2. 无传输。
3. 疑似失准。

（二）故障原因判断

1. 无显示。

（1）确认显示屏无数据显示。

（2）关闭阀门，放压后，侧身拆卸压力变送器后盖，取下原电池，更换新电池，确保极性安装正确。

（3）观察有无显示，确认是否为亏电原因。

（4）回装压力变送器后盖。

2. 无传输。

（1）确认压力变送器无传输。

（2）联系后台，确认该井压力变送器地址与频率。

(3) 侧身拆卸压力变送器前盖，查看设置。

① 查看压力变送器的地址与频率：长按"FUNC"键5s，按下翻键"DOWN"，找到"ADDR"，按"ENTER"查看地址，如不一致，则应通过"DOWN"或"UP"键设置成与后台一致的值；按"ENTER"返回后，继续按上翻键"UP"，找"FrEq"，按"ENTER"查看频率，如不一致，则应通过"DOWN"或"UP"键设置成与后台一致的值。按"reset"退出菜单。

② 查看压力变送器身份地址：需要长按"FUNC"键，下翻找到位置设置"Snr"，按"ENTER"检查身份信息，油管压力应设置为"5"，套管压力应设置为"6"，回压应设置为"7"。按"ENTER"确认返回后，再下翻找到"TAr"，设置数据要和"Snr"一致。

(4) 回装压力变送器前盖。

3. 疑似失准。

(1) 记录当前显示值。

(2) 关紧仪表阀，侧身放空泄压。

(3) 拆下疑似失准的压力变送器，更换合格的同型号压力变送器。

(4) 关闭放空，打开仪表阀，待示数稳定后，记录当前显示值。

(5) 对比两次显示值，若两次示数之差在该型号压力变送器允许误差范围内，则原压力变送器未失准，反之失准。

(6) 若判断原压力变送器未失准，则回装原压力变送器。若判断原压力变送器失准，则将其送修。

（三）清理现场

清理现场，收拾工具、用具，填写报表。

五、不安全行为

1. 未按HSE要求正确穿戴劳动保护用品。
2. 未打开放空阀门泄压。
3. 正对阀门进行开关操作。

项目六 采油树更换阀门操作

一、操作目的

采油树更换阀门操作是采油工应掌握的一项操作技能。主要目的是根据采油树上阀门损坏位置的不同按要求将其更换为完好的采油树阀门，确保油井正常生产。

二、操作流程

准备工作——→采油树结构——→左右生产阀门更换——→左右套管阀门更换——→

总阀门更换──→检查更换效果──→清理现场。

三、准备工作

（一）项目操作人员及劳保要求

1. 操作人员 3 人，持有中级及以上职业资格证。
2. 按照 HSE 要求正确穿戴劳动保护用品。
3. 戴好安全帽，女工不得长发外露。

（二）安全风险识别及风险控制措施

安全风险：

1. 电气设备操作不当，造成电击、灼伤伤害甚至死亡。
2. 未正确使用和有序摆放工具、用具，造成人身伤害。
3. 开关阀门操作不当，造成人身伤害。
4. 拆卸卡箍时，未放净余压，造成高压伤人。
5. 放空时未接好污油桶，造成污染。

风险控制措施：

1. 接触电气设备前先用试电笔验电。戴绝缘手套方可接触电气设备。按启停按钮或拉合闸刀时侧身操作。
2. 正确选择使用工具、用具，并有序摆放。
3. 侧身缓慢开关阀门。
4. 拆卸卡箍操作前，对流程进行放压，余压放净后方可操作。
5. 放空时，放空处接好污油桶，防止外溢造成污染。

操作前先学习操作步骤，操作中应严格按照采油工标准化操作程序进行。

（三）工具、用具、材料

600mm 管钳 1 把，300mm、375mm 活动扳手各 1 把，1.25kg 手锤 1 把，500mm 撬杠 1 根，F 形扳手 1 把，固定扳手 1 把，同型号钢圈，同型号卡箍片 1 副，绝缘手套 1 副，试电笔 1 支，警示牌 2 块，黄油，擦布。

四、操作步骤

（一）采油树结构

采油树阀门可分为：左右生产阀门 2 个，左右套管阀门 2 个，总生产阀门 1 个，自喷井、注水井、电泵井测试阀门 1 个。阀门常见的故障是刺漏、丝杠变形、铜套损坏等，各部分阀门更换方法不一样。下面就依次说明各阀门更换方法。井口 CY250 型采油树如图 2-7 所示。

（二）左右生产阀门更换

1. 连接流程一侧的生产阀门。

（1）检查油井停抽后有无自喷能力，若在井口放压仍有自喷现象，应采取压井措施。

（2）用试电笔检测电控柜外壳是否带电，确认安全。

（3）戴绝缘手套打开电控柜门，根据油井生产情况，确定抽油机停止后驴头所处的位置，侧身按停止按钮停抽，刹紧刹车，侧身拉闸断电，关好电控柜门，锁死刹车，挂上"禁止启动"警示牌，记录停抽时间。

（4）用泵车进行压井后，将压力放空，确保井口无自喷现象后，关闭回压阀门，打开放空阀门，放净余压。

（5）卸掉流程一侧生产阀门内侧卡箍、与流程连接处卡箍，取下生产阀门。

（6）新钢圈应抹少许黄油后平稳地装入钢圈槽内，扶正新生产阀门，然后装上卡箍片，用手锤轻轻敲击，卡住后，再装下卡箍片，对称上紧卡箍螺栓。

（7）关闭放空阀门，打开回压阀门、生产阀门试压，不渗不漏为合格。

（8）检查抽油机周围，确认无障碍物后，取下"禁止启动"警示牌，缓慢松死刹车，松刹车，戴绝缘手套侧身合闸，利用惯性启动抽油机，关好电控柜门，记录启抽时间。

2. 压力表一侧的生产阀门。

（1）检查油井停抽后有无自喷能力，若在井口放压仍有自喷现象，应采取压井措施。

（2）用试电笔检测电控柜外壳是否带电，确认安全。

（3）戴绝缘手套打开电控柜门，根据油井生产情况，确定抽油机停止后驴头所处的位置，侧身按停止按钮停抽，刹紧刹车，侧身拉闸断电，关好电控柜门，锁死刹车，挂上"禁止启动"警示牌，记录停抽时间。

（4）用泵车进行压井后，将压力放空，确保井口无自喷现象后，关闭回压阀门，打开放空阀门，放净余压。

（5）卸掉压力表一侧生产阀门内侧卡箍，卸掉压力表侧卡箍，取下生产阀门及压力表补心。

（6）新钢圈应抹少许黄油后平稳地装入钢圈槽内，扶正新生产阀门，然后装上卡箍片，用手锤轻轻敲击，卡住后，再装下卡箍片。安装压力表补心，上好卡箍片，对称上紧卡箍螺栓。

（7）关闭放空阀门，打开生产阀门试压，不渗不漏为合格。

（8）检查抽油机周围，确认无障碍物后，取下"禁止启动"警示牌，缓慢松刹车，戴绝缘手套侧身合闸，利用惯性启动抽油机，关好电控柜门，记录启抽时间。

（三）左右套管阀门更换

（1）检查油井停抽后有无自喷能力，若在井口放压仍有自喷现象，应采取压井措施。

（2）用试电笔检测电控柜外壳是否带电，确认安全。

（3）戴绝缘手套打开电控柜门，根据油井生产情况，确定抽油机停止后驴头所处的位置，侧身按停止按钮停抽，刹紧刹车，侧身拉闸断电，关好电控柜门，锁死刹车，挂上"禁止启动"警示牌，记录停抽时间。

（4）用泵车进行压井后，将压力放空，确保井口无自喷现象。

（5）卸掉套管阀门内侧卡箍、压力表侧卡箍。取下套管阀门及压力表补心。

（6）新钢圈应抹少许黄油后平稳地装入钢圈槽内，扶正新套管阀门，然后装上卡箍片，用手锤轻轻敲击，卡住后，再装下卡箍片。安装压力表补心，上好卡箍片，对称上紧卡箍螺栓。

（7）打开套管阀门，试压不渗不漏。

（8）检查抽油机周围，确认无障碍物后，取下"禁止启动"警示牌，缓慢松死刹车，松刹车，戴绝缘手套侧身合闸，利用惯性启动抽油机，关好电控柜门，记录启抽时间。

（四）总阀门更换

1. 用试电笔检测电控柜外壳是否带电，确认安全。

2. 戴绝缘手套打开电控柜门，当抽油机驴头接近下死点位置时，侧身按停止按钮停抽，刹紧刹车，侧身拉闸断电，关好电控柜门，锁死刹车，记录停抽时间。

3. 检查刹车：以刹车锁块在其行程范围的 $1/2\sim2/3$ 之间、各部件连接完好为宜。

4. 检查油井停抽后有无自喷能力，若在井口放压仍有自喷现象，连接放空管线，进罐车放压，直至油压归零。若地层压力较高，需压井平衡压力，直到井口无溢流为止。

5. 使用扳手卸总阀门下部卡箍和小四通左右卡箍，拆卸卡箍螺栓，使用手锤砸松卡箍片，取下卡箍。

6. 上提总阀门及钢圈，并固定好。在总阀门下方（总阀门与大四通之间）打紧光杆卡子。

7. 检查抽油机周围，确认无障碍物后，缓慢松刹车，戴绝缘手套侧身合闸，利用惯性启动抽油机。

8. 待驴头运行到下死点时，侧身按停止按钮停抽，刹紧刹车，使光杆载荷由悬绳器转移到卸载卡子上。

9. 侧身拉闸断电，关好配电箱门，锁死刹车，挂上"禁止启动"警示牌。

10. 卸掉悬绳器上方的方卡子，卸悬绳器上的压板螺栓，取下压板，将悬绳器与光杆分离。

11. 拆卸密封填料，将总阀门、小四通、密封盒及钢圈上提，与光杆脱离。

12. 检查新总阀门上下钢圈有无损坏，损坏则更换新钢圈。

13. 将钢圈、新总阀门、小四通、密封盒套在光杆上，慢慢下放，避免磕碰损伤钢圈。

14. 将悬绳器套在光杆上，安装压板，上紧压板螺栓，对称紧固。

15. 在悬绳器原位置上，打紧方卡子，扶正悬绳器。

16. 检查抽油机周围，确认无障碍物后，取下"禁止启动"警示牌，缓慢松刹车。

17. 使抽油机利用惯性，慢慢移动上行，使抽油机挂上负荷，刹紧刹车。

18. 卸密封盒下方方卡子，将光杆的卡子印记，使用锉刀打磨平整。

19. 将钢圈放入钢圈槽，将新总阀门放在钢圈上扶正，卡好卡箍片，穿上卡箍螺栓，再安装小四通左右卡箍，并将所有卡箍对称上紧。

20. 将新密封填料加入密封盒内，上紧密封盒压盖。

21. 检查抽油机周围，确认无障碍物后，取下"禁止启动"警示牌，缓慢松死刹车，松刹车，戴绝缘手套侧身合闸，利用惯性启动抽油机，关好电控柜门，记录启抽时间。

22. 检查抽油机运转是否正常、有无异响，密封盒卡箍及密封填料有无渗漏，有无光杆偏磨密封盒现象。

23. 收拾擦拭工具、用具，清理施工现场，将维护、保养情况填入报表及设备运转记录。

（五）检查更换效果

1. 检查抽油机运转是否正常、有无异响，各个卡箍连接部位及阀门有无油气渗漏。

2. 记录井口压力值，观察油井生产是否正常。

（六）清理现场

清理现场，收拾工具、用具，填写报表。

五、不安全行为

1. 未按 HSE 要求正确穿戴劳动保护用品。
2. 接触电气设备前不用试电笔验电。
3. 不戴绝缘手套接触电气设备。
4. 按启停按钮或拉合闸刀时不侧身。
5. 未锁死刹车。
6. 戴手套使用手锤。

项目七 采油树更换密封盒操作

一、操作目的

采油树更换密封盒操作是采油工应掌握的一项操作技能。主要目的是对损坏的密封盒进行更换,确保井口密封良好,保证油井的正常生产。

二、操作流程

准备工作──停抽油机──→卸密封盒──→卸负荷──→安装密封盒──→挂负荷──→启抽、检查──→清理现场。

三、准备工作

(一)项目操作人员及劳保要求

1. 操作人员3人,持有中级及以上职业资格证。
2. 按照HSE要求正确穿戴劳动保护用品。
3. 戴好安全帽,女工不得长发外露。

(二)安全风险识别及风险控制措施

安全风险:

1. 电气设备操作不当,造成电击、灼伤伤害甚至死亡。
2. 未正确使用和有序摆放工具、用具,造成人身伤害。
3. 登高作业时未系安全带,坠落伤人。
4. 未刹死死刹车,发生溜车,造成机械伤害。

风险控制措施:

1. 接触电气设备前先用试电笔验电。戴绝缘手套方可接触电气设备。按启停按钮或拉合闸刀时侧身操作。
2. 正确选择使用工具、用具,并有序摆放。
3. 登高操作(高度≥2m)时应有安全监护人员及相应保护措施,6级及以上大风天不得登高露天作业。
4. 刹车要刹到位(刹车抱合度≥80%)且刹死死刹车,挂上"禁止启动"警示牌,电控柜断电上锁。在抽油机不停机的情况下,不得进入危险区域进行施工作业。

操作前先学习操作步骤,操作中应严格按照采油工标准化操作程序进行。

(三)工具、用具、材料

600mm管钳1把,375mm活动扳手2把,300mm活动扳手1把,1.25kg锤子1把,250mm锉刀1把,250mm螺丝刀1把,方卡子1副,绝缘手套1副,试电笔1支,安全警示牌2块,黄油,擦布,铁丝,密封填料,同型号密封盒1

套,安全带,记录纸,记录笔。

四、操作步骤

(一)停抽油机

1. 用试电笔检测电控柜外壳是否带电,确认安全。

2. 戴绝缘手套打开电控柜门,当抽油机驴头接近下死点位置时,侧身按停止按钮停抽,刹紧刹车,侧身拉闸断电,关好电控柜门,锁死刹车,记录停抽时间。

3. 检查刹车:以刹车锁块在其行程范围的 1/2~2/3 之间、各部件连接完好为宜。

(二)卸密封盒

1. 检查油井停抽后有无自喷能力,若在井口放压仍有自喷现象,连接放空管线,进罐车放压,直至油压归零。若地层压力较高,需压井平衡压力,直到井口无溢流为止。

2. 使用扳手卸密封盒固定卡箍,拆卸卡箍螺栓,使用手锤砸松卡箍片,取下卡箍。

(三)卸负荷

1. 上提密封盒及钢圈,并固定好。在密封盒下方(密封盒与小四通之间)打紧光杆卡子,打卡子时人要站在平稳的地方。

2. 检查抽油机周围,确认无障碍物后,缓慢松刹车,戴绝缘手套侧身合闸,利用惯性启动抽油机。

3. 待驴头下行到下死点时,侧身按停止按钮停抽,刹紧刹车,使光杆载荷由悬绳器转移到卸载卡子上。

4. 侧身拉闸断电,关好配电箱门,锁死刹车,挂上"禁止启动"警示牌。

(四)安装密封盒

1. 卸掉悬绳器上方的方卡子,卸悬绳器上的压板螺栓,取下压板,将悬绳器与光杆分离。

2. 拆卸密封填料,将密封盒及钢圈上提,使其脱离光杆。

3. 检查钢圈有无损坏,若损坏则更换新钢圈。

4. 将钢圈及新密封盒套在光杆上,慢慢下放,避免磕碰损伤钢圈。

5. 将悬绳器套在光杆上,安装压板,上紧压板螺栓,并对称紧固。

6. 在悬绳器原位置上,打紧方卡子,扶正悬绳器。

(五)挂负荷

1. 检查抽油机周围,确认无障碍物后,取下"禁止启动"警示牌,缓慢松刹车。

2. 使抽油机利用惯性，慢慢移动上行，使抽油机挂上负荷，刹紧刹车。

3. 卸密封盒下方方卡子，将光杆的卡子印记，使用锉刀打磨平整。

4. 将钢圈放入钢圈槽，将密封盒放在钢圈上扶正，卡好卡箍片，穿上卡箍螺栓，并对称上紧。

5. 将新密封填料加入密封盒内，上紧密封盒压盖。

（六）启抽、检查

1. 检查抽油机周围，确认无障碍物后，取下"禁止启动"警示牌，缓慢松刹车，戴绝缘手套侧身合闸，利用惯性启动抽油机，关好电控柜门，记录启抽时间。

2. 检查抽油机运转是否正常、有无异响，密封盒卡箍及密封填料有无渗漏，有无光杆偏磨密封盒现象。

3. 记录井口压力值，观察油井生产是否正常。

4. 收拾擦拭工具、用具，清理施工现场，将维护、保养情况填入报表及设备运转记录。

（七）清理现场

清理现场，收拾工具、用具，填写报表。

五、不安全行为

1. 未按 HSE 要求正确穿戴劳动保护用品。
2. 接触电气设备前不用试电笔验电。
3. 不戴绝缘手套接触电气设备。
4. 按启停按钮或拉合闸刀时不侧身。
5. 未锁死刹车。
6. 打光杆方卡子时，手在卡子下方。
7. 登高操作时无安全保护措施。
8. 戴手套使用手锤。

项目八　更换井口压力表操作

一、操作目的

更换井口压力表操作是采油工必须掌握的一项操作技能。主要目的是按正确操作方法对井口及其他部位的压力表进行更换，确保各项压力录取准确。

二、操作流程

准备工作——安装压力表——启用压力表——检查更换效果——清理现场。

三、准备工作

（一）项目操作人员及劳保要求

1. 操作人员1人，持有中级及以上职业资格证。
2. 按照HSE要求正确穿戴劳动保护用品。
3. 戴好安全帽，女工不得长发外露。

（二）安全风险识别及风险控制措施

安全风险：

1. 未正确使用和有序摆放工具、用具，造成人身伤害。
2. 开关阀门操作不当，造成人身伤害。
3. 压力未放净就进行操作，造成人身伤害。
4. 压力表安装不牢固，导致刺漏伤人。
5. 压力表试压时有损坏，导致压力刺出伤人。

风险控制措施：

1. 正确选择使用工具、用具，并有序摆放。
2. 侧身缓慢开关阀门。
3. 操作前必须放净压力。
4. 压力表安装牢固。
5. 选择合格的压力表。

操作前先学习操作步骤，操作中应严格按照采油工标准化操作程序进行。

（三）工具、用具、材料

250mm活动扳手1把，300mm平口螺丝刀1把，同型号合格压力表1块，密封带，黄油。

四、操作步骤

（一）安装压力表

1. 正确选择压力表，确保量程符合要求、在有效检测期内、指针归零、铅封及表体完好。弹簧管压力表结构如图2-10所示。

2. 先关闭控制阀门，打开放空阀门，放净压力后，将旧表取下，用平口螺丝刀将压力表安装表壳内的杂物取出，操作中要按照螺纹的方向慢慢清理，以防损坏螺纹，并用少量黄油对其保养。

3. 将密封带按顺时针方向缠绕在新压力表的螺纹上，使用扳手将压力表安装在预定位置。

4. 压力表表盘要正面向外，便于观察。

5. 耐震压力表要旋紧充油孔螺栓。

第二章 设备保养与故障处理标准操作

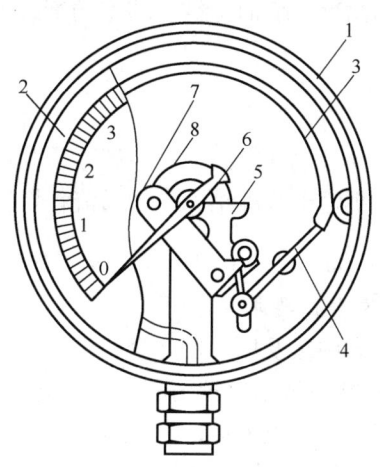

图 2-10 弹簧管压力表结构示意图
1—表壳；2—表盘；3—弹簧管；4—连杆；5—扇形齿轮；6—指针；7—轴心架；8—机心齿轮

（二）启用压力表

1. 更换好压力表后，将周围的物品清理干净，关闭放空阀门，缓慢打开压力表控制阀试压，不渗不漏为合格，直到升压平稳为止，压力表阀门不宜开太大。

2. 压力表的指针在其量程的 1/3~2/3 之间。

（三）检查更换效果

看压力表有无渗漏情况，压力表阀门开度不宜过大，以防振动损坏压力表。

（四）清理现场

清理现场，收拾工具、用具、填写报表。

五、不安全行为

1. 带压进行操作。
2. 压力表未安装牢固。
3. 正对阀门进行开关操作。

第三节 管线流程

项目一 处理单井和集输干线管线冻结操作

一、操作目的

处理单井和集输干线管线冻结操作是采油工必须掌握的一项操作技能，主要目的是用正确方法处理因温度降低而冻结、堵塞的管线，使油井管线畅通，恢复油井的正常生产。

二、操作流程

准备工作——→分析单井管线冻结程度——→解除单井掺水管线冻结——→解除单井回油管线冻结——→解除集输干线冻结——→倒通流程恢复生产——→清理现场。

三、准备工作

（一）项目操作人员及劳保要求

1. 操作人员3人，持有中级及以上职业资格证。
2. 按照HSE要求正确穿戴劳动保护用品。
3. 戴好安全帽，女工不得长发外露。

（二）安全风险识别及风险控制措施

安全风险：

1. 未正确使用和有序摆放工具、用具，造成人身伤害。
2. 电气设备操作不当，造成电击、灼伤伤害甚至死亡。
3. 不打开放空阀门放空，造成管线破裂和物体打击伤人。
4. 清蜡车压力过高，导致管线破裂和物体打击伤人。
5. 明火烧管线，导致出现着火爆炸事故。
6. 用锅炉车加热管线时造成管线爆裂伤人。
7. 在管线中部加热管线，造成管线爆裂伤人。

风险控制措施：

1. 正确选择使用工具、用具，并有序摆放。
2. 接触电气设备先用验电笔验电，戴绝缘手套方可接触电气设备，按启停按钮或拉合闸刀时侧身操作。
3. 打开放空阀门后再通知清蜡车启泵。
4. 清蜡车最高压力不能超过管线设计压力。
5. 严禁动用明火烧烤地面管线。
6. 站在上风口用锅炉车加热管线，并且需从放空阀门处向内逐渐加温。
7. 严格执行特种作业申报审批制度，并落实工前安全分析，操作人员现场签字确认。

操作前由直线领导申报《专项类特殊危险作业项目作业许可证》，明确操作人员，熟悉施工内容和施工步骤，做好安全风险识别并制定风险控制措施，由操作者签字确认；操作中严格按照采油工标准化操作进行。

（三）工具、用具、材料

250mm、300mm、375mm活动扳手各1把，450mm、600mm管钳各1把，清

蜡车1台、锅炉车1台、铁锹2把、镐头2把、石棉垫、黄油、擦布、麻袋、生石灰、毛毡。

四、操作步骤

（一）分析单井管线冻结程度

1. 检查井口回压上升情况，检查地面掺水压力情况。

2. 检查单井管线温度、掺水温度是否下降。

（1）如果井口回压缓慢上升，地面掺水压力低于掺水干线压力，说明堵塞不严重。

（2）如果井口回压与油压持平，地面掺水与干线压力持平，说明管线发生冻结。

（二）解除单井掺水管线冻结

1. 采取单井拉油措施。

2. 关闭地面掺水阀门，打开地下掺水阀门，放热掺水后关闭。

3. 若冻堵严重掺水顶不动时，可挖出单井掺水管线解除堵塞。

（1）若地面管线为钢管，可采取生石灰伴水加热或在管线上倒热水的方式进行解堵。

（2）可采用清蜡车增压的方式解除堵塞，但压力不能超过管线的设计压力。冻堵严重时，可采用分段解堵的方式。

（3）若地面管线为玻璃钢或橡胶材质时，可采取在管线上包裹毛毡后倒热水或用锅炉车的热蒸汽刺。

（4）重点加温管线的地面裸露部位、弯头部位。

（5）观察放空部位的出液情况，直至进出口排量一致。

4. 倒通地面掺水流程预热管线。

（三）解除单井回油管线冻结

1. 采取单井拉油措施。

2. 打开地面掺水顶压。

（1）根据掺水压力、掺水量判断有无过水量。

（2）若回压下降，掺水量有变化，说明管线冻堵不严重，可待管线畅通后，恢复正常生产。

3. 若冻堵严重掺水顶不动时，可挖出单井回油管线解除堵塞。

（1）若地面管线为钢管，可采取生石灰伴水加热或在管线上倒热水的方式进行解堵。

（2）可采用清蜡车增压的方式解除堵塞，但压力不能超过管线的设计压力。冻堵严重时，可采用分段解堵的方式。

(3) 若地面管线为玻璃钢或橡胶材质时，可采取在管线上包裹毛毡后倒热水或用锅炉车的热蒸汽刺。

(4) 重点加温管线的地面裸露部位、弯头部位。

(5) 观察放空部位的出液情况，直至进出口排量一致。

4. 倒通生产流程，循环管线，待回油温度达到要求时，恢复生产流程，停止单井原油进罐车生产。

（四）解除集输干线冻结

1. 将连接集输干线的所有油井采取原油进罐车生产措施。

2. 侧身平稳关闭单井与集油系统 T 接点阀门。

3. 通知相关集输泵站，关闭系统来液阀门，打开集输干线放空阀门。

4. 卸掉源头井掺水水嘴顶压。

(1) 根据系统掺水压力、掺水量判断有无过水量。

(2) 若掺水压力下降，掺水量增大，说明管线冻堵不严重，可待管线畅通后，恢复正常生产。

5. 若冻堵严重，需要在源头井保温套处连接清蜡车进行解堵。

(1) 控制清蜡车压力不能超过管线的设计压力。

(2) 严重时可采用断开集输干线分段解除堵塞。

(3) 观察放空部位液流情况和泵压变化。

① 若放空处有流体流出、泵压下降，说明管线正在逐渐畅通。

② 清蜡车点火升温，待循环正常且管线温度较高时，说明管线已畅通。

③ 清蜡车停泵，拆除清蜡车连接管线，安装源头井保温套丝堵。

（五）倒通流程恢复生产

1. 关闭集输干线放空阀门。

2. 通知相关集输泵站，打开系统来液阀门。

3. 侧身打开 T 接点阀门、井口回压阀门、生产阀门，打开各单井地面掺水阀门扫线。

4. 停止原油进罐车生产，检查各单井生产是否正常。

（六）清理现场

清理现场，收拾工具、用具，填写报表。

五、不安全行为

1. 未按 HSE 要求正确穿戴劳动保护用品。

2. 接触电气设备前不用试电笔验电。

3. 用锅炉车加热管线时未打开放空阀门。

4. 用明火烧管线。

5. 在管线中部加热管线，造成管线爆裂伤人。
6. 拆装水嘴时未打开放空阀门泄压。
7. 正对手轮开关阀门。
8. 站在下风口用锅炉车加热管线。

项目二　油井进系统管道法兰渗漏处理操作

一、操作目的

油井进系统管道法兰渗漏处理操作是采油工应掌握的一项操作技能，主要目的是按照正确操作方法处理法兰渗漏，确保油井管线能正常运行，避免造成环境污染。

二、操作流程

准备工作──→判定泄漏点──→停井、倒流程──→卸法兰螺栓──→清理法兰水纹线──→安装新垫子──→试压，恢复流程──→开井──→清理现场。

三、准备工作

（一）项目操作人员及劳保要求

1. 操作人员2人，持有中级及以上职业资格证。
2. 按照HSE要求正确穿戴劳动保护用品。
3. 戴好安全帽，女工不得长发外露。

（二）安全风险识别及风险控制措施

安全风险：

1. 电气设备操作不当，造成电击、灼伤伤害甚至死亡。
2. 未正确使用和有序摆放工具、用具，造成人身伤害。
3. 放空不当或倒错流程，导致憋压跑油，造成环境污染。
4. 开关阀门操作不当，造成人身伤害。
5. 压力未放净就进行操作，造成人身伤害。

风险控制措施：

1. 接触电气设备前先用试电笔验电。戴绝缘手套方可接触电气设备。按启停按钮或拉合闸刀时侧身操作。
2. 正确选择使用工具、用具，并有序摆放。
3. 正确倒好流程，防止憋压，放空时做好防污染措施。
4. 侧身缓慢开关阀门。
5. 操作前必须放净压力。

操作前先学习操作步骤，操作中应严格按照采油工标准化操作程序进行。

（三）工具、用具、材料

250mm 活动扳手 2 把或合适尺寸的梅花扳手 2 把，150mm 平口螺丝刀 1 把，500mm 撬杠 1 根，管钳 1 把，T 接扳手 1 个，相应规格的石棉垫片 1 个，清洗油、黄油、擦布、污油桶、毛毡、绝缘手套 1 副，试电笔 1 支，安全警示牌 2 块。

四、操作步骤

（一）判定泄漏点

1. 判断泄漏处，确定泄漏的单井，排除因流程倒错导致憋压造成的刺漏。油井进系统管道法兰渗漏点一般在回压阀门处和 T 接阀门处，如图 2-11 所示。

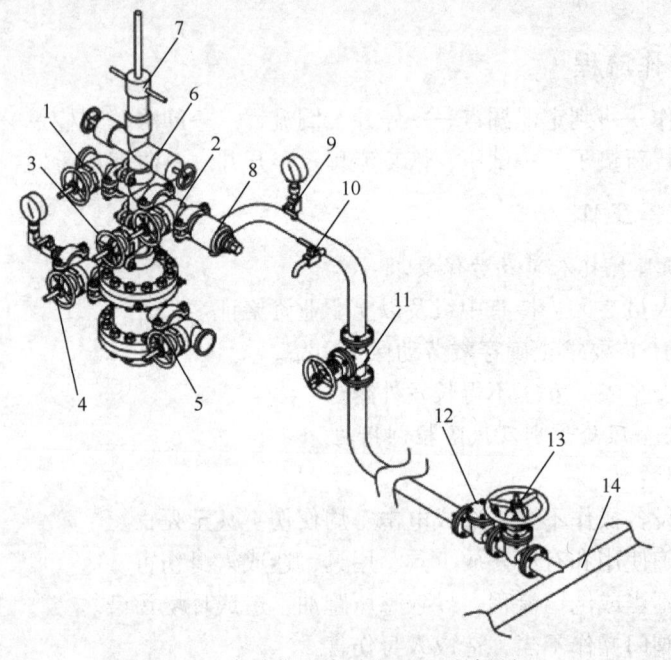

图 2-11　自动化改造后流程（无计量间）

1—油管压力阀门；2—生产阀门；3—总阀门；4—套管压力阀门；5—套管阀门；6—胶皮阀门；7—密封盒；8—保温套；9—压力表阀门；10—取样放空阀门；11—回压阀门；12—单流阀；13—T 接阀门；14—外输干线

2. 有掺水的油井提前关闭掺水，使用井口加热装置的油井，按操作程序关闭加热装置。

（二）停井、倒流程

按油井停井操作规程正确停井，出砂井停在上死点；气大井、油稠井、结蜡井将驴头停在下死点，关闭井口生产阀门，关闭 T 接阀门，连接井口放空管线，开放空阀门，放净管线内压力。注意要做好防污染措施。

（三）卸法兰螺栓

在操作区域铺好毛毡，观察压力表落零后，卸法兰螺栓，先卸松远端的螺栓，再卸松其他螺栓，把撬杠插入两法兰面，人站在侧面，用撬杠撬动进行泄压，泄压时将污油桶放置在泄漏点下方。卸掉便于操作的 1 个螺栓，剩余 3 个螺栓卸到最松。

（四）清理法兰水纹线

1. 用撬杠撬开两法兰面，取出旧垫子。
2. 用螺丝刀将法兰面及水纹线清理干净。

（五）安装新垫子

将新垫子两面均匀涂抹黄油后，装入两法兰片之间，用螺丝刀调整垫子，使其位置居中，对角均匀上紧 4 根螺栓。

（六）试压，恢复流程

关单井放空阀门，开 T 接阀门试压，检查有无渗漏现象，观察无问题后，开大 T 接阀门，缓慢开生产阀门，恢复流程。

（七）开井

1. 按油井开井的操作规程，正确恢复油井生产。
2. 有需要掺水的油井调整掺水量，使用加热装置的井应调整好温度。

（八）清理现场

清理现场，收拾工具、用具，填写报表。

五、不安全行为

1. 未按 HSE 要求正确穿戴劳动保护用品。
2. 接触电气设备前未用试电笔验电。
3. 未戴绝缘手套操作电气设备。
4. 未侧身操作电气设备。
5. 正对手轮开关阀门。
6. 未放净压力操作。

项目三　单井管道扫线操作

一、操作目的

单井管道扫线操作是采油工应掌握的一项操作技能。主要目的是疏通管线、降低回压，或在冬季单井停产时及时吹扫管线，防止管线冻堵。

二、操作流程

准备工作──→切换流程、扫线──→恢复流程──→清理现场。

三、准备工作

（一）项目操作人员及劳保要求

1. 操作人员3人，持有中级及以上职业资格证。
2. 按照HSE要求正确穿戴劳动保护用品。
3. 戴好安全帽，女工不得长发外露。

（二）安全风险识别及风险控制措施

安全风险：

1. 通风不良，造成油气中毒。
2. 安全附件失灵，造成刺漏或设备损坏。
3. 流程未改通，造成刺漏或设备损坏。
4. 压力表超压、憋压。
5. 井站未联系妥当就开始操作，造成流程改错或油气泄漏。
6. 巡回检查不到位，造成憋压、刺漏。
7. 倒流程时不按操作规程操作，造成伤人或设备损坏。

风险控制措施：

1. 打开门窗通风或启动引风机强制通风。
2. 按期检查校验，及时维护更新。
3. 改流程前及改完后均要仔细检查，确保流程畅通。
4. 正确选择适当量程的压力表，定期维护、校检、更新。
5. 及时联系井站，得到许可后方能扫线，井站要做好联系记录，确认井号和管线是否正确。
6. 加强巡检，发现问题及时处理。
7. 开关阀门时先开后关，人站在阀门侧面，防止丝杆脱出伤人。

操作前先学习操作步骤，操作中应严格按照采油工标准化操作程序进行。

（三）工具、用具、材料、设备

F形扳手1把，600mm管钳1把，300mm活动扳手2把，石棉板，黄油，擦布，量油尺1把，空气呼吸器（硫化氢超标时佩戴），气体测试仪，压风机1台。

四、操作步骤

（一）准备工作

1. 根据扫线液量降低污油池的存油量。
2. 应根据系统压力情况和压风机压力参数，选择是否扫线进系统。
3. 检查流程有无渗漏。
4. 确保井站与井上扫线人员联系畅通。

5.确定扫线压力,制定扫线措施。

(二)切换流程、扫线

1.油井扫线。

(1)停井:按油井停井操作规程正确停井,出砂井将驴头停在上死点;气大井、油稠井、结蜡井将驴头停在下死点。

(2)放空:关闭采油树生产阀门和回压阀门,打开取样阀门放空后,待压力落零后,卸掉保温套丝堵,把压风机管线与保温套连接牢固,关取样放空阀门。

(3)切换流程:

① 传统计量间流程(图2-12):关闭单井来油阀门,打开单井进污油池放空阀门,对该井管线进行放空,待管线压力落零后,检查扫线流程阀门开关,确认无误后,通知井场人员开始扫线,打开井口回压阀门,启动压风机,怠速运转3~5min,然后将压风机开关旋至加载位置,压风机加载,压风机开始供气清扫管线。看、听计量间污油池放空出口无液体排出、压风机压力下降时,确认管线已清扫干净,通知井场人员停压风机。

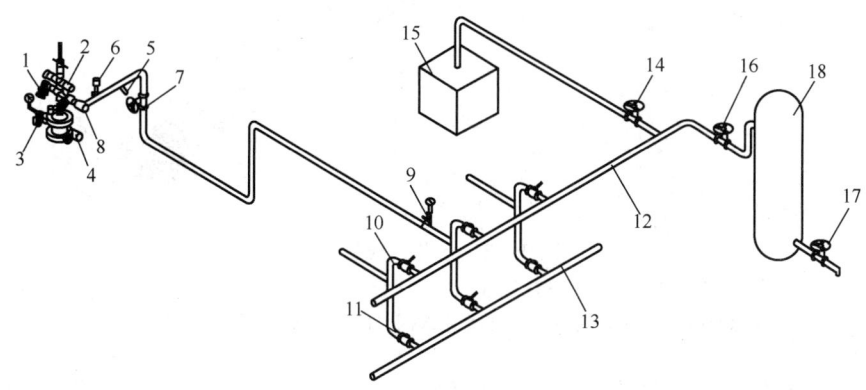

图2-12 传统计量间扫线流程

1—油管压力阀门;2—生产阀门;3—套管压力阀门;4—套管阀门;5—取样放空阀门;6—压力表阀门;
7—回压阀门;8—保温套;9—单井放空阀门;10—单井计量阀门;11—单井进干线阀门;12—量油汇管;
13—外输汇管;14—量油汇管放空阀门;15—污油池;16—分离器进油阀门;
17—分离器出油阀门;18—计量分离器

② 自动化改造后的流程(图2-11):启动压风机,怠速运转3~5min,缓慢打开回压阀门,然后将压风机开关旋至加载位置,压风机加载,开始供气清扫管线,同时密切关注井口压力的变化,即听T接阀门处管线液体经过的声音变化。待井口压力趋于稳定后,将压风机加载/卸载开关旋至卸载位置,并迅速关闭T接阀门,保持压风机怠速运行3~5min,然后停止压风机。

2. 水井扫线（图2-13）。冬季生产，注水泵停泵超过2h、注水井关井或者水井注不进水时，为防止管线冻堵，必须进行扫线。

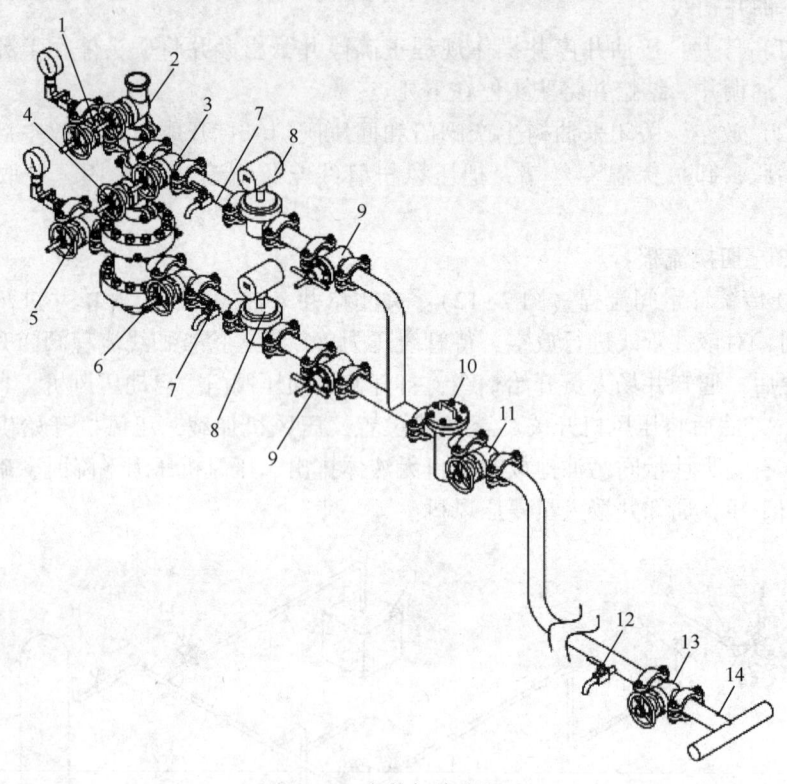

图2-13 水井扫线流程
1—油管压力阀门；2—测试阀门；3—油管阀门；4—总阀门；5—套管压力阀门；6—套管阀门；7—放空阀门；8—流量计；9—来水阀门；10—过滤器；11—总来水阀门；12—放空阀门；13—T接阀门；14—注水管线

（1）停井：侧位关井口阀门，关闭T接阀门，操作要平稳。油管、套管分注的井，关井口阀门时必须先关套管阀门，后关油管阀门。成排关井：先关高压井，后关低压井。

（2）放空：停井后，将放空阀门与罐车相连接，压风机出口管线与T接旁边放空处相连接，启动压风机，怠速运转3~5min，然后将压风机开关旋至加载位置，压风机开始供气清扫管线。

（3）注意井口压力变化，检查放空管线，当只有气体经过的声音时，将压风机加载/卸载开关旋至卸载位置，保持压风机怠速运行3~5min，然后停止压风机。

3. 扫线时应缓慢升压，密切注意观察压力变化，防止法兰垫子刺破造成刺漏，压风机吹扫压力的高低应根据管线承受压力而定。

4. 扫线过程中井、站之间保持密切联系。

(三) 恢复流程

1. 扫线完成后,打开取样放空阀门,卸压风机管线,安装堵头(油嘴),关闭放空阀门。

2. 如果管线停用则挂"已扫线"牌。如果管线继续使用,应根据现场情况倒回正常生产流程。

(1) 关闭计量间放空阀门,缓慢打开计量间单井来油阀门,打开生产阀门。

(2) 自动化流程:缓慢打开T接阀门,打开生产阀门。

(3) 油井启抽后,待压力稳定后观察记录压力。

(4) 水井流程:开井时按照操作规程以及注水方式打开阀门。

(四) 清理现场

清理现场,收拾工具、用具,填写报表。

五、不安全行为

1. 未按HSE要求正确穿戴劳动保护用品。
2. 接触电气设备前不用试电笔验电。
3. 不戴绝缘手套接触电气设备。
4. 按启停按钮或拉合闸刀时不侧身。
5. 扫线车运行时穿越或跨越带压管线。
6. 扫线过程中憋压、盲目加压。
7. 正对手轮开关阀门。

项目四　工艺管道通球操作

一、操作目的

工艺管道通球操作是采油工应掌握的一项操作技能。主要目的是清除管壁结蜡、结垢、沉淀物等,降低管线回压,保持输送能力。

二、操作流程

准备工作——清管器发送前的检查——调度指挥——清管器发送操作——清管器的跟踪监测——清管器回收操作——故障处理——清理现场。

三、准备工作

(一) 项目操作人员及劳保要求

1. 操作人员3人,持有中级及以上职业资格证。
2. 按照HSE要求正确穿戴劳动保护用品。

3.戴好安全帽，女工不得长发外露。

（二）安全风险识别及风险控制措施

安全风险：

1.安全附件失灵，造成刺漏或设备损坏。

2.流程未倒通，造成刺漏或设备损坏。

3.压力表超压、憋压。

4.未联系妥当就开始操作，造成流程倒错或油气泄漏。

5.巡回检查不到位，造成憋压、刺漏。

6.倒流程时不按操作规程操作，造成伤人或设备损坏。

风险控制措施：

1.安全附件按期检查校验，及时维护更新。

2.改流程前及改完后均应仔细检查，确保流程畅通。

3.正确选择量程合适、定期维护校检的压力表。

4.及时联系井站，得到许可后方能开始。

5.加强巡检，发现问题及时处理。

6.开关阀门时先开后关，人站在阀门侧面，防止丝杆脱出伤人。

操作前由直线领导申报《专项类特殊危险作业项目作业许可证》，明确操作人员，熟悉施工内容和施工步骤，做好安全风险识别并制定风险控制措施，由操作者签字确认。操作中严格按照采油工标准化操作进行。

（三）工具、用具、材料

F形扳手1把，300mm活动扳手1把，清管器2个，跟踪监测仪2台，通球指示器，黄油，擦布，污油桶，记录纸，记录笔。

四、操作步骤

（一）清管器发送前的检查

1.检查发球筒、收球筒是否完好，各阀门是否灵活好用。

2.检查快开盲板是否灵活好用，密封是否完好，清管器发送前快开盲板是否锁紧。

3.检查压力表校对是否合格，通球指示器是否完好，清管器与跟踪监测仪是否完好、相匹配。清管器外径比管道内径稍大3%~5%。

4.检查扫线及排污系统是否完好。

5.检查全线机、泵、炉设备是否完好。

6.针对管线管壁的结蜡及砂堵的程度，选择过盈量合适的清管器及备用清管器。

7.检查发球筒上压力表有无压力显示，若有压力，应放空至压力表读数为零。

8. 对首次清管器发送的管线应掌握试投情况,加密跟踪的点位,尤其是管线的转向、穿越点、跨越点。

9. 清管器收发过程中,通球指示器应专人监视。

10. 以上检查工作全部完成并正常后方可发出指令。

(二) 调度指挥

1. 清管器收发的全过程应建立统一的调度指挥系统,全线应与上一级调度指挥系统保持密切联系,动作协调统一。

2. 清管器收发期间应保持管线压力、排量的稳定,及时分析清管器的运行情况,对异常情况及时采取措施。

(三) 清管器发送操作

1. 清管器发送流程如图2-14所示。

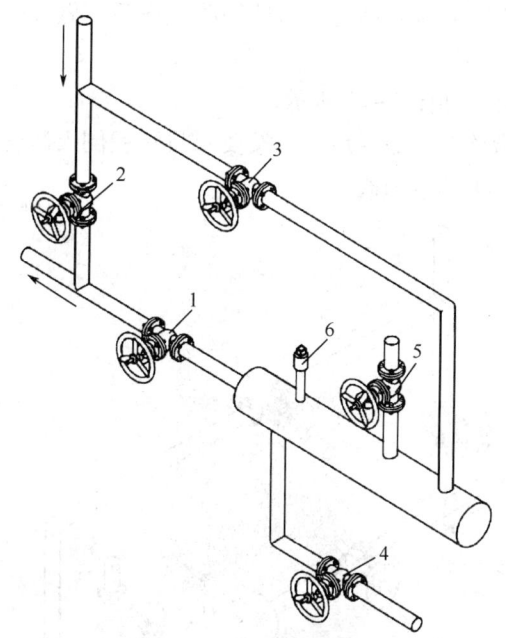

图2-14 清管器发送流程示意图
1—出油阀;2—直通阀;3—进油阀;4—排污阀;5—扫线进气阀;6—通球指示器

2. 通知收球单位倒通收球筒流程,打开放空阀门,观察发球筒压力表落零。打开发球筒快开盲板,将合格的清管器放入发球筒内,向前推置出油阀。

3. 擦净密封面,在密封圈上涂抹黄油后关好快开盲板。

4. 关闭放空阀门,平稳打开发球筒进油阀使筒内充满原油。

5. 接到发送指令后,即平稳打开出油阀至全开后,关闭直通阀。与此同时,检查通球指示器动作后，恢复正常流程，即先打开直通阀，然后关闭发球筒进油阀和出油阀。

6. 打开排污阀，回收发球筒内原油。同时打开扫线进气阀，接通扫线工艺流程，将发球筒清扫干净，泄压至零，关闭排污阀和扫线进气阀。

（四）清管器的跟踪监测

1. 跟踪人员应在清管器发出前将跟踪监测仪器调至工作状态。
2. 跟踪人员应在预先选定的点位处监测清管器是否通过。
3. 若遇到应通过而未通过的情况，应留人继续监测，派其他人员向回查找，并与指挥系统联系，根据发送站压力变化，分析是否发生卡阻现象，并迅速查出其位置。
4. 当清管器运行到接球站时，跟踪人员应与调度指挥系统联系，通知接收站做好收球准备。
5. 跟踪人员应跟踪到接收站至清管器回收完毕后，做好跟踪记录。

（五）清管器回收操作

1. 清管器回收流程如图2-15所示。
2. 收球站接到指挥系统命令后，应按要求将流程倒入清管器回收流程，即打开进油阀、出油阀，关闭直通阀。

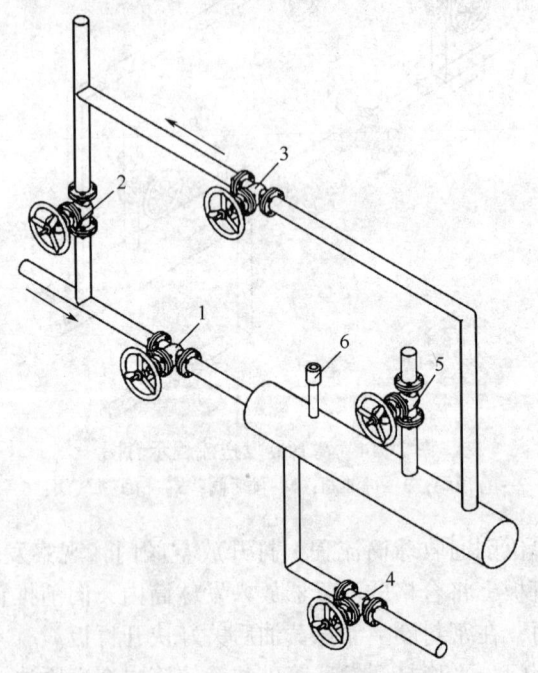

图2-15 清管器回收流程示意图

1—出油阀；2—直通阀；3—进油阀；4—排污阀；5—扫线进气阀；6—通球指示器

3. 待通球指示器动作后，确认清管器已进入收球筒中，将流程改为正常输油流程，即打开直通阀，关闭进油阀、出油阀。

4. 开排污阀放空，将收球筒内原油排净，确认压力表归零后，站在收球筒的侧面安全位置，打开快开盲板，取出清管器，接通扫线流程，清除筒内杂物。

5. 将快开盲板清除干净，涂好黄油，关闭排污阀。

6. 检查清管器的磨损情况。

（六）故障处理

1. 单井投球后，清管器卡阻处理。

（1）查找清管器遇卡位置，观察单井回压变化，如回压过高影响正常生产，应先用备用清管器顶挤。

（2）如不能顶出，再停抽关井用掺水顶球。

（3）如掺水不能顶出，应用高压锅炉车顶球。

（4）若仍不能解卡，应请示主管部门同意后，割管取出清管器。

（5）站内总机关应有专人监视，倾听收球器内进球声，多井投球时，收球数量必须与投球数相同，如投球未全部回收应立即查清原因并处理。

2. 长输通球管道，清管器卡阻处理。

（1）如卡阻位置有油流通过，说明清管器未卡死，应先用备用清管器顶挤。

（2）如不能顶出，可提高出站压力顶挤，或采取短时间反输进行反推再正输的方法推动清管器。

（3）若仍不能解卡，应请示主管部门同意后，割管取出清管器。

3. 应事先制定提压顶挤、泵车反输、割管取清管器的措施预案，并做好人员、车辆、施工工具的准备。

（七）清理现场

清理现场，收拾工具、用具，填写报表。

五、不安全行为

1. 未按 HSE 要求正确穿戴劳动保护用品。

2. 穿越或跨越带压管线。

3. 通球过程中憋压、盲目加压。

4. 正对手轮开关阀门。

5. 放空时未做好防污染措施。

项目五　更换计量站总机关快速阀操作

一、操作目的

更换计量站总机关快速阀操作是采油工应掌握的一项操作技能。主要目的是使操作人员能够熟练掌握更换总机关快速阀的方法，完成对总机关的维修工作。

二、操作流程

准备工作──→确定要更换的快速阀──→停井、倒流程──→卸掉旧快速阀门──→安装新快速阀门──→试压、恢复生产──→清理现场。

三、准备工作

（一）项目操作人员及劳保要求

1. 操作人员 2 人，持有中级及以上职业资格证。
2. 按照 HSE 要求正确穿戴劳动保护用品。
3. 戴好安全帽，女工不得长发外露。

（二）安全风险识别及风险控制措施

安全风险：

1. 电气设备操作不当，造成电击、灼伤伤害甚至死亡。
2. 未正确使用和有序摆放工具、用具，造成人身伤害。
3. 开关阀门操作不当，造成人身伤害。
4. 压力未放净就进行操作，造成人身伤害。
5. 放空不当，造成环境污染。
6. 支撑板未支撑好，造成砸击伤害。

风险控制措施：

1. 接触电气设备前先用试电笔验电。戴绝缘手套方可接触电气设备。按启停按钮或拉合闸刀时侧身操作。
2. 正确选择使用工具、用具，并有序摆放。
3. 侧身缓慢开关阀门。
4. 操作前必须放净压力。
5. 尽量将管道内液体放空在计量站污油池内，如计量站内无法放空，井口放空时必须有回收措施。
6. 支撑板垫平稳后，再清理法兰面。

操作前由直线领导申报《专项类特殊危险作业项目作业许可证》，明确操作人员，熟悉施工内容和施工步骤，做好安全风险识别并制定风险控制措施，由操作者签字确认；操作中严格按照采油工标准化操作进行。

（三）工具、用具、材料

250mm 活动扳手 2 把或合适尺寸的套筒扳手 2 把，150mm 平口螺丝刀 1 把，500mm、1000mm 撬杠各 1 根，千斤顶 1 个，支撑木板，相同规格的快速阀 1 个，相应规格的石棉垫 2 个，清洗油，黄油，擦布。

四、操作步骤

（一）确定要更换的快速阀

判断要更换的计量间总机关快速阀位置，判断井号，制定更换措施，计量间流程如图2-16所示。

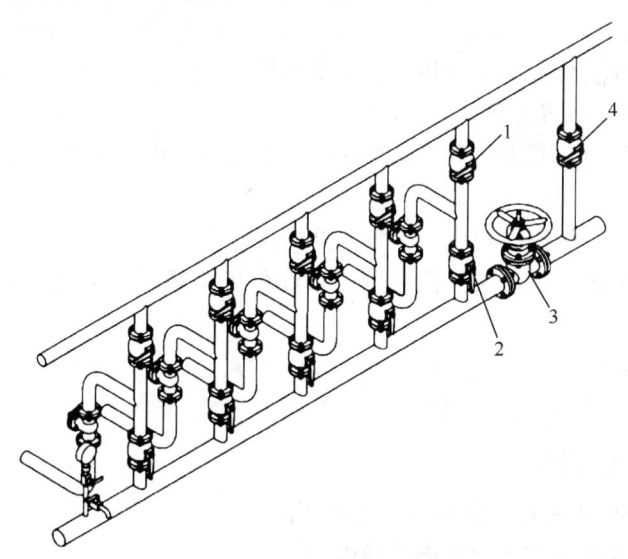

图2-16　计量间流程示意图
1—单井计量快速阀；2—单井进干线快速阀；3—集油干线总阀门；4—计量分离器直通阀门

（二）停井、倒流程

1. 根据油井情况，按照关井的操作规程，正确关闭事故井。

2. 如果是更换单井计量快速阀，其他井倒进干线，关闭其他各井的单井计量快速阀，关闭分离器进出口、旁通、平衡阀门。

3. 如果是更换单井进干线快速阀，先关严事故井计量快速阀，打开计量分离器直通阀门（没有直通阀门的，打开分离器进出口阀门，如果站内回压高于0.05MPa，需要关闭高液量井），打开其他各井的单井计量快速阀，关严各井进干线快速阀，关闭集油干线总阀门。来油通过单井计量快速阀进总干线。

4. 从井口或计量间外取样放空阀门放空，放净管线内压力。

（三）卸掉旧快速阀门

1. 卸螺栓前先观察压力表确认没有压力，先卸松背面的螺栓，稍微卸松全部螺栓，把撬杠插入两法兰面，人站在侧面，撬动撬杠进行泄压。

2. 将快速阀支撑好。

3. 拆掉法兰螺栓，卸掉快速阀。

4. 清理法兰水纹线，清除旧垫子。

（四）安装新快速阀门

1. 装上新阀门，上下各穿3根螺栓。

2. 将垫片均匀涂抹黄油后，装入缝隙大的两个法兰片之间（如无缝隙，则用撬杠撬开后放入垫子），穿上第4根螺栓，调整垫子位置居中，对角均匀上紧4根螺栓。

3. 用同样方法装好第2个垫子，上紧螺栓。

（五）试压、恢复生产

1. 关放空阀门，开大新更换的快速阀，缓慢打开集油干线总阀门试压，不渗不漏后开大集油干线总阀门。

2. 按油井开井的操作规程，恢复油井生产。

3. 打开其他各井总机关阀门，关闭量油分机关阀门，关闭计量间事故阀门，恢复原流程。

（六）清理现场

清理现场，收拾工具、用具，填写报表。

五、不安全行为

1. 未按 HSE 要求正确穿戴劳动保护用品。

2. 接触电气设备前不用试电笔验电。

3. 不戴绝缘手套接触电气设备。

4. 按启停按钮或拉合闸刀时不侧身。

5. 总机关阀门关不严，压力泄漏伤人。

6. 支撑物不牢固，砸伤手指。

7. 两人操作配合不当，造成人身伤害。

第三章 仪器仪表、自动化系统及常用工具、用具的日常标准操作项目

第一节 仪器仪表安装及参数设定

项目一 油水井压力变送器功能及基本参数设置

一、操作目的

油水井压力变送器功能及基本参数设置是采油工必须掌握的一项操作技能,主要目的是正确设置油水井压力变送器参数,确保油水井压力的正确采集与传输。

二、操作流程

准备工作——→按键功能——→参数设置。

三、准备工作

(一)项目操作人员及劳保要求
1. 操作人员1人,持有初级及以上职业资格证。
2. 按照HSE要求正确穿戴劳动保护用品。
3. 女工不得长发外露。
(二)安全风险识别及风险控制措施
安全风险:压力变送器掉落,造成仪表损坏或者砸伤人员。
风险控制措施:拿牢压力变送器。
操作前先学习操作步骤,操作中应严格按照采油工标准化操作程序进行。
(三)设备、材料
无线压力变送器1块,擦布。

四、操作步骤

以 WLP-0601A 系列压力变送器为例进行操作。

（一）按键功能

1. FUNC 功能键：按此键保持 5s 由运行模式切换为设置模式。
2. UP 上翻键：菜单上翻和数值增加。
3. DOWN 下翻键：菜单下翻和数值减小。
4. ENTER 确认键：更改数据时进入和退出。手动发送数据及在校验时手动采集数据。
5. RESET 复位键：退出设置模式，进入运行模式，查看软件版本号。
6. 指示灯：按 ENTER 键压力变送器可以立即向 RTU 发送数据，此时如果指示灯短闪 1s，则表明压力变送器通信良好，如果指示灯持续亮 2s 以上，则表明通信不畅。当变送器作为转发中心时，通电后长亮 120s，搜索被转发的压力变送器。

（二）参数设置

1. 参数说明。

参数含义见表 3-1。

表 3-1 压变参数显示及含义

屏幕显示	含义	中文含义	注意事项
Addr	Addr address	地址	该值应与测控主机地址设定相同，一般设定范围 0~9999
HSnr	HSnr high sensor	高位传感器标号	无拖带井该值设为 0，拖带时设为被拖带井顺序号 1~4（拖带：一台 RTU 最多拖带 5 口井）
Snr	Snr sensor	传感器标号	压力变送器位置设定值："5"代表油管压力、"6"代表套管压力、"7"代表回压
UAL	Val value	满度值	压力变送器量程，满度值与传感器上的量程设置一致
tAr	tAr target	目标传感器标号	目标变送器位置设定：无转发时与本身的 Snr 一致，需要转发时设为转发使用的压力变送器的 Snr
conU	Conv convert	压力值采集间隔	采集压力值的时间间隔，用户可调，0~120s，出厂时设为 5
SEnd	Send send	压力值发送间隔	用户可调，0~250s，出厂时设为 120
Hi	Hi-high	压力报警上限	根据井口压力经验值设定
Lo	Lo-low	压力报警下限	根据井口压力经验值设定

第三章 仪器仪表、自动化系统及常用工具、用具的日常标准操作项目

续表

屏幕显示	含义	中文含义	注意事项
dn	Dn-down	校准下限	校准用,用户请勿进入该项
uP	Up-up	校准上限	校准用,用户请勿进入该项
AdJ	Adj-adjust	校准	校准用,用户请勿进入该项
bEtt	battery	电池电量	显示当前电池电量,LbEt 电量过低告警
FrE9	frequency	频点	显示当前选定频点,与测控主机频点选定一致,0~4 可选

2. 参数设置。

通常由采油工设置的功能项有"Addr""Freq""Snr""tAr"4项,"Addr""Freq"2项通过查询后台确定具体数值,"Snr"的值依据安装位置确定(油管压力5,套管压力6,回压7),"tAr"的值与"Snr"的值保持一致。现以"Addr=622""Freq=1""Snr=5""tAr=5"即地址为622、频点为1的油管压力变送器设置为例,进行操作说明:

(1)长按 FUNC 键 5s 以上,由显示模式进入设置模式。

(2)进入设置模式后,按 UP 键或 DOWN 键查找要设置的选项"Addr"。

(3)按 ENTER 键进入设置,按 UP 键或 DOWN 键调整数值为 622,按 ENTER 键确认设置。

(4)按 UP 键或 DOWN 键查找要设置的选项"Freq"。

(5)按 ENTER 键进入设置,按 UP 键或 DOWN 键调整数值为 1,按 ENTER 键确认设置。

(6)按 UP 键或 DOWN 键查找要设置的选项"Snr"。

(7)按 ENTER 键进入设置,按 UP 键或 DOWN 键调整数值为 5,按 ENTER 键确认设置。

(8)按 UP 键或 DOWN 键查找要设置的选项"tAr"。

(9)按 ENTER 键进入设置,按 UP 键或 DOWN 键调整数值为 5,按 ENTER 键确认设置。

(10)按 RESET 键退出设置。

五、不安全行为

1. 未按照 HSE 要求正确穿戴劳动保护用品。
2. 未拧紧表盖。
3. 按键时用力过猛。

项目二　压力变送器的拆装操作

一、操作目的

压力变送器的拆装操作是采油工必须掌握的一项操作技能，主要目的是正确拆装压力变送器，满足压力变送器校检和更换的要求。

二、操作流程

有线压力变送器：选择合格压力变送器──→泄压──→拆线──→拆下原压力变送器──→安装合格压力变送器──→接线──→试压检查──→清理现场。

无线压力变送器：选择合格压力变送器──→设置参数──→泄压──→拆下原压力变送器──→安装合格压力变送器──→试压检查──→清理现场。

三、准备工作

（一）项目操作人员及劳保要求

1. 操作人员 1 人，持有中级及以上职业资格证。
2. 按照 HSE 要求正确穿戴劳动保护用品。
3. 女工不得长发外露。

（二）安全风险识别及风险控制措施

安全风险：

1. 开关阀门操作不当，造成人身伤害。
2. 未正确使用工具、用具，造成人身伤害。
3. 未放净压力造成人身伤害。

风险控制措施：

1. 侧身缓慢开关阀门。
2. 正确选择使用工具、用具。
3. 放净压力再操作。

操作前先学习操作步骤，操作中应严格按照采油工标准化操作程序进行。

（三）工具、用具、材料

压力变送器（有线、无线各 1 块），300mm 活动扳手 1 把，150mm 十字螺丝刀 1 把，试电笔 1 支，绝缘胶带 1 卷，垫圈片若干，擦布，记录本，记录笔。

四、操作步骤

（一）有线压力变送器

1. 选择合格压力变送器。选择合适量程的压力变送器，测量值在压力变送器量程的 20%~80%为宜。

2. 泄压。关闭仪表阀，侧身缓慢打开放空阀门，放净压力。

3. 拆线。用试电笔验压力变送器外壳，确认无电后，拆开原压力变送器后盖，使用螺丝刀拆红、黑两线，每拆下 1 根线，及时缠好绝缘胶带。

4. 拆下原压力变送器。先卸松防爆挠性管与压力变送器连接端的活接头，将供电线从原压力变送器抽出，再拆下原压力变送器。

5. 安装合格压力变送器。安装垫圈片，安装压力变送器，压力变送器表头竖直、表盘朝向一致。

6. 接线。打开新安装压力变送器后盖，将供电线从压力变送器接线孔插入，使用螺丝刀将红、黑线按照"红正黑负"原则接到有相应"+""-"标识下面，上紧防爆挠性管与压力变送器连接端的活接头，回装拧紧后盖。

7. 试压检查。关闭放空阀门，侧身缓慢打开下流阀门试压，不渗不漏为合格。检查确认数据采集是否正常。

8. 清理现场。清理现场，收拾工具、用具，填写报表。

（二）无线压力变送器

1. 选择合格压力变送器。选择合适量程的压力变送器，测量值在变送器量程的 20%~80%为宜。

2. 设置参数。正确设置压力变送器的相关参数。

3. 泄压。关闭仪表阀，侧身缓慢打开仪表放空阀，放净压力。

4. 拆下原压力变送器。使用活动扳手卸下原压力变送器。

5. 安装合格压力变送器。安装垫圈片，安装压力变送器，压力变送器表头竖直、表盘朝向一致。

6. 试压检查。关闭放空阀门，侧身缓慢打开仪表阀试压，不渗不漏为合格。检查数据采集是否正常。

7. 清理现场。清理现场，收拾工具、用具，填写报表。

五、不安全行为

1. 未按照 HSE 要求正确穿戴劳动保护用品。

2. 正对阀门操作。

3. 未放净压力就操作压力变送器。

4. 拆有线压力变送器时未验电。

5. 未缠好绝缘胶带。

项目三　载荷变送器的安装操作

一、操作目的

载荷变送器的安装操作是采油工应掌握的一项操作技能，主要目的是正确安装载荷变送器，获取准确的抽油机井示功图。

二、操作流程

准备工作──→停止抽油机──→卸负荷──→安装载荷变送器──→挂负荷──→启动抽油机、检查──→清理现场。

三、准备工作

（一）项目操作人员及劳保要求

1. 操作人员2人，持有中级及以上职业资格证。
2. 按照HSE要求正确穿戴劳动保护用品。
3. 女工不得长发外露。

（二）安全风险识别及风险控制措施

安全风险：

1. 未正确使用工具、用具，造成人身伤害。
2. 电气设备操作不当，造成电击、灼伤伤害甚至死亡。
3. 未锁紧死刹车，发生溜车，造成机械伤害。
4. 下冲程时手抓光杆，造成挤压伤害。
5. 未打紧光杆卡子，造成载荷冲击或人身伤害。
6. 安装及固定载荷变送器时未站稳，跌落造成人身伤害。

风险控制措施：

1. 正确选择使用工具、用具。
2. 接触电气设备前先用试电笔验电，戴绝缘手套侧身操作电气设备。
3. 锁紧死刹车。
4. 禁止手抓光杆。
5. 打紧光杆卡子。
6. 安装及固定载荷变送器时，选择合适的位置站稳。

操作前先学习操作步骤，操作中应严格按照采油工标准化操作程序进行。

（三）工具、用具、材料

载荷变送器1个，600mm管钳1把，375mm、300mm活动扳手各1把，250mm中平锉1把，光杆卡子1副，绝缘手套1副，试电笔1支，专用磁铁1块，擦布，安全警示牌2块，记录本，记录笔。

四、操作步骤

（一）准备工作

1. 依据载荷变送器铭牌标示地址、频率，从后台修改相应参数，保存并下发到主机。

2. 用强磁铁触发载荷变送器，确保与主机建立通信。

（二）停止抽油机

1. 用试电笔检测配电箱外壳，确认无电后，打开配电箱门。

2. 当抽油机驴头接近下死点位置时，戴绝缘手套侧身按停止按钮停止抽油机，刹紧刹车，检查刹车是否牢固。

3. 侧身拉闸断电，锁好配电箱门，挂上安全警示牌，记录停止抽油机的时间。

4. 锁紧死刹车，挂上安全警示牌。

（三）卸负荷

1. 在密封盒上方打紧光杆卡子。

2. 检查抽油机周围，确认无障碍物后，缓慢松开死刹车，缓慢松开刹车，戴绝缘手套侧身合闸送电，启动抽油机。

3. 待光杆卡子接近井口时，侧身按停止按钮，让光杆卡子坐在井口密封盒上，卸掉驴头负荷，刹紧刹车。

4. 侧身拉闸断电，锁好配电箱门，锁紧死刹车，挂上安全警示牌。

（四）安装载荷变送器

1. 根据铭牌安装方向正确安装。

2. 载荷变送器竖对称轴面与悬绳器竖对称轴面重合，载荷变送器两受力点对称居于光杆两侧，上紧固定螺栓。

（五）挂负荷

1. 检查抽油机周围，确认无障碍物后，缓慢松开死刹车，缓慢松刹车，使光杆负荷转移到悬绳器上，载荷变送器缓慢加载，使载荷变送器的传感器均匀受力，刹紧刹车，锁紧死刹车。

2. 卸下密封盒上的光杆卡子，用锉刀挫净光杆上的毛刺。

（六）启动抽油机、检查

1. 检查抽油机周围有无障碍物。

2. 摘下安全警示牌，缓慢松开死刹车，缓慢松刹车。

3. 摘下安全警示牌，打开配电箱门，戴绝缘手套，侧身合闸送电。

4. 侧身按启动按钮，利用惯性启动抽油机，检查数据采集是否正常，锁好配电箱门。

5. 检查抽油机运转情况及油井生产情况，录取油管压力、套管压力、回压数据，记录启动抽油机的时间。

（七）清理现场

清理现场，收拾工具、用具，填写报表。

五、不安全行为

1. 未按照 HSE 要求正确穿戴劳动保护用品。
2. 接触电气设备前未用试电笔验电。
3. 未戴绝缘手套接触电气设备。
4. 未侧身操作电气设备。
5. 未锁紧死刹车。
6. 拆装光杆卡子时，手抓光杆。
7. 大风天气（≥6级）登高露天作业。
8. 未缓慢松刹车挂负荷，冲击造成载荷变送器损坏。
9. 手放到悬绳器与其上方的光杆卡子之间。

项目四　转速变送器的设置及安装操作

一、操作目的

转速变送器的设置及安装操作是采油工必须掌握的一项操作技能，主要目的是正确设置与安装转速变送器，保障螺杆泵井转速数据的正常采集与传输。

二、操作流程

准备工作──→设置──→停止螺杆泵──→安装转速变送器──→启动螺杆泵、检查──→清理现场。

三、准备工作

（一）项目操作人员及劳保要求

1. 操作人员2人，持有中级及以上职业资格证。
2. 按照 HSE 要求正确穿戴劳动保护用品。
3. 女工不得长发外露。

（二）安全风险识别及风险控制措施

安全风险：

1. 电气设备操作不当，造成电击、灼伤伤害甚至死亡。
2. 未正确使用工具、用具，造成人身伤害。
3. 井口旋转部位防护装置不齐全，造成机械伤害。

4.井口旋转部位未停止旋转时,靠近井口操作,造成机械伤害。
风险控制措施:
1.正确操作电气设备。
2.正确选择使用工具、用具。
3.确保井口旋转部位防护装置齐全完好。
4.井口旋转部位停止旋转后,再进行操作。
操作前先学习操作步骤,操作中应严格按照采油工标准化操作程序进行。

(三)工具、用具、材料

转速变送器1块,配套Z字形支架1个,专用磁铁1块,375mm活动扳手1把,300mm活动扳手1把,绝缘手套1副,安全警示牌1块,试电笔1支,擦布,记录本,记录笔。

四、操作步骤

以 WLR-0807A 微功耗无线转速变送器为例。

(一)设置

1.按键使用方法。

(1) FUNC 功能键:按此键保持5s由运行模式切换为设置模式。

(2) UP 上翻键:菜单翻动和数值增加。

(3) DOWN 下翻键:菜单翻动和数值减小。

(4) ENTER 确认键:更改数据时进入和退出。手动发送数据。

(5) RESET 复位键:退出菜单模式,进入运行模式。

2.参数显示含义。

按下 FUNC 功能键保持5s进入设置模式,按 UP 上翻键和 DOWN 下翻键翻动菜单项,参数显示及含义如表3-2所示。

表3-2 转速变送器参数显示及含义

屏幕显示	含义	中文含义	注意事项
Addr	Addr address	地址	该值应和监控终端地址设定相同
tAr	tAr target	目标传感器标号	该值应设置为9,用户请勿修改
HSnr	HSnr high sensor	高位传感器标号	无拖带井该值设为0,拖带时设为被拖带井顺序号0~4(拖带:一套RTU监测多口井)
FrEq	frequency	频率	根据测控主机频点值设定,0~4可选

3. 参数设置。

通常由采油工设置的功能项有"Addr""Freq"2项,"Addr""Freq"2项通过查询后台确定具体数值。现以"Addr＝622""Freq＝1"即地址为"622"、频点为"1"的转速变送器设置为例,进行操作说明:

（1）长按FUNC键5s以上,由显示模式进入设置模式。

（2）进入设置模式后,按"UP"键或"DOWN"键查找要设置的选项"Addr"。

（3）按ENTER键进入设置,按"UP"键或"DOWN"键调整数值为"622",按"ENTER"键确认设置。

（4）按"UP"键或"DOWN"键查找要设置的选项"Freq"。

（5）按"ENTER"键进入设置,按"UP"键或"DOWN"键调整数值为"1",按"ENTER"键确认设置。

（6）按"RESET"键退出设置。

（二）停止螺杆泵

1. 用试电笔检测配电箱外壳,确认无电后,打开配电箱门。

2. 戴绝缘手套侧身按停止按钮停机,侧身拉闸断电,锁好配电箱门,挂上安全警示牌,记录停机时间。

（三）安装转速变送器

1. 安装转速变送器,用螺栓将Z字形支架固定在法兰上,如图3-1所示。

图3-1 转速变送器安装图

2. 在光杆卡子正对转速变送器的位置吸附一块磁铁,确保转速变送器的磁敏传感器距离在15mm左右。

（四）启动螺杆泵、检查

1. 检查螺杆泵井周围有无障碍物。

2. 摘下安全警示牌，打开配电箱门，戴绝缘手套，侧身合闸送电。
3. 侧身按启动按钮，观察运转电流是否正常，检查数据采集是否正常，锁好配电箱门。
4. 检查螺杆泵运转情况及油井生产情况，录取油管压力、套管压力、回压，记录启动螺杆泵的时间。

（五）清理现场
清理现场，收拾工具、用具，填写报表。

五、不安全行为

1. 未按照 HSE 要求正确穿戴劳动保护用品。
2. 未戴绝缘手套接触电气设备。
3. 未侧身操作电气设备。
4. 井口旋转部位未完全停止转动时，进行井口操作。

项目五　温度变送器的更换操作

一、操作目的

温度变送器的更换操作是采油工必须掌握的一项操作技能，主要目的是正确更换温度变送器，确保加热炉、注水泵、输油泵等设备温度数据的正常采集与传输。

二、操作流程

准备工作──→选择温度变送器──→停泵（炉）──→拆下原温度变送器──→安装合格温度变送器──→启泵（炉）──→清理现场。

三、准备工作

（一）项目操作人员及劳保要求
1. 操作人员 1 人，持有初级及以上职业资格证。
2. 按照 HSE 要求正确穿戴劳动保护用品。
3. 女工不得长发外露。
（二）安全风险识别及风险控制措施
安全风险：
1. 未正确使用工具、用具，造成人身伤害。
2. 测温探头在工作区域有一定温度，徒手触摸存在烫伤风险。
3. 未等泵的机油或加热炉的炉体冷却就操作，存在烫伤风险。
4. 未缠好绝缘胶带，电源线打火，重点安全危险场所存在爆炸风险。

风险控制措施：
1. 正确选择使用工具、用具。
2. 禁止徒手触摸测温探头。
3. 待泵的机油或加热炉的炉体冷却后再操作。
4. 缠好绝缘胶带。

操作前先学习操作步骤，操作中应严格按照采油工标准化操作程序进行。

(三) 工具、用具、材料

温度变送器1台，试电笔1支，150mm十字螺丝刀1把，300mm活动扳手1把，绝缘胶带1卷，擦布，记录本，记录笔。

四、操作步骤

本操作以 WZPB-231 型温度变送器为例。

(一) 选择温度变送器

选择合适量程的温度变送器，测量值在温度变送器量程的20%~80%为宜。

(二) 停泵（炉）

按照标准化操作规程，停止机泵（加热炉），待原温度变送器显示温度降至40℃或停泵（炉）30min以后再操作。

(三) 拆下原温度变送器

1. 用试电笔验温度变送器外壳，确认是否带电。
2. 拆开原温度变送器后盖，使用螺丝刀拆红、黑两线，每拆下1根线，及时缠好绝缘胶带。
3. 先卸松防爆挠性管与温度变送器连接端的活接头，将供电线从原温度变送器抽出，再拆下原温度变送器。

(四) 安装合格温度变送器

1. 安装垫圈片，安装温度变送器，温度变送器表头竖直、表盘朝向一致。
2. 打开新安装温度变送器后盖，将供电线从温度变送器接线孔插入，使用螺丝刀将红、黑线按照"红正黑负"原则接到有相应"+""-"标识下面，上紧防爆挠性管与温度变送器连接端的活接头，回装拧紧后盖。

(五) 启泵（炉）

按照标准化操作规程，启动机泵（加热炉），检查监控计算机，确认数据传输是否正常。

(六) 清理现场

清理现场，收拾工具、用具，填写报表。

五、不安全行为

1. 未按照HSE要求正确穿戴劳动保护用品。

2. 接触电气设备前未用试电笔验电。
3. 未缠好绝缘胶带。

项目六 流量计（磁电流量计）的拆装清理

一、操作目的

流量计（磁电流量计）的拆装清理操作是采油工应掌握的一项操作技能，主要目的是清除流量计内的脏污、杂质，并正确回装，保障水量的准确计量。

二、操作流程

准备工作──→倒流程泄压──→拆卸流量计──→清理──→安装流量计──→恢复流程、检查──→清理现场。

三、准备工作

（一）项目操作人员及劳保要求
1. 操作人员2人，持有初级及以上职业资格证。
2. 按照HSE要求正确穿戴劳动保护用品。
3. 女工不得长发外露。

（二）安全风险识别及风险控制措施
安全风险：
1. 未正确使用工具、用具，造成人身伤害。
2. 倒错流程，导致憋压、泄漏，造成污染和人身伤害。
3. 开关阀门操作不当，造成人身伤害。
风险控制措施：
1. 正确选择使用工具、用具。
2. 正确倒流程并确认。
3. 侧身缓慢开关阀门。
操作前先学习操作步骤，操作中应严格按照采油工标准化操作程序进行。

（三）工具、用具、材料
375mm活动扳手2把，F形扳手1把，铁刷子1把，尖嘴钳1把，毛毡1块，污水桶1个，8号铁丝，黄油，棉纱。

四、操作步骤

本操作以注水井流程安装的LUCB型旋涡（磁电式）流量计为例。

（一）倒流程泄压
1. 检查井口流程，侧身缓慢关闭来水阀门。

2. 正注井关闭井口生产阀门，反注井关闭套管阀门，油管、套管分注的井，先关套管阀门，后关生产阀门。

3. 侧身缓慢打开放空阀门泄压，确认井口压力落零。

（二）拆卸流量计

1. 断开流量计与智能流量控制器的接线插头。

2. 2人配合操作，拆卸卡瓦。

3. 取下流量计，放到毛毡上，取下钢圈。

（三）清理

1. 将铁丝缠绕少量棉纱，清理流量计内部通道、探针，如图3-2所示。

2. 若有部分铁屑无法清除时，使用尖嘴钳将流量计底部圆形端盖卸下，如图3-3所示，取出内部圆形磁铁，再清理铁屑，清理后回装磁铁、拧紧端盖。

图3-2　流量计探针　　　　图3-3　流量计底部端盖

3. 清理流量计两侧钢圈槽、钢圈。

4. 擦净流量计外壳及显示屏。

（四）安装流量计

1. 钢圈均匀涂抹黄油，卡入钢圈槽。

2. 按照铭牌箭头指示方向安装流量计。

3. 对称紧固卡瓦螺栓。

4. 连接流量计与智能流量控制器接线。

（五）恢复流程、检查

1. 关闭井口放空阀门。

2. 侧身缓慢稍开来水阀门试压，不渗不漏为合格。

3. 根据水井注水方式，侧身缓慢打开井口阀门，再全开来水阀门。

4. 检查调整注水井水量，检查监控计算机，确认数据传输是否正常。

（六）清理现场

清理现场，收拾工具、用具，填写报表。

五、不安全行为

1. 未按照 HSE 要求正确穿戴劳动保护用品。
2. 未打开放空阀门泄压。
3. 正对阀门进行开关操作。
4. 未正确倒流程。

项目七 LUCB 型流量计的基本设置操作

一、操作目的

LUCB 型流量计的基本设置操作是采油工必须掌握的一项操作技能,主要目的是正确设置流量计,确保计量准确及通信正常。

二、操作流程

准备工作──→按键功能──→参数设置。

三、准备工作

(一) 项目操作人员及劳保要求

1. 操作人员 1 人,持有初级及以上职业资格证。
2. 按照 HSE 要求正确穿戴劳动保护用品。
3. 女工不得长发外露。

(二) 安全风险识别及风险控制措施

安全风险:操作时站位不安全,造成人身伤害。

风险控制措施:选择合适的站位。

操作前先学习操作步骤,操作中应严格按照采油工标准化操作程序进行。

(三) 设备

LUCB 旋涡(磁电式)流量计 1 台。

四、操作步骤

(一) 按键功能

流量计界面简图如图 3-4 所示。

1. SET:功能键及设置键。
2. ⇨:右移键,向右移动一位。
3. ⇧:加一键,增加一位数值。
4. ESC:退出键,返回。

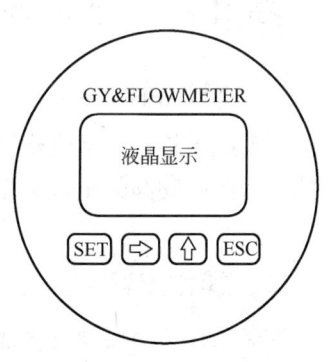

图 3-4 流量计界面简图

(二) 参数设置

采油工常用到的流量计设置操作主要是波特率设置及底数清零操作。

1. 波特率设置。

（1）打开流量计前盖，按"SET"键，进入设置，短按"SET"翻页到"F---05"波特率选项，如图3-5所示。

（2）按向上键，调整数值为2400，短按"SET"键确认设置。

（3）短按"ESC"键退出设置。

（4）回装流量计前盖并拧紧。

2. 底数清零。

（1）打开流量计前盖，按"SET"键，进入设置，短按"SET"翻页到"F---08"波特率选项，如图3-6所示。

（2）按向上键，调整显示"yes"，短按"SET"键确认设置完成清零。

（3）短按"ESC"键退出设置。

（4）回装流量计前盖并拧紧。

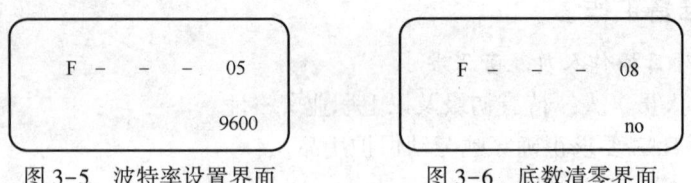

图3-5　波特率设置界面　　　　图3-6　底数清零界面

五、不安全行为

1. 未按照HSE要求正确穿戴劳动保护用品。
2. 按键时用力过猛。
3. 设置后未拧紧表盖。

项目八　电动阀的接线、常规检测及应急操作

一、操作目的

电动阀的接线、常规检测及应急操作是采油工应掌握的一项操作技能，主要目的是保障电动阀的正常动作，以及生产紧急状况下应急操作的合理性，确保安全生产。

二、操作流程

准备工作——接线——常规检测——应急操作。

三、准备工作

（一）项目操作人员及劳保要求

1. 操作人员 2 人，持有中级及以上职业资格证，维修电工 1 人。
2. 按照 HSE 要求正确穿戴劳动保护用品。
3. 女工不得长发外露。

（二）安全风险识别及风险控制措施

安全风险：

1. 未正确使用工具、用具，造成人身伤害。
2. 电气设备操作不当，造成电击、灼伤伤害甚至死亡。
3. 倒错流程，导致憋压、泄漏，造成污染和人身伤害。

风险控制措施：

1. 正确选择使用工具、用具。
2. 接触电气设备前先用试电笔验电，戴绝缘手套方可接触电气设备。
3. 正确倒流程并确认。

操作前先学习操作步骤，操作中应严格按照采油工标准化操作程序进行。

（三）工具、用具、材料

250mm 活动扳手 1 把，试电笔 1 支，绝缘手套 1 副，仪表工具 1 套，内六方扳手 1 套，擦布。

四、操作步骤

现场应用的电动阀分为电动开关阀和电动调节阀两种，前者只实现管线流程的通断，后者除实现管线流程的通断外，还能控制管线流程的开合程度。

本操作项目中，电动开关阀以 3410L 型号为例，电动调节阀以 3810R 型号为例。

（一）接线

1. 电动开关阀。

（1）拧下箱罩螺钉，取下外罩。

（2）按照接线图将电缆与端子（一般情况下红线为相线）以及 2 个接地连接起来（1 个在接线腔内有接地标识处，1 个在箱体外壁两限位螺钉之间），如图 3-7、图 3-8 所示。

2. 电动调节阀。

（1）拧下箱罩螺钉，取下外罩。

（2）按照接线图将电缆与端子连接起来，如图 3-7、图 3-9 所示。

注：电动阀安装时，电动执行机构应安装在上方，且执行器的顶部应留有一定的空间，便于外罩的拆装。

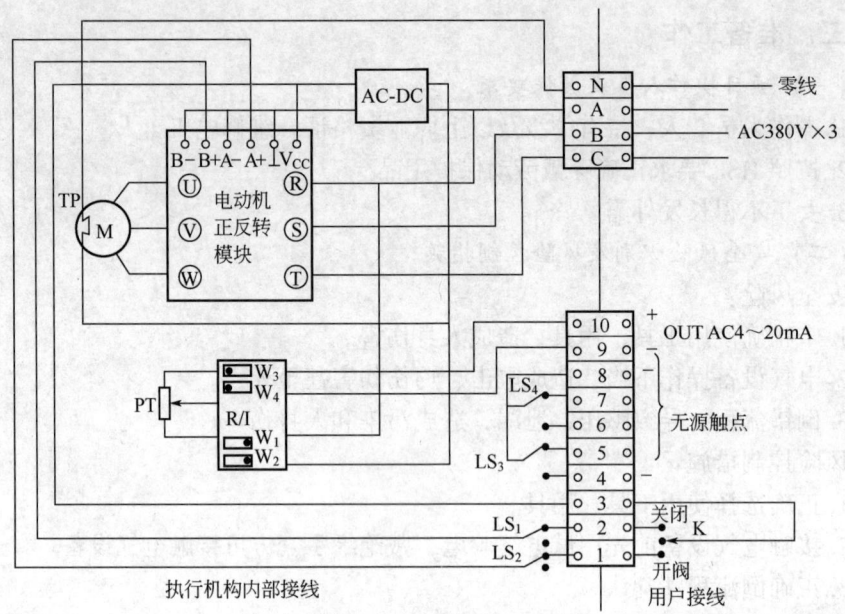

图 3-7　3410L 型电动开关阀接线图

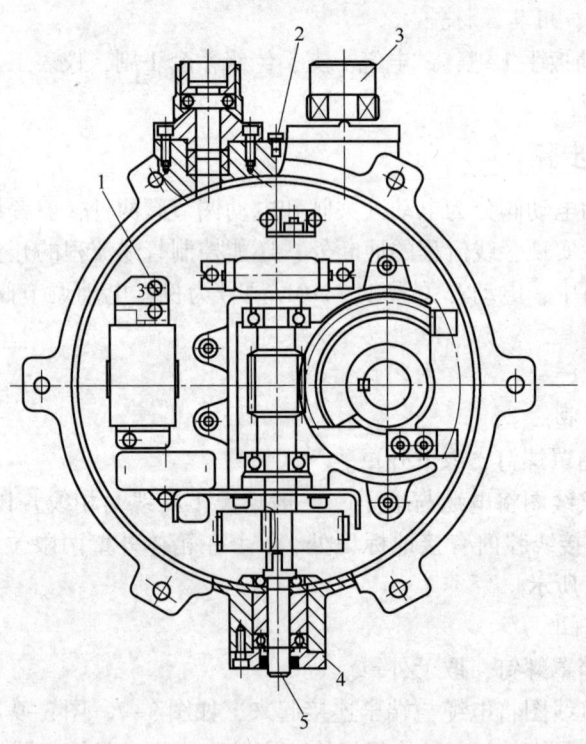

图 3-8　3410L 型电动开关阀接地位置示意图
1—内部接地；2—外部接地；3—接线组件；4—隔爆面；5—手动轴

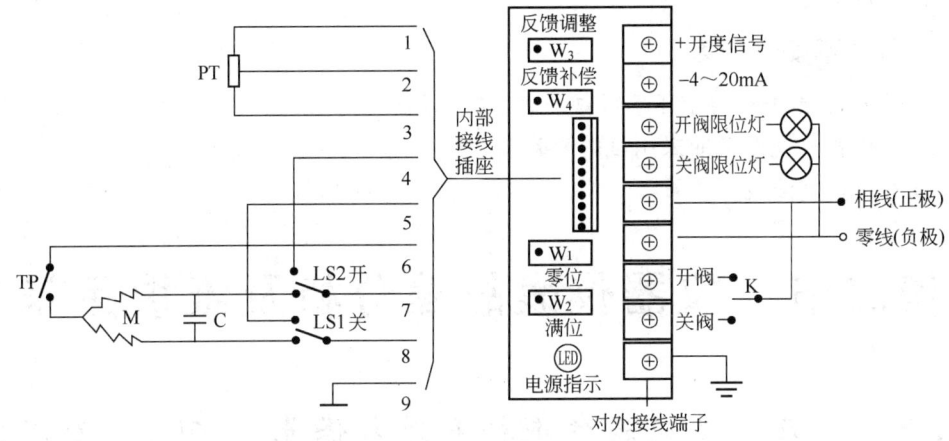

图 3-9 单相交流 220V 接线图

TP—电动机内温度开关；PT—线性电位器；C—电容器；M—驱动电动机；
K—控制开关（控制仪表）；LS1—闭限位开关；LS2—开限位开关

（二）常规检查

1. 检查电动阀（电缆入口、阀体结合部位）部位的密封是否良好，是否存在漏油等情况。

2. 检查电动阀体接地外观是否良好。

3. 检查电动阀螺杆是否有锈蚀、缺油现象。

4. 检查电动阀体连接部位的螺栓是否紧固或是否缺少。

5. 检查电动阀阀位指示与实际位置是否相符。

6. 检查电动阀开关按钮位置是否与实际相对应。

7. 检查手动、电动手柄位置是否正确。

8. 每月对电动阀进行手动和远程控制测试，保证电动阀的灵活好用。

（三）应急操作

电动阀不能正常动作时，应采取应急操作。有直通的应先导通直通，防止憋压；无直通情况下，先暂停该生产流程。

简单故障判断与排除：

1. 若现场为电动开关阀，则需检查阀门电源指示灯是否亮，若供电正常，进行现场开关操作。开关操作前，先将旋钮打到就地挡或手动挡，进行手动操作；或搬动操纵杆，转动手轮操作，断电 1min 后重新上电后即恢复，如不能恢复，及时上报相关部门。

2. 若现场为电动调节阀，则需打开外罩看反馈模块的电源灯是否亮，若供电正常，用扳手手动活动手动轴，并重新上电即恢复，如不能恢复，及时上报相关部门。

五、不安全行为

1. 未按照 HSE 要求正确穿戴劳动保护用品。
2. 接触电气设备前未用试电笔验电。
3. 未正确倒流程。

第二节　仪器仪表故障分析及维护保养

项目一　压力变送器的巡检和维护保养（有线、无线）

一、操作目的

压力变送器的巡检和日常维护保养（有线、无线）是采油工必须掌握的一项操作技能，主要目的是减少压力变送器进水、应力性损坏、老化、腐蚀、脏污、冻堵等现象的发生，使压力变送器在正常的环境下工作。

二、操作流程

准备工作──→巡回检查──→维护保养。

三、准备工作

（一）项目操作人员及劳保要求

1. 操作人员 1 人，持有初级及以上职业资格证。
2. 按照 HSE 要求正确穿戴劳动保护用品。
3. 女工不得长发外露。

（二）安全风险识别及风险控制措施

安全风险：

1. 未正确使用工具、用具，造成人身伤害。
2. 倒错流程，导致憋压、泄漏，造成污染和人身伤害。
3. 开关阀门操作不当，造成人身伤害。

风险控制措施：

1. 正确选择使用工具、用具。
2. 正确倒流程并确认。
3. 侧身缓慢开关阀门。

操作前先学习操作步骤，操作中应严格按照采油工标准化操作程序进行。

（三）工具、用具、材料

150mm 十字螺丝刀 1 把，300mm 活动扳手 1 把，试电笔 1 支，绝缘胶带 1 卷，垫圈片若干，擦布，记录本，记录笔。

四、操作步骤

（一）巡回检查

1. 检查压力变送器数值是否正常显示、有无波动、与计算机（监控组态或者数据平台）显示的两次数值是否一致。
2. 检查压力变送器外观是否清洁、损坏。
3. 检查仪表和仪表阀之间有无渗漏、腐蚀。
4. 检查压力变送器表盖是否旋紧，表内有无尘土、雨水进入。
5. 检查压力变送器接线防爆软管有无老化断裂现象。

（二）维护保养

1. 根据检定有效期，及时送检。
2. 每月进行一次放空泄压，观察压力是否落零。
3. 保持压力变送器清洁。
4. 冬季生产，提前做好防冻保温工作。

五、不安全行为

1. 未按照 HSE 要求正确穿戴劳动保护用品。
2. 正对阀门操作。
3. 未放净压力就操作压力变送器。
4. 拆有线压力变送器时未验电。
5. 未缠好绝缘胶带。

项目二　油水井测控主机常见故障判断与处理

一、操作目的

油水井测控主机常见故障判断与处理是采油工应掌握的一项操作技能，主要目的是正确判断与处理油水井主机故障，确保对电参数测量模块和压力变送器、载荷变送器、转速变送器、流量计、执行器等设备数据的正常采集、处理、传输，并保障后台控制指令的正确下发。

二、操作流程

准备工作──→故障判断──→故障处理。

三、准备工作

（一）项目操作人员及劳保要求

1. 操作人员 2 人，持有初级及以上职业资格证。

2. 按照 HSE 要求正确穿戴劳动保护用品。

3. 女工不得长发外露。

（二）安全风险识别及风险控制措施

安全风险：

1. 未用试电笔确认远传控制柜外壳是否带电，造成触电伤害。

2. 误碰控制柜内除测控主机外的其他线缆，造成触电伤害。

3. 未检查接地装置外观连接是否完好，柜体有带电风险。

4. 人字梯未固定牢固，有跌落摔伤风险。

风险控制措施：

1. 接触远传控制柜前先用试电笔验电。

2. 不触碰控制柜内除测控主机外的其他线缆。

3. 检查接地装置外观连接是否完好。

4. 固定或扶好人字梯。

操作前先学习操作步骤，操作中应严格按照采油工标准化操作程序进行。

（三）工具、用具、材料

试电笔 1 支，绝缘手套 1 副，绝缘胶带 1 卷，2m 人字梯 1 副。

四、操作步骤

本操作以 WZH8002Z 型主机为例。

（一）操作简介

WZH8002Z 主机具有液晶显示功能以及按键设置功能，用户可通过液晶显示屏查看相关信息以及进行现场设置。4 个按键的含义分别为：

1. FUN：功能键，点击功能键进入参数设置状态。

2. UP：上翻键或增加键。

3. DOWN：下翻键或减小键，在主页面按一下下翻键可关闭液晶显示。

4. ENTER：确认键。

操作主机时：

1. 用试电笔检测电控柜外壳是否带电。

2. 按 FUN 键进入设置，找到"输入密码"，按"ENTER"键确认，按"UP""DOWN"键调整光标与密码数字，完成输入"8002"，进入修改权限，可进行修改设置操作。

(二) 常见故障判断与处理

1. 油井。

(1) 无显示。

可能的故障原因：

① 断电。

② 电源模块坏。

相应处理措施：

① 侧身合空气开关。

② 更换电源模块。

(2) 无存数。

可能的故障原因：

① 传输天线掉落或损坏。

② 主机死机。

③ 主机数据存储过多。

相应处理措施：

① 重新放置天线至配电柜顶部或更换天线。

② 侧身断电重启。

③ 按 FUN 键进入设置，找到"输入密码"，按"ENTER"键确认，按"UP""DOWN"键调整光标与密码数字，完成输入"8002"，进入修改权限。按"UP""DOWN"键找到"恢复出厂设置"，按"ENTER"键确认，完成清数操作。

2. 水井。

(1) 无显示。

可能的故障原因：

① 蓄电池亏电。

② 电源模块损坏。

相应处理措施：

① 更换蓄电池。

② 更换电源模块。

(2) 无存数。

可能的故障原因：

① 传输天线损坏。

② 主机死机。

③ 主机数据存储过多。

相应处理措施：

① 重新放置天线至配电柜顶部或更换天线。

② 断电重启。

③ 按 FUN 键进入设置，找到"输入密码"，按"ENTER"键确认，按"UP""DOWN"键调整光标与密码数字，完成输入"8002"，进入修改权限。按"UP""DOWN"键找到"恢复出厂设置"，按"ENTER"键确认。

五、不安全行为

1. 未按照 HSE 要求正确穿戴劳动保护用品。
2. 接触电气设备前未用试电笔验电。

项目三　电动阀常见故障判断与处理

一、操作目的

电动阀常见故障判断与处理是采油工应掌握的一项操作技能，主要目的是正确判断电动阀故障，并采取合理的处理措施，保证油井安全正常生产。

二、操作流程

准备工作──→故障判断──→故障处理。

三、准备工作

（一）项目操作人员及劳保要求

1. 操作人员 2 人，持有中级及以上职业资格证，维修电工 1 人。
2. 按照 HSE 要求正确穿戴劳动保护用品。
3. 女工不得长发外露。

（二）安全风险识别及风险控制措施

安全风险：

1. 未正确使用工具、用具，造成人身伤害。
2. 电气设备操作不当，造成电击、灼伤伤害甚至死亡。
3. 倒错流程，导致憋压、泄漏，造成污染和人身伤害。
4. 开关阀门操作不当，造成人身伤害。

风险控制措施：

1. 正确选择使用工具、用具。
2. 接触电气设备前先用试电笔验电，戴绝缘手套侧身操作电气设备。
3. 正确倒流程并确认。
4. 侧身缓慢开关阀门。

操作前先学习操作步骤，操作中应严格按照采油工标准化操作程序进行。

（三）工具、用具、材料

250mm、300mm 活动扳手各 1 把，绝缘手套 1 副，试电笔 1 支，150mm 平口螺丝刀 1 把，内六方扳手 1 套，污油桶，擦布。

四、操作步骤

根据表 3-3 中具体的故障对应检查并处理。

表 3-3　故障原因及处理方法

故障分类	原因	处理方法
电源灯亮却不动作	输入信号无	检查使之正确
输入信号灯不亮	输入信号"+""-"极性接反	检查使之正确
在电源灯亮、输入信号灯亮的情况下，电动机不启动	电源不符或电压低	检查电压使之正常
	输入信号错误	将输入信号选择开关拨正确
	热保护动作（周围温度高、使用频率高、电容击穿）	降低周围温度，降低使用频率和灵敏度，换电容
	电动机断线	更换导线或连好导线
	电动机、电容、电位器各插头接触不良	接好相应插头
电动机振动、发热	输入信号有交流干扰（可用万用表 2V 交流挡测量输入端电压）	检查输入信号消除干扰，或输入端并 470μF/25V 电容
	灵敏度过高	调整灵敏度电位器，降低灵敏度
	电位器或电位器配线不良	检查使之正常
到限位后电动机不停止	上、下限凸轮调整不当	重新调整限位凸轮
	限位开关故障	更换限位开关
	限位开关配线不良	正确连接限位开关配线
电动机发热、运转途中自行停止	负载过大导致发生过载保护	检查系统压差是否在额定范围内
	热保护动作	排除过载、负载或降低环境温度
	零位和行程调整不良	调整好零位和行程电位器
	调节阀内有异物	若手动操作也费劲则拆卸阀拿出异物
	填料压盖拧得过紧	松动压盖，调整松紧至合适
手动操作费力	填料压盖拧得过紧	松动压盖，调整松紧至合适
	阀门内部发生意外	拆卸阀门检查

五、不安全行为

1. 未按照 HSE 要求正确穿戴劳动保护用品。
2. 正对阀门进行开关操作。
3. 接触电气设备前未用试电笔验电。

项目四　液位计常见故障判断与处理

液位计常见故障判断与处理是采油工应掌握的一项操作技能,主要目的是正确判断液位计故障,并采取合理的处理措施,确保液位计准确计量。

一、操作流程

准备工作──→故障判断──→故障处理。

二、准备工作

(一) 项目操作人员及劳保要求

1. 操作人员2人,持有中级及以上职业资格证,维修电工1人。
2. 按照HSE要求正确穿戴劳动保护用品。
3. 女工不得长发外露。

(二) 安全风险识别及风险控制措施

安全风险:

1. 未正确使用工具、用具,造成人身伤害。
2. 电气设备操作不当,造成电击、灼伤伤害甚至死亡。
3. 倒错流程,导致憋压、泄漏,造成污染和人身伤害。
4. 开关阀门操作不当,造成人身伤害。
5. 高空坠落。

风险控制措施:

1. 正确选择使用工具、用具。
2. 接触电气设备前先用试电笔验电,戴绝缘手套侧身操作电气设备。
3. 正确倒流程并确认。
4. 侧身缓慢开关阀门。
5. 佩戴安全带,避免恶劣天气时高空作业。

操作前先学习操作步骤,操作中应严格按照采油工标准化操作程序进行。

(三) 工具、用具、材料

250mm、300mm防爆活动扳手各1把,试电笔1支,专用磁铁1块,擦布。

三、操作步骤

(一) 磁翻板液位计

1. 常见故障。

(1) 磁翻板液位计指示小球红白不均匀。

(2) 液位计不随液位的变化而变化。

2. 相应处理措施。

(1) 用磁铁沿仪表盘从上到下进行校正。

(2) 先确定液位计是否与容器连通（即连接阀门是否打开），若已连通，查看液位计浮球是否被容器中的物体卡住或因油稠被粘住（常出现在冬天），如卡住则进行解卡；如被粘住则给油加温至恢复正常，并注意保温；如均正常，可判定浮球因腐蚀等原因被损坏，立即取出浮球进行检查。

(二) 雷达液位计

1. 测量偏差。

(1) 若是罐内液体波动大（主要出现在脉冲雷达液位计），导致液位存在很大偏差，需将罐内液面控制平稳，减小波动。

(2) 若是罐内的蒸汽、油污吸附在导波雷达液位计的导波组件或脉冲雷达液位计的喇叭天线上，需要将液位计提出，用擦布将其表面的油污擦净。

2. 数据固定不动。

该问题是由于长时间使用，死机所造成的，需要重新上电恢复，如不能恢复应及时与相关部门联系。

3. 显示屏无显示。

先查供电电源，如供电不正常，需恢复供电，如供电正常，说明是显示屏或电路板问题，应及时与信息网络部门联系。

4. 液位计数据波动异常。

(1) 若是液面波动大引起的虚假回波，需修改虚假回波参数。

(2) 若是安装位置不规范（主要是受收油槽等金属的干扰导致的），需重新调整液位计位置。

如遇液位计数据波动异常情况，在核实实际储液罐进液情况之后，应及时与相关部门联系。

四、不安全行为

1. 未按照 HSE 要求正确穿戴劳动保护用品。
2. 正对阀门进行开关操作。
3. 接触电气设备前未用试电笔验电。
4. 在大风（≥6级）或者液位计安装位置湿滑（雨雪霜或油污）的条件下操作。

项目五　油井数据异常原因分析及处理

一、操作目的

油井数据异常原因分析与处理是采油工应掌握的一项操作技能，主要目的是正确分析油井异常数据,判断造成异常数据的原因,并采取合理的措施。

二、操作流程

准备工作──→原因分析──→处理措施。

三、准备工作

(一) 项目操作人员及劳保要求

1. 操作人员2人,持有初级及以上职业资格证。
2. 按照 HSE 要求正确穿戴劳动保护用品。
3. 女工不得长发外露。

(二) 安全风险识别及风险控制措施

安全风险:

1. 未用试电笔确认远传控制柜外壳是否带电,造成触电伤害。
2. 误碰控制柜内除测控主机外的其他线缆,造成触电伤害。
3. 未检查接地装置外观连接是否完好,柜体有带电风险。
4. 人字梯未固定牢固,有跌落摔伤风险。
5. 未正确使用工具、用具,造成人身伤害。
6. 倒错流程,导致憋压、泄漏,造成污染和人身伤害。
7. 开关阀门操作不当,造成人身伤害。
8. 未锁紧死刹车,发生溜车,造成机械伤害。
9. 下冲程时手抓光杆,造成挤压伤害。
10. 未打紧光杆卡子,造成载荷冲击或人身伤害。
11. 安装及固定载荷变送器时未站稳,跌落造成人身伤害。

风险控制措施:

1. 接触远传控制柜前先用试电笔验电。
2. 不触碰控制柜内除测控主机外的其他线缆。
3. 检查接地装置外观连接是否完好。
4. 固定或扶好人字梯。
5. 正确选择使用工具、用具。
6. 正确倒流程并确认。
7. 侧身缓慢开关阀门。
8. 锁紧死刹车。
9. 禁止手抓光杆。
10. 打紧光杆卡子。
11. 安装及固定载荷变送器时,选择合适的位置站稳。

操作前先学习操作步骤,操作中应严格按照采油工标准化操作程序进行。

第三章 仪器仪表、自动化系统及常用工具、用具的日常标准操作项目

（三）工具、用具、材料

根据不同的任务内容选用相应的工具、用具。

四、操作步骤

（一）压力异常

压力异常故障原因及处理措施见表3-4。

表3-4 压力异常故障原因及处理措施

故障分类	原因	处理措施
压力数据丢失	压力变送器送检，现场为普通压力表	压力变送器校检回来后，正确调试与安装
	压力变送器设置错误	正确设置压力变送器
	压力变送器电池馈电	更换压力变送器电池
	压力变送器损坏	将压力变送器拆回并送修，调试安装备用普通压力表或压力变送器
	433天线掉落、遮挡或损坏	回装固定433天线或更换433天线
压力表指针不动作	仪表阀门未打开	打开仪表阀门至合适位置
	压力传感器堵塞	拆下压力变送器，清理压力传感器端
	冬季低温冻堵	做好冬防保温工作
	流程不通	正确倒通流程

（二）示功图异常

示功图异常故障原因及处理措施见表3-5。

表3-5 示功图异常故障原因及处理措施

故障分类	原因	处理措施
示功图丢失	载荷传感器反向安装	依据载荷传感器铭牌上面的朝向指示正确安装
	载荷传感器损坏	更换载荷传感器
	载荷传感器电池馈电	更换载荷传感器或者更换载荷传感器电池
	RTU地址和频点设置与载荷传感器铭牌不一致	查看载荷传感器铭牌上面的地址、频点参数，正确设置RTU
	载荷测力传感器损坏	更换载荷传感器
	433天线掉落、遮挡或损坏	回装固定433天线或更换433天线
典型示功图	示功图呈一条直线	未启井或异常停井
	示功图呈一条竖线	正确设置冲程
	载荷突变减小	现场憋压，验证杆是否断脱
	载荷突变增大	现场取样、检测抽油机电流是否增大

续表

故障分类	原因	处理措施
典型示功图	示功图左下角增载线与减载线交叉呈闭合圈	下碰泵，调大防冲距
	示功图右上角增载线与减载线交叉呈闭合圈	上碰泵，调小防冲距
	示功图左上角缓慢增载	现场憋压，验证游动阀是否漏失
	示功图右下角缓慢减载	现场憋压，验证固定阀是否漏失
	示功图上行段与下行段有圆滑波浪线	油井含蜡量较高，确定合理的清蜡周期，选择合理的清蜡方式
	示功图上行段与下行段有锯齿状波浪线	油井出砂，清防砂、碰泵、作业检泵
	示功图呈"刀把状"	供液不足，调整工作参数
	示功图右下角呈光滑弧状	油井出气，加强对应注水井注水量，合理控防套管气，调小工作参数

（三）数据停传

数据停传故障原因及处理措施见表 3-6。

表 3-6 数据停传故障原因及处理措施

故障分类	原因	处理措施
基站停传	基站断电	检查基站机柜，合闸送电
	基站断网	检查基站网线是否虚接，重新插拔；检查基站所在班站网络交换机是否断电或断网，并对网络交换机进行合闸送电与复位重启
	基站 IP 被占用	联系信息部门对基站 IP 跟踪，找出盗用 IP 的终端，责令其正确使用 IP，否则对盗用 IP 的终端执行封 MAC 处理，保障基站的正常运作
	基站 RTU 损坏	更换基站 RTU 并正确设置
	基站供电模块损坏	更换供电模块
	基站馈线损坏或老化	更换基站馈线
油井停传	RTU 机柜断电	检查机柜，合闸送电
	GSM 天线掉落、遮挡或损坏	回装固定 GSM 天线或更换 GSM 天线
	RTU 设置错误	确定实际的地址、频点信息，从后台软件及时修改
	参数设置软件与实际仪表安装情况不一致	依据现场仪表的实际安装情况正确设置参数设置软件
	RTU 损坏	更换 RTU
	供电模块损坏	更换供电模块
	RTU 死机	重启 RTU

五、不安全行为

1. 未按照 HSE 要求正确穿戴劳动保护用品。
2. 接触电气设备前未用试电笔验电。

项目六　智能流量控制器故障判断与处理

一、操作目的

智能流量控制器故障判断与处理是采油工应掌握的一项操作技能，主要目的是根据故障现象正确处理智能流量控制器故障，使其正确执行注水指令、动作正常。

二、操作流程

准备工作──→原因分析──→处理措施。

三、准备工作

（一）项目操作人员及劳保要求

1. 操作人员 2 人，持有初级及以上职业资格证。
2. 按照 HSE 要求正确穿戴劳动保护用品。
3. 女工不得长发外露。

（二）安全风险识别及风险控制措施

安全风险：

1. 未正确使用工具、用具，造成人身伤害。
2. 倒错流程，导致憋压、泄漏，造成污染和人身伤害。
3. 开关阀门操作不当，造成人身伤害。

风险控制措施：

1. 正确选择使用工具、用具。
2. 正确倒流程并确认。
3. 侧身缓慢开关阀门。

操作前先学习操作步骤，操作中应严格按照采油工标准化操作程序进行。

（三）工具、用具、材料

万用表 1 只，300mm 活动扳手 1 把，F 形扳手 1 把，专用内六方扳手 1 把，磁触笔 1 支。

四、操作步骤

（一）智能流量控制器与流量计不通信

故障原因及处理措施见表 3-7。

表 3-7 智能流量控制器与流量计不通信故障原因及处理措施

故障分类	原因	处理措施
智能流量控制器与流量计不通信	智能流量控制器没电	测量智能流量控制器四芯航空插头供电电压，如无电，判断供电线缆损坏，重新布线
	智能流量控制器设置错误	检查流量计波特率并正确设置
	智能流量控制器过保护（过保护是指实际执配与配注量不一致，造成智能流量控制器过度调大或调小，达到保护限位，造成智能流量控制器与流量计不通信）	根据配注量，将智能流量控制器摇到合适角度
	智能流量控制器与流量计通信线损坏	更换智能流量控制器与流量计通信线
	智能流量控制器损坏	更换智能流量控制器

（二）智能流量控制器不调节

故障原因及处理措施见表3-8。

表 3-8 智能流量控制器不调节故障原因及处理措施

故障分类	原因	处理措施
智能流量控制器不调节	智能流量控制器没电	测量智能流量控制器供四芯航插头电压，如无电，判断供电线缆损坏，重新布线
	蓄电池低电压	测量智能流量控制器供四芯航插头电压，如低于23.7V，判断蓄电池低电压，更换蓄电池
	智能流量控制器损坏	更换智能流量控制器
	控制阀堵	清理流量控制阀
	控制阀锈住	拆下智能流量控制器，用活动扳手反复转动控制阀阀杆至灵活

五、不安全行为

1. 未按照 HSE 要求正确穿戴劳动保护用品。
2. 未打开放空阀门泄压。
3. 正对阀门进行开关操作。

项目七 转速变送器故障判断与处理

一、操作目的

转速变送器故障判断与处理是采油工必须掌握的一项操作技能，主要目的是根据故障现象正确判断转速变送器故障，并采取合理措施，保障转速数据的正常采集与传输。

二、操作流程

准备工作——→故障判断——→处理措施。

三、准备工作

（一）项目操作人员及劳保要求

1. 操作人员1人，持有初级及以上职业资格证。
2. 按照 HSE 要求正确穿戴劳动保护用品。
3. 女工不得长发外露。

（二）安全风险识别及风险控制措施

安全风险：

1. 电气设备操作不当，造成电击、灼伤伤害甚至死亡。
2. 未正确使用工具、用具，造成人身伤害。
3. 开关阀门操作不当，造成人身伤害。
4. 井口旋转部位防护装置不齐全，造成机械伤害。
5. 井口旋转部位未停止旋转就靠近进口操作，造成机械伤害。

风险控制措施：

1. 接触电气设备前先用试电笔验电，戴绝缘手套侧身操作电气设备。
2. 正确选择使用工具、用具。
3. 侧身缓慢开关阀门。
4. 确保井口旋转部位防护装置齐全完好。
5. 井口旋转部位停止旋转后，再进行井口操作。

操作前先学习操作步骤，操作中应严格按照采油工标准化操作程序进行。

（三）工具、用具、材料

专用磁铁1块，300mm活动扳手1把，绝缘手套1副，试电笔1支，擦布。

四、故障判断

（一）无转速

故障原因及处理措施见表3-9。

表3-9 无转速故障原因及处理措施

故障分类	原因	处理措施
无转速	转速变送器电池亏电	正确停螺杆泵井，更换转速变送器电池
	转速变送器磁触发端朝向错误	正确停螺杆泵井，将转速变送器的磁触发端朝向强磁正对，紧固后启井
	转速变送器与强磁不能正对触发	正确停螺杆泵井，调整强磁的位置，将转速变送器磁触发端与强磁正对，紧固后启井

续表

故障分类	原因	处理措施
无转速	转速变送器与强磁距离超过 15mm	正确停螺杆泵井，调整转速变送器安装支架安装位置，校准转速变送器与强磁之间的相对位置至 15mm 左右正对，紧固后启井
	转速变送器设置错误	正确设置转速变送器地址、频点，使其与 RTU 设置一致
	转速变送器损坏	拆下损坏的转速变送器送修，并正确设置安装备用转速变送器

（二）转速异常

故障原因及处理措施见表 3-10。

表 3-10　转速异常故障原因及处理措施

故障分类	原因	处理措施
转速异常	显示转速是实际设定转速的整数倍，可能出现的倍数通常在 2~4 之间	螺杆泵泵头上有多于 1 块的强磁，造成转数的重复计数。正确停螺杆泵井，拆下多余强磁，正对并紧固后启井
	转速跳动	转速变送器支架不牢固造成转速传感器振动过大，转速传感器接收到的强磁触发信号缺失或者重复触发。正确停螺杆泵井，紧固转速变送器支架后启井
	显示转速与实际转速相差不是整数倍，通常上下相差几十转，并且稳定在一个数值	现场核实螺杆泵井实际转速，看是否与转速传感器显示数值一致。若不一致，判断为转速变送器故障，正确停螺杆泵井，将其拆下送修，并安装调试备用转速变送器后启井；若一致，则判断螺杆泵井未正确设置工作参数，需正确调整螺杆泵井工作参数

五、不安全行为

1. 未按照 HSE 要求正确穿戴劳动保护用品。
2. 接触电气设备前未用试电笔验电。
3. 未侧身操作电气设备。
4. 井口旋转部位未完全停止转动就进行井口操作。

项目八　数字化机柜的巡检

一、操作目的

数字化机柜的巡检是采油工必须掌握的一项操作技能，主要目的是掌握数字化机柜的运行状态是否正常、运行环境是否适宜。

二、操作流程

准备工作——→PLC 机柜的巡检——→网络交换机机柜的巡检——→油水井机柜的巡检。

三、准备工作

（一）项目操作人员及劳保要求

1. 操作人员 1 人，持有初级及以上职业资格证。

2. 按照 HSE 要求正确穿戴劳动保护用品。

3. 女工不得长发外露。

（二）安全风险识别及风险控制措施

安全风险：电气设备操作不当，造成电击、灼伤伤害甚至死亡。

风险控制措施：接触电气设备前先用试电笔验电，戴绝缘手套方可接触电气设备。

操作前先学习操作步骤，操作中应严格按照采油工标准化操作程序进行。

（三）工具、用具、材料

试电笔 1 支，绝缘手套 1 副，擦布，记录本，记录笔。

四、操作步骤

（一）PLC 机柜的巡检

1. 检查 PLC 机柜内部是否清洁，确保无积尘、蛛网。

2. 检查 PLC 机柜外壳是否清洁，有无物品堆放在上面。

（二）网络交换机机柜的巡检

1. 检查空调和换风设备是否运行正常，确保机柜在适宜的工作环境下正常运行。

2. 检查网络交换机、光纤收发器等网络设备的指示灯及工作状态显示是否正常。

3. 检查网络交换机机柜内部是否清洁，确保无积尘、蛛网。

4. 检查网络交换机机柜外壳是否清洁，有无物品堆放在上面。

（三）油水井机柜的巡检

1. 油井机柜：

（1）检查接地外观是否良好。

（2）检查传输天线是否落地。

（3）查看 RTU 控制板上面的 RTU、电源模块、电参模块工作指示灯是否正常亮或闪烁。

（4）查看柜门是否变形、脱落。

2. 水井机柜：

（1）检查线缆外观有无损坏。

（2）检查传输天线是否掉落。

（3）检查水井机柜杆体是否弯折，柜门是否变形、脱落。

五、不安全行为

1. 未按照 HSE 要求正确穿戴劳动保护用品。

2. 接触电气设备前不用试电笔验电。

项目九　UPS 故障原因分析与处理

一、操作目的

UPS 故障原因分析与处理是采油工应掌握的一项操作技能，主要目的是根据故障现象正确分析 UPS 故障，并采取合理的措施，保障 UPS 正常工作。

二、操作流程

准备工作——→原因分析——→处理措施。

三、准备工作

（一）项目操作人员及劳保要求

1. 操作人员 1 人，持有初级及以上职业资格证，维修电工 1 人。

2. 按照 HSE 要求正确穿戴劳动保护用品。

3. 女工不得长发外露。

（二）安全风险识别及风险控制措施

安全风险：电气设备操作不当，造成电击、灼伤伤害甚至死亡。

风险控制措施：接触电气设备前先用试电笔验电，戴绝缘手套方可接触电气设备。

操作前先学习操作步骤，操作中应严格按照采油工标准化操作程序进行。

（三）工具、用具、材料

试电笔 1 支，绝缘手套 1 副，仪表工具 1 套，万用表 1 只。

四、操作步骤

（一）蓄电池因素

蓄电池故障原因及处理措施见表 3-11。

第三章 仪器仪表、自动化系统及常用工具、用具的日常标准操作项目

表 3-11 蓄电池故障原因及处理措施

故障分类	故障描述	原因	处理措施
UPS 无法启动	UPS 逆变工作了一段时间后，不能启动	蓄电池低电压	将 UPS（蓄电池连接插头连接的情况下）和市电连接好，按 UPS 前面板的"Test"按钮，虽然 UPS 面板显示灯不会亮，但这时 UPS 会给电池充电。充电一段时间后，再按"Test"键 UPS 就可以启动工作
	电池使用 2 年左右，UPS 不能启动	蓄电池一般为铅酸电池，使用 2 年左右容量会下降	更换新的同规格型号的蓄电池
	单节电池的电压都很正常，但 UPS 不能启动	①电池与电池之间的连接或电池与 UPS 之间的连接出现问题，例如：连接点不牢固或者是连接点有氧化现象；②UPS 与电池连线的熔断丝断；③UPS 与电池之间的连线很长、很细或中间有连接点，因此产生了很大的压降	①重新紧固连接点或清除连接点氧化物后重新连接；②换 UPS 与蓄电池连线的熔断丝；③换合适长度的连接线，若原连接线中间有连接点，则需剔除连接点
市电断电后 UPS 不能转到逆变状态下工作	—	电池与电池之间的连接或电池与 UPS 之间的连接出现问题，例如：连接点不牢固或者是连接点有氧化现象	重新紧固连接点或清除连接点氧化物后重新连接
	—	UPS 与电池连线的熔断丝断	换 UPS 与蓄电池连线的熔断丝
	—	UPS 与电池之间的连线很长、很细或中间有连接点，因此产生了很大的压降	换合适长度的连接线，若原连接线中间有连接点，则需剔除连接点
UPS 逆变时间短，达不到使用要求	—	UPS 安装之初未设置蓄电池参数	重新安装 UPS，并设置蓄电池参数
	—	已经设置了蓄电池参数，但 UPS 的逆变时间仍然很短，则判断是蓄电池老化	更换同等规格型号蓄电池

（二）其他因素

其他故障原因及处理措施见表 3-12。

表 3-12 其他故障原因及处理措施

故障分类	原因	处理措施
UPS 在线工作时风扇频繁启动	UPS 机内温度比较高	一般是机内达到 40℃ 的时候风扇启动，是一种正常现象。除此之外，应检查室内通风是否正常，UPS 的进风口和出风口是否被杂物或灰尘堵塞，如有杂物或灰尘堵塞，应及时清除杂物及灰尘。如果 UPS 的工作环境温度常年较高，应采取开空调或强制通风的方式保障合适的工作环境温度
UPS 时常有过载报警	UPS 输出端连接的负荷超过额定负荷	检查是否有诸如打印机一类非必要连接到 UPS 上的终端设备连接到 UPS，如有则需移除该连接
	UPS 输出端接电源插座，电源插座瞬间短路造成过载	移除 UPS 输出端的电源插座
	UPS 额定负荷不满足使用需求	更换满足使用需求的 UPS
UPS 不能冷启动（在没有市电的情况下，只依靠电池启动）	未使用正常的操作方法	按住"Test"键，大约 4s 听到"嘀"声后立即松手，UPS 即可冷启动。如果按得时间过长或过短，UPS 都不能冷启动

五、不安全行为

1. 未按照 HSE 要求正确穿戴劳动保护用品。
2. 接触电气设备前未用试电笔验电。

第三节　自动化管理系统

项目一　站库无人值守系统操作

一、操作目的

站库无人值守系统操作是采油工必须掌握的一项操作技能，主要目的是掌握正确的无人值守系统操作方法，准确使用无人值守系统。

二、操作流程

进入系统方式——→权限及功能——→操作方法。

三、准备工作

（一）项目操作人员及劳保要求

1. 操作人员 1 人，持有初级及以上职业资格证。
2. 按照 HSE 要求正确穿戴劳动保护用品。
3. 女工不得长发外露。

（二）安全风险识别及风险控制措施

安全风险：

1. 启停设备操作不当，造成设备损坏或人身伤害。
2. 系统报警未及时处理，造成生产事故。

风险控制措施：

1. 按操作程序正确启停设备，并做好沟通。
2. 发现系统报警及时判断并处理。

操作前先学习操作步骤，操作中应严格按照采油工标准化操作程序进行。

（三）设备

无人值守操作站计算机 1 台。

四、操作步骤

（一）接转站无人值守系统

1. 进入系统方式。

开机后，计算机设有自动运行方式，延时 1000ms。如开机后未能自己启动，可以按以下方式进入平台监控系统。

开机后进入桌面，在桌面选择以下图标，如图 3-10 所示，然后点击"工程管理器"界面中的"运行"按钮。

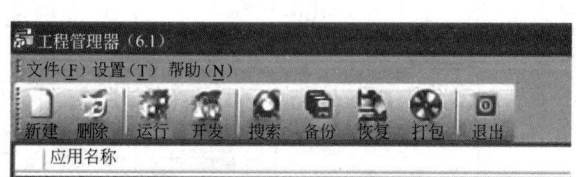

图 3-10 进入无人值守系统方式

2. 权限及功能说明。

（1）用户权限说明。

① 操作员级：只能查看所有流程与参数。

② 调度员级：允许修改仪表量程与限值，操作污水泵启停，操作注水泵停止，操作输油泵停止，操作周限的设防与撤防。原始密码为：admin。

③ 工程师级：包括操作员及调度员所有权限，还包括注水泵复位和输油泵

启动操作。原始密码为：administrator。

④ 管理级别：所有权限。

（2）机泵运行状态说明。

① 红色：表示机泵停止。

② 绿色：表示机泵工频运行。

③ 蓝色：表示机泵变频运行。

④ 火焰闪烁：表示加热炉运行。

⑤ 火焰停闪：表示加热炉停运。

（3）保护功能说明。

① 注水泵联锁保护功能：

a. 注水泵进口压力低低限停泵。

b. 注水泵出口压力高高限停泵。

c. 注水泵泵温度高高限停泵。

② 输油泵联锁保护功能：

a. 输油泵进口压力低低保护。

机泵联锁保护中，压力、温度波动均延时 5s，如 5s 内压力恢复正常，则联锁功能不动作，以免误动作。

b. 生产工艺保护功能。

输油泵停止，旁路阀自动开启，输油泵运行，旁路阀自动关闭。

3. 操作说明。

（1）界面总说明，如图 3-11 所示。

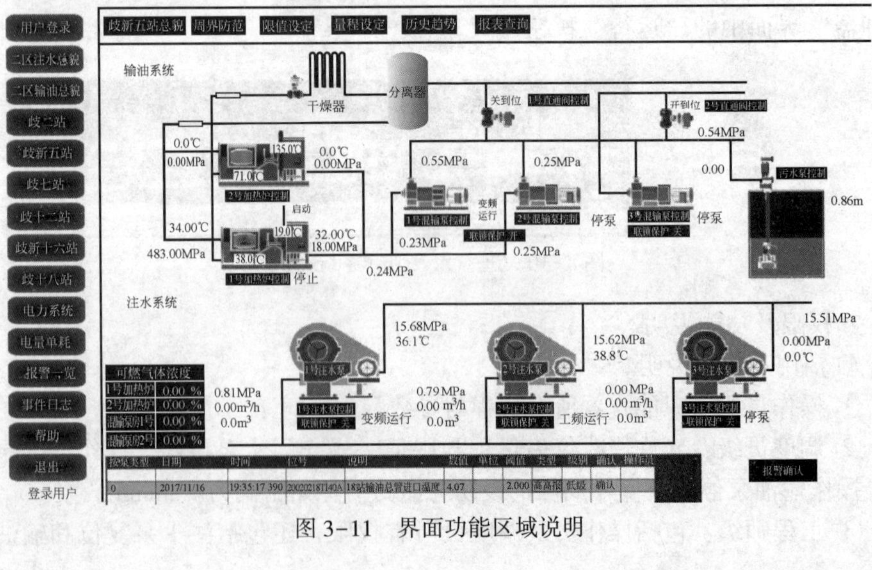

图 3-11　界面功能区域说明

点击"用户登录",出现如图 3-12、图 3-13 所示界面。

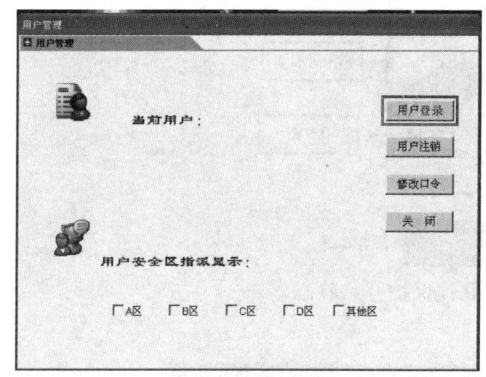

图 3-12 用户管理界面

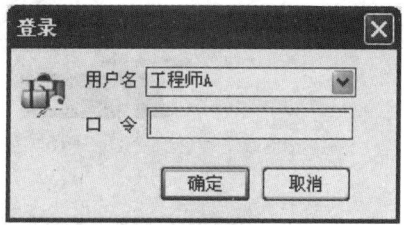

图 3-13 登录对话框

(2)设备操作说明。

① 注水泵。

a. 注水泵联锁保护操作方法。

点击"联锁保护开"按钮,如图 3-14 所示,出现联锁选择菜单,如图 3-15 所示。

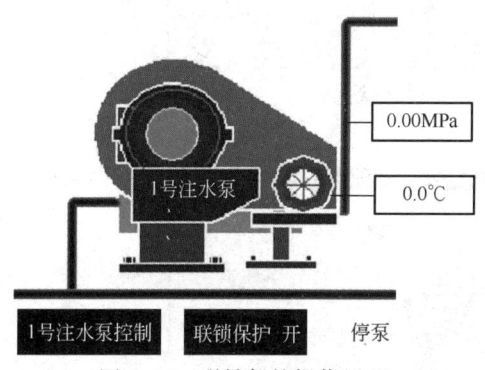

图 3-14 联锁保护操作界面

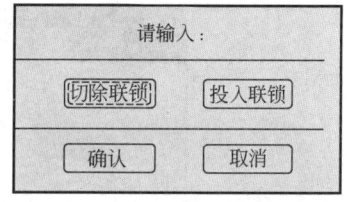

图 3-15 联锁选择菜单

根据操作人员的操作级别输入用户名与密码,此时可打开联锁保护,联锁功能启用,出现如图 3-16 所示界面。

b. 注水泵远程停泵操作。

先点击"注水泵控制",弹出如图 3-17 所示界面。

点击"停止",当"复位成功"变为"复位前注意安全",如图 3-18 所示,即停泵操作完成。

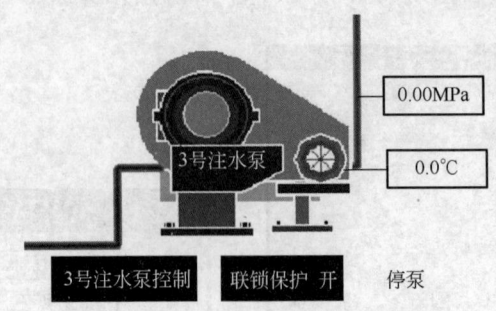

图 3-16 注水泵联锁保护开启状态

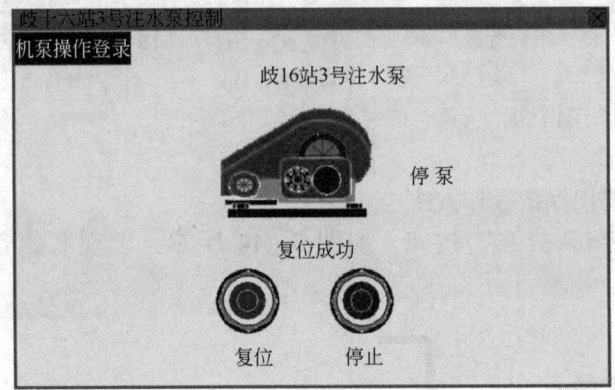

图 3-17 注水泵复位状态

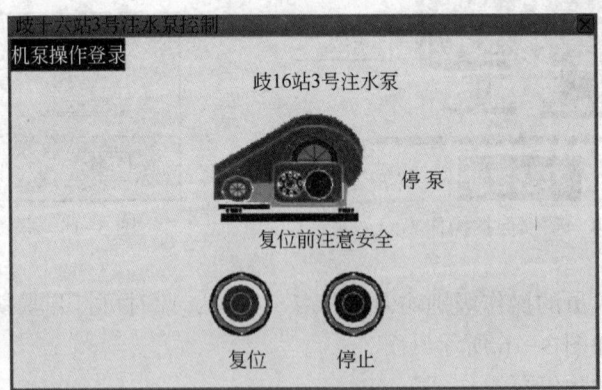

图 3-18 注水泵停泵状态

② 加热炉启停操作。

鼠标左键单击"加热炉控制"按钮，如图 3-19 所示，弹出如图 3-20 所示界面。

第三章　仪器仪表、自动化系统及常用工具、用具的日常标准操作项目

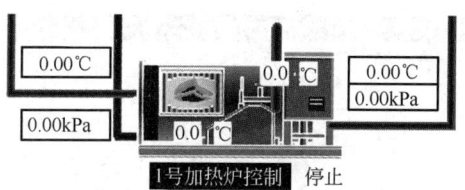

图 3-19　加热炉控制按钮

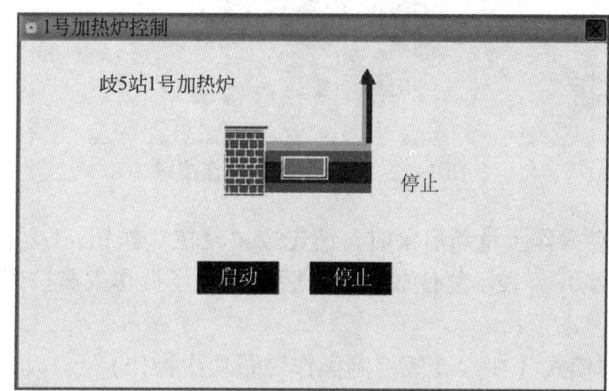

图 3-20　加热炉启停按钮

用户可进行加热炉的启动和停止操作。

③ 输油泵操作。

鼠标左键点击"混输泵控制",如图 3-21 所示,出现混输泵启停界面,如图 3-22 所示。

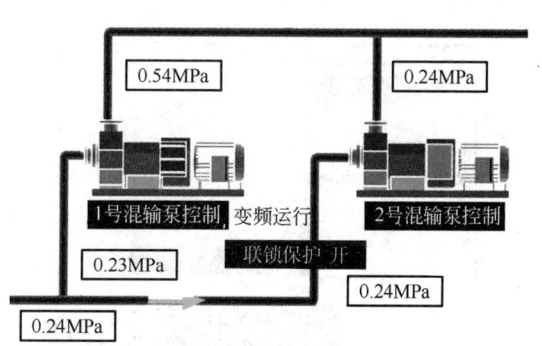

图 3-21　混输泵控制界面

该界面包括工频操作和变频操作两种:

a. 工频操作模式(在"工频控制操作"板块中操作)。

Ⅰ. 工频停止操作:按"停止"按钮,"复位成功"将变为"复位前注意安全",表示停止成功。

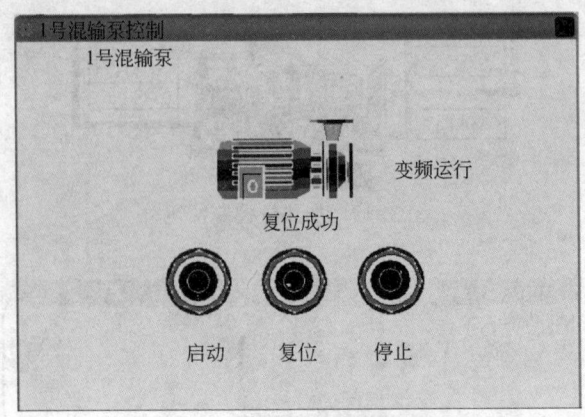

图 3-22 混输泵启停操作按钮

Ⅱ.工频启动操作：重新启泵时，请先按"复位"按钮，"复位前注意安全"将变为"复位成功"，表示复位成功，之后通知现场操作人员按照操作规程启动输油泵。

b.变频操作模式（在"变频控制操作"板块中操作）。

Ⅰ.变频停止操作：按"停止"按钮，"复位成功"将变为"复位前注意安全"，表示停止成功。

Ⅱ.变频启动操作：重新启泵时，请先按"复位"按钮，"复位前注意安全"将变为"复位成功"，表示复位成功。

④污水泵控制。

在图 3-23 所示界面点击"污水泵控制"，弹出污水泵控制界面，如图 3-24 所示。

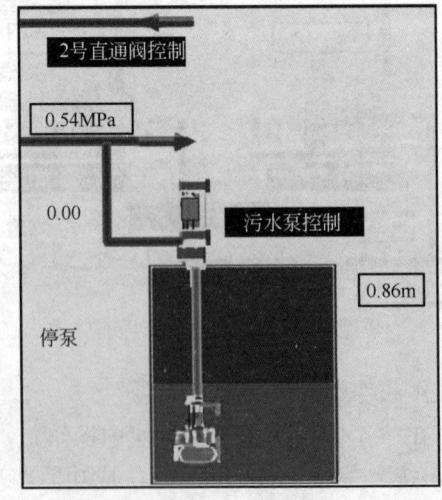

图 3-23 污水泵控制按钮

第三章　仪器仪表、自动化系统及常用工具、用具的日常标准操作项目

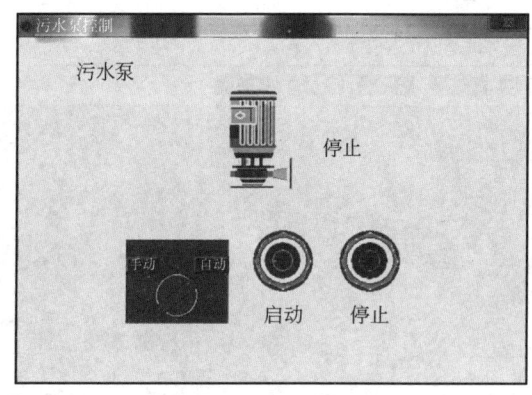

图 3-24　污水泵控制界面

该操作包括手动和自动两种模式，手动模式表示可进行远程手动启泵操作，自动模式表示系统根据设定液位的高限、低限自动完成污油泵的启停。如手动操作，先将旋钮打到"手动"挡再进行操作。

⑤ 电动阀操作。

该操作也分为手动和自动两种模式，一般情况下，电动阀操作模式为自动模式，即将旋钮打到"自动"，阀门会根据输油泵的运行状态自动开启或关闭，实现自动旁路功能。只有在电动阀前的截止阀关闭或停泵时方可进行手动模式操作，如需手动操作，将旋钮打到"手动"，点击"开启"或"关闭"按钮，阀门动作后，阀门状态显示"开到位"或"关到位"，如图 3-25 所示。

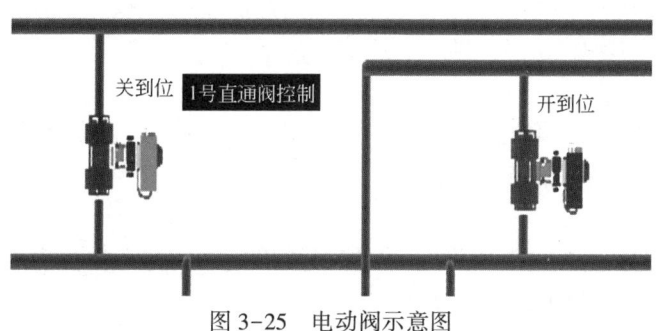

图 3-25　电动阀示意图

⑥ 周界防范操作。

在各站导航栏选择"周界防范"，出现如图 3-26 所示界面。

a. 设防。

当各防区未设防时，"设防状态及操作菜单"显示为撤防状态。设防时选择要设防的防区，点击相应的按钮，出现"设防撤防确认菜单"，点击确认，防区可设防。

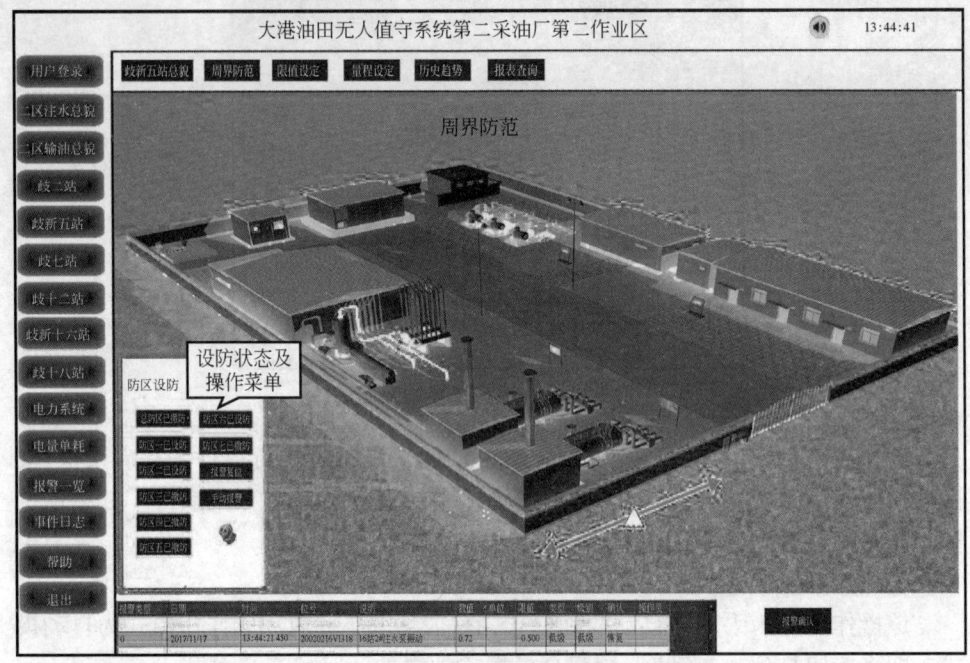

图 3-26　周界防范界面

注：设防时要求"总防区已设防"，否则分防区设防无效。

b. 撤防。

该操作是针对已设防区进行的操作，选择已设防区按钮，弹出"设防撤防确认菜单"，选择"撤防"，确认后撤防。

c. 报警。

当现场报警后，操作界面将出现小音箱图标，现场语音报警器发出报警，点击"报警复位"消除语音报警。

⑦ 限值设定。

点击分站导航栏"限值设定"，选择要设定的参数，点击数字，弹出输入框，输入相应报警限值，回车完成设置。

设置说明：要求各级报警值不能相等。如出现有相等值，则报警失效，机泵保护功能失效。

⑧ 量程设定。

点击分站导航栏"量程设定"，选择需要设定的参数，点击数字，弹出输入框，输入相应报警限值，按回车键完成。

⑨ 历史趋势查询。

点击分站导航栏"历史趋势"，出现如图 3-27 所示界面。

第三章 仪器仪表、自动化系统及常用工具、用具的日常标准操作项目

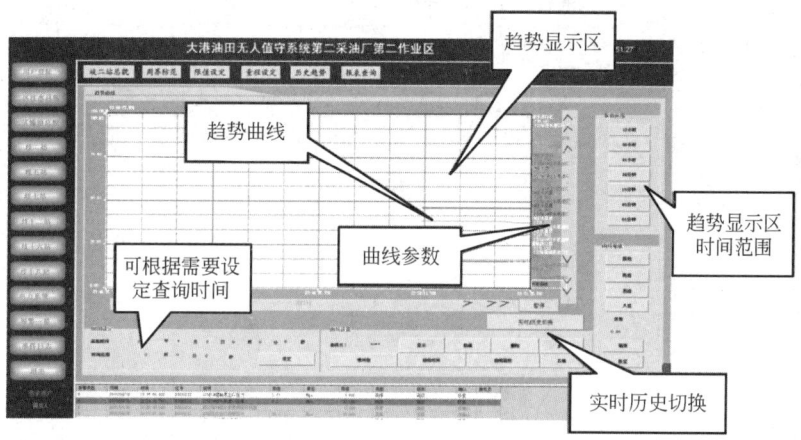

图 3-27 历史趋势界面

双击显示区，弹出任务内容，可进行添加、删除曲线，设置时间，更改曲线颜色等操作，如图 3-28 所示。

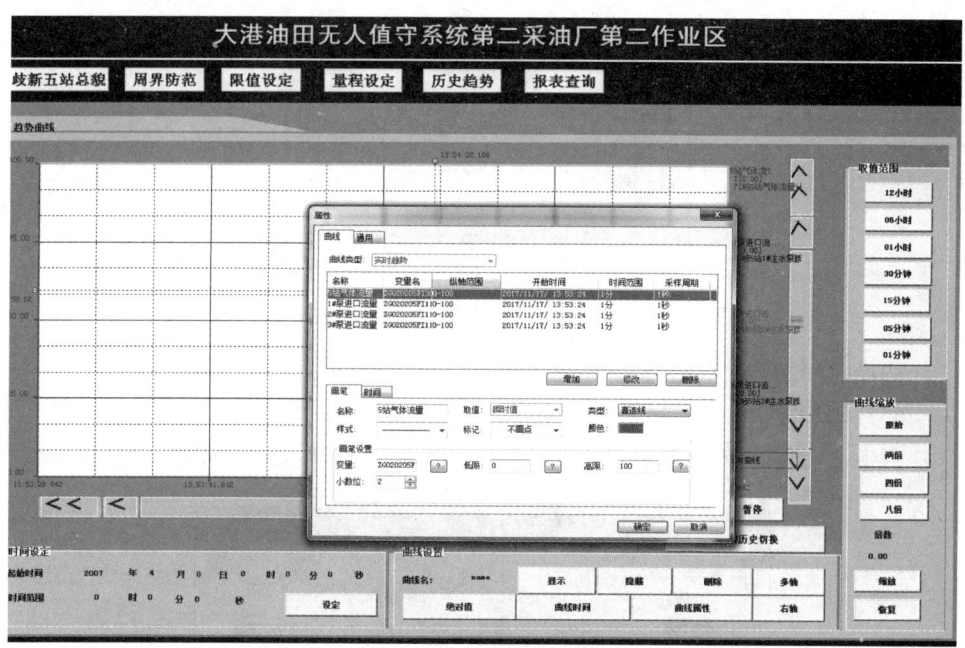

图 3-28 历史趋势操作界面

⑩ 报表。

点击分站导航栏"报表查询"，弹出如图 3-29 所示界面。

a. 查询功能。

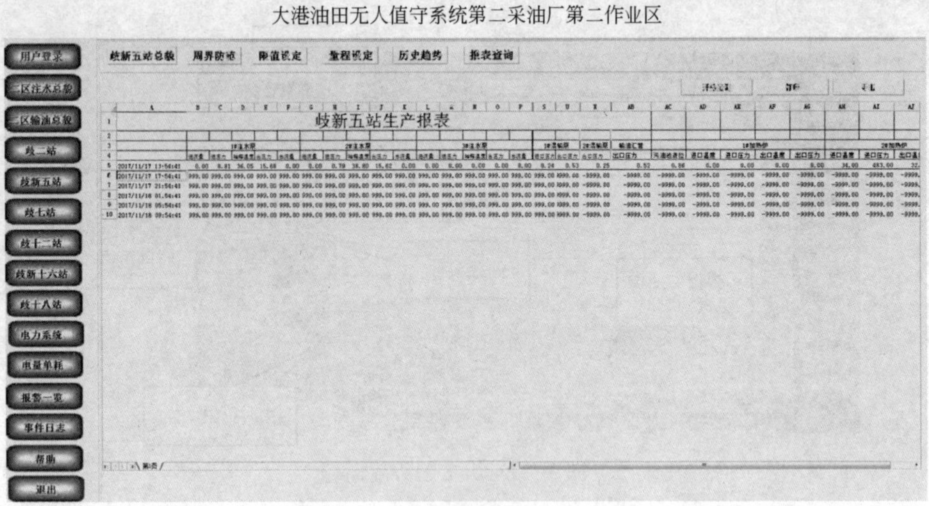

采油工标准化操作

图 3-29 报表查询界面

点击"开始查询"按钮，弹出如图 3-30 所示对话框。

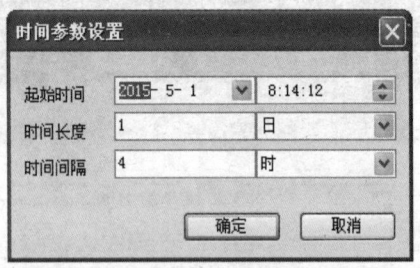

图 3-30 报表查询时间参数设置对话框

选择时间段与时间长度，点击"确定"生成查询结果。
b. 打印功能。
点击"打印"按钮弹出打印对话框，进行相关打印设置，如图 3-31 所示。

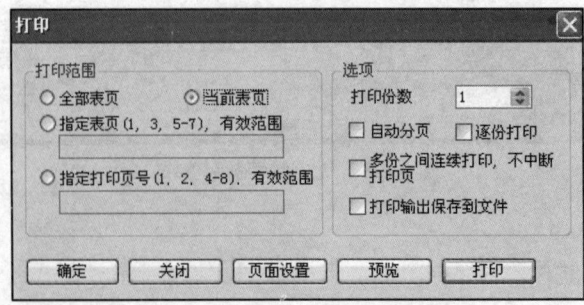

图 3-31 报表打印对话框

c. 导出功能。

点击"导出"按钮,导出 Excel,弹出报表导出对话框,设置相关文件名,如图 3-32 所示。

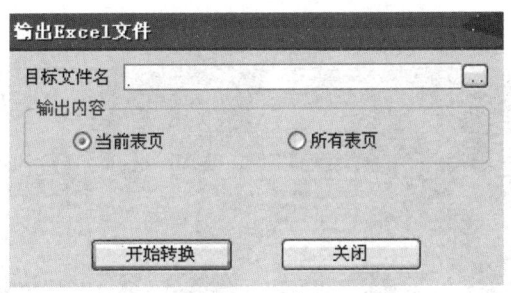

图 3-32 报表导出对话框

点击"开始转换"按钮,弹出导出位置对话框,保存即可,如图 3-33 所示。

图 3-33 报表导出位置对话框

⑪ 报警一览。

点击分站导航栏"报警一览",弹出如图 3-34 所示界面。

界面为当前实时报警,可以看到最近的报警情况,也可根据需要选择报警查询时间段,如图 3-35 所示。

(二)大屏操作

1. 显示内容切换。

(1)在计算机桌面找到 MultiViewCN 快捷方式,鼠标左键双击弹出登录窗口,直接点击"确定",登录到大屏切换软件的主界面。

(2)在左侧列表功能区找到预案管理,打开后可以看到之前保存好的预案,点击"通信"按钮。

图 3-34 报警一览界面

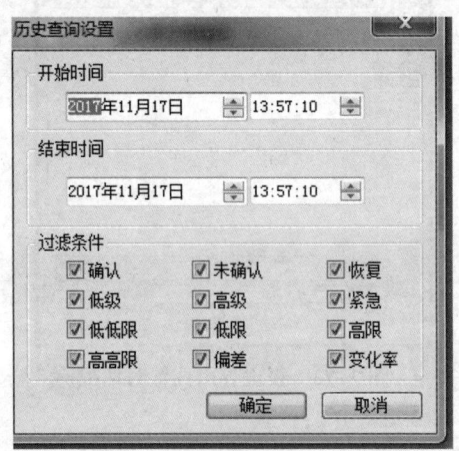

图 3-35 报警查询对话框

（3）在弹出的"通信设置"对话框中，如图 3-36 所示，点击"确定"。

（4）选择处理器标签，如图 3-37 所示，进度条变为绿色，表示设置成功。

（5）在主页面上方点击"保存"，则弹出预案保存窗口，如图 3-38 所示，填写预案代码、预案名称后点击"确定"，在预案管理列表即可看到已保存的显示板块。

（6）此时点击左侧列表中已保存的"预案管理"列表，大屏幕跟着切换，如图 3-39 所示。

第三章 仪器仪表、自动化系统及常用工具、用具的日常标准操作项目

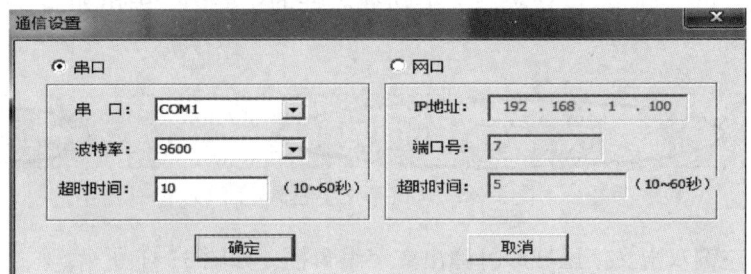

图 3-36 通信设置对话框

图 3-37 处理器标签

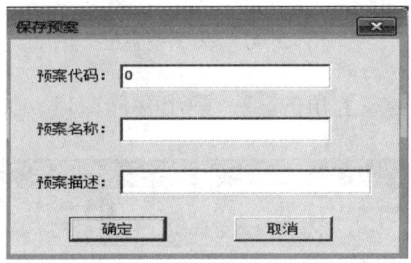

图 3-38 保存预案窗口

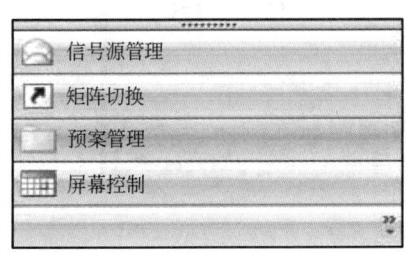
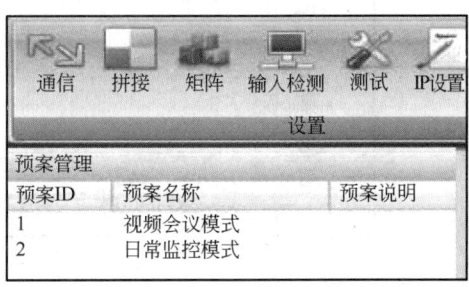

图 3-39 大屏幕切换演示

2. LED 文字编辑。

(1) 在计算机桌面找到 LedshowTW2014 快捷键，鼠标左键双击弹出登录窗

口，直接点击"确定"，登录到大屏切换软件的主界面，弹出如图3-40所示界面。

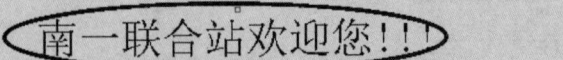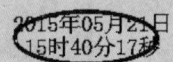

图3-40 大屏幕文字编辑界面

鼠标左键双击文字区域即可弹出文字编辑框，如图3-41所示。

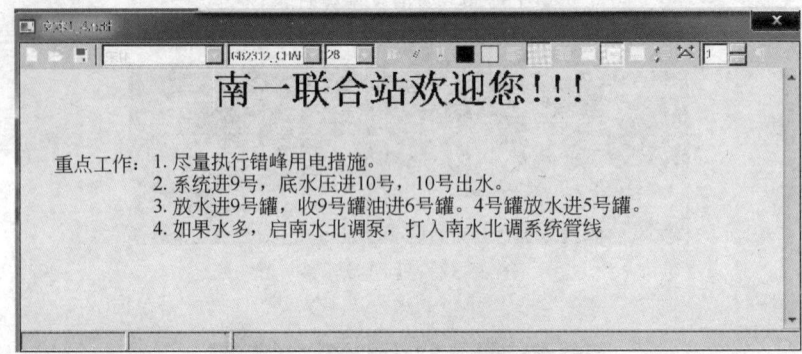

图3-41 文字编辑框

输入相应内容后点击左上角的█，弹出存储窗口，如图3-42所示。

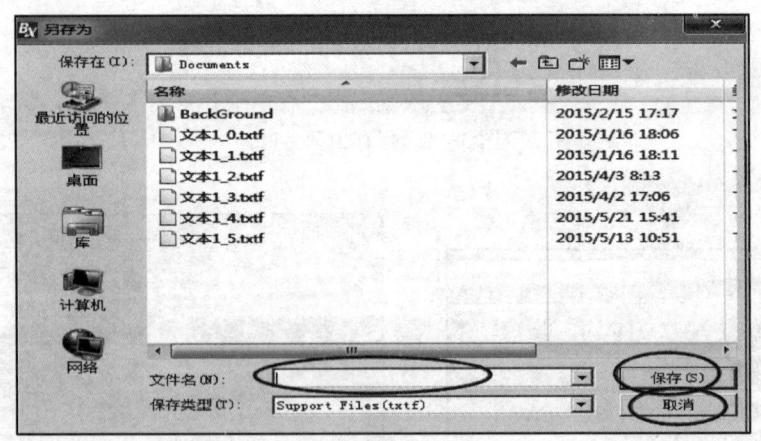

图3-42 文字编辑存储窗口

在文件名中输入名称，点击"保存"，或者点击"取消"。

（2）在工具菜单中，鼠标左键单击"发送"按钮，此时LED屏幕内容将会更新为修改后的内容，如图3-43所示。

第三章 仪器仪表、自动化系统及常用工具、用具的日常标准操作项目

图 3-43 文字编辑发送按钮

五、不安全行为

1. 未按照 HSE 要求正确穿戴劳动保护用品。
2. 未按照生产要求操作组态软件。
3. 未合理设置生产参数。

项目二 站库无人值守系统故障判断与处理

一、操作目的

站库无人值守系统故障判断与处理是采油工应掌握的一项操作技能,其目的是正确判断故障原因,并采取合适的处理措施,保障正常生产。

二、操作流程

准备工作──→故障判断──→故障处理。

三、准备工作

(一) 项目操作人员及劳保要求

1. 操作人员 1 人,持有初级及以上职业资格证,维修电工 1 人。
2. 按照 HSE 要求正确穿戴劳动保护用品。
3. 女工不得长发外露。

(二) 安全风险识别及风险控制措施

安全风险:故障判断、处理错误,导致设备误动作,造成生产事故或人身伤害。

风险控制措施:正确判断故障原因,并采取正确措施进行处理。

操作前先学习操作步骤,操作中应严格按照采油工标准化操作程序进行。

(三) 工具、用具、材料

计算机 1 台,万用表 1 只,仪表工具 1 套,擦布。

四、操作步骤

(一) 数据显示为-99999.9

1. 故障原因:数据未能采集到系统,或存在通信故障。
2. 解决方法:重启计算机或恢复网络通信。

(二) 系统报警频繁

1. 故障原因：限值设定与现场采集值过度接近。
2. 解决方法：低限应低于采集值25%，高限应高于采集值25%。

(三) 中控系统操作员站或工程师站无法正常工作

1. 故障原因：计算机运行组态软件无响应。
2. 处理方法：退出监控程序，重新运行。

(四) 数据采集仪表故障

1. 故障原因：仪表的供电或电流输出不正常（正常值为电流4~20mA，电压24V左右）。检测方法如图3-44、图3-45所示。

 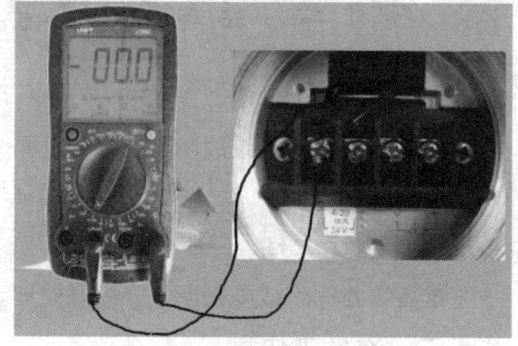

图3-44　万用表测电压示意图　　　　图3-45　万用表测电流示意图

2. 处理方法：更换仪表。

五、不安全行为

1. 未按照HSE要求正确穿戴劳动保护用品。
2. 未按照生产要求操作组态软件。
3. 未合理设置生产参数。

项目三　站库网络传输故障原因分析与处理

一、操作目的

站库网络传输故障原因分析与处理是采油工应掌握的一项操作技能，主要目的是正确判断网络传输故障原因，并采取合理的措施，为站库生产数据提供畅通的网络。

二、操作流程

准备工作——故障定位——故障分析及处理。

三、准备工作

（一）项目操作人员及劳保要求

1. 操作人员1人，持有中级及以上职业资格证。
2. 按照 HSE 要求正确穿戴劳动保护用品。
3. 女工不得长发外露。

（二）安全风险识别及风险控制措施

安全风险：

1. 电气设备操作不当，造成电击、灼伤伤害甚至死亡。
2. 工具使用不当，造成伤害。

风险控制措施：

1. 接触电气设备前先用试电笔验电，戴绝缘手套方可接触电气设备。
2. 正确选择使用工具、用具。

操作前先学习操作步骤，操作中应严格按照采油工标准化操作程序进行。

（三）工具、用具、材料

试电笔1支，绝缘手套1副，万用表1只，尾纤若干根。

四、操作步骤

（一）故障定位

1. 通过网络设备流量监控管理软件分析判断异常数据故障点。
2. 检查网络管理系统是否正常，巡线及检查设备间环境，排除设备外的故障。
3. 检查故障站点网络设备指示灯情况，判断设备端口运行状况及链路连通状态。

（二）故障分析及处理

1. 光缆线路故障。

相应处理措施：

（1）根据网络设备远程在线监控软件的预判，结合网络拓扑图定位故障位置，检查光缆是否有损坏或者被扯动，防止造成的内部光纤断。

（2）将实际情况向信息网络部门汇报，进行处理。

2. 尾纤故障。

相应处理措施：

（1）查看尾纤连接的光纤收发器或者光电转换器的端口是否正常闪烁黄绿色的灯，如果在判断光缆线路正常的情况下，黄绿色的灯不亮，则判断尾纤可能损坏，更换尾纤。

（2）在更换尾纤之后黄绿色的灯仍不亮，则判断光纤收发器、光电转换器或交换机故障,将故障汇报信息网络部门进行处理。

3. 网络风暴及 ARP 病毒攻击故障。

相应处理措施:

(1) 判断是否是同一网段内所有网络设备网络传输缓慢、时通时断。

(2) 将实际情况向信息网络部门汇报进行处理。

4. 交换机或者光电转换设备故障。

(1) 具体表现:

① 交换机的电源灯不亮或者故障报警灯(红灯)亮起。

② 光电转换设备的黄绿色灯都不亮或者不全亮。

(2) 相应处理措施:

① 联系信息网络部门进行交换机的维护或更换。

② 联系信息网络部门进行光电转换设备的维护或更换。

5. 电源系统故障。

(1) 原因分析:

① 交换机连接的 UPS 故障。

② UPS 上端的电路没电。

(2) 相应处理措施:

① 按照 UPS 故障原因分析及处理项目的要求进行判断或处理。

② 检查上口有无人为断电,如果没有,则需维修电工解决。

五、不安全行为

1. 未按照 HSE 要求正确穿戴劳动保护用品。
2. 接触电气设备前未用试电笔验电。

第四节　常用工具、用具

项目一　游标卡尺的使用

一、操作目的

游标卡尺的使用是采油工必须掌握的一项操作技能,主要目的是熟练使用游标卡尺对被测工件进行精确测量,记录所测结果。

二、操作流程

准备工作──→测量前的检查──→擦拭工件和游标卡尺──→测量工件外径──→

测量工件内径──→测量工件深度──→读取测量值──→取值──→清洁。

三、准备工作

（一）项目操作人员及劳保要求

1. 操作人员 1 人，持有初级及以上职业资格证。
2. 按照 HSE 要求正确穿戴劳动保护用品。
3. 女工不得长发外露。

（二）安全风险识别及风险控制措施

安全风险：工件脱落伤人。

风险控制措施：确认工件摆放平稳，牢固。

操作前先学习操作步骤，操作中应严格按照采油工标准化操作程序进行。

（三）工具、用具、材料

150mm 游标卡尺 1 把，被测工件若干，擦布 2 块，记录纸，记录笔。

四、操作步骤

（一）测量前的检查

1. 测量前检查游标卡尺内测量爪、外测量爪、主尺、副尺、深度尺、固定螺钉、推把等是否完好。
2. 检查测量爪有无伤痕。
3. 测量爪合口时，检查主、副尺上的零刻度线是否对齐。
4. 测量爪合口时，用透光法检查两测量爪有无缝隙。

游标卡尺结构如图 3-46 所示。

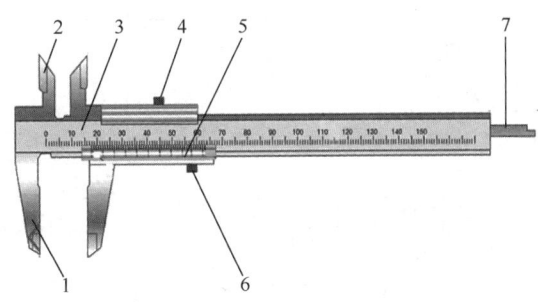

图 3-46　游标卡尺结构示意图

1—外测量爪；2—内测量爪；3—主尺；4—固定螺钉；5—副尺；6—推把；7—深度尺

（二）擦拭工件和游标卡尺

擦拭被测工件和游标卡尺。

（三）测量工件外径

1. 把工件平稳放在工作台上或一手握住工件。

2. 另一手四指握紧主尺，拇指移动副尺，使外测量爪的张口略大于工件外径。

3. 轻轻移动副尺，使游标卡尺的外测量爪贴靠被测工件的测量面，与被测工件轴线垂直。

4. 锁紧固定螺钉，读取测量值。

（四）测量工件内径

1. 把工件平稳放在工作台上或一手握住工件。

2. 另一手四指握紧主尺，拇指移动副尺，使内测量爪的张口略小于工件内径。

3. 轻轻移动副尺，使游标卡尺的内测量爪贴靠被测工件的测量面，与被测工件轴线垂直。

4. 锁紧固定螺钉，读取测量值。

（五）测量工件深度

1. 将主尺的尾部端面贴合在被测工件的基准平面上，移动副尺使深度尺与被测工件底面贴合。

2. 锁紧固定螺钉，读取测量值。

（六）读取测量值

1. 读整数位：读副尺零刻度线对应主尺的毫米整数值。如图3-47所示，游标卡尺主尺测出的整数值为22mm。

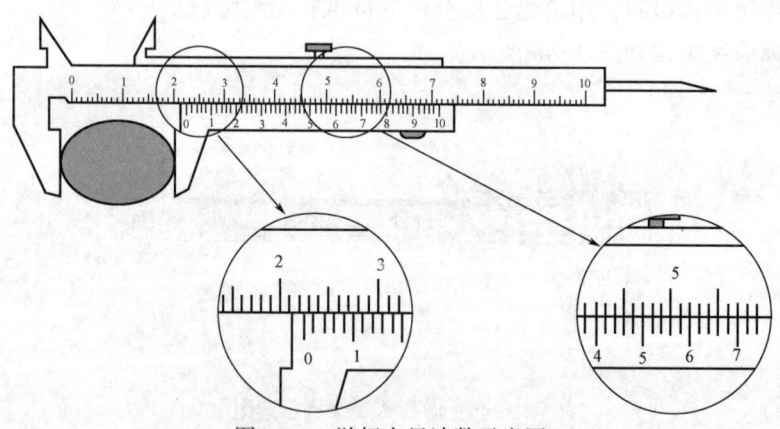

图3-47　游标卡尺读数示意图

2. 读小数位：如图3-47所示，游标卡尺读出副尺刻度线与主尺刻度线对齐的数值，除以100即为小数点后面的数值。例如，游标卡尺测出的小数值为0.60mm（也可以读出副尺刻度线与主尺刻度线对齐的格数，格数乘以精度值得出的就是小数位数值）。

3. 将上面两数相加即为读数。游标卡尺测量值为 22+0.60＝22.60mm。
（七）取值
1. 外径：用测量外径的方法测取 3 个不同方位的数据，取平均值作为测量结果。
2. 内径：用测量内径的方法测取 3 个不同方位的数据，取最大的测量值作为测量结果。
3. 深度：用测量深度的方法测量 3 次，取平均值作为测量结果。
（八）清洁
清洁游标卡尺，保养存放，回收工件。

五、不安全行为

1. 未按 HSE 要求正确穿戴劳动保护用品。
2. 测量时工件未放置平稳。

项目二　外径千分尺的使用

一、操作目的

外径千分尺的使用是采油工应掌握的一项操作技能，主要目的是利用外径千分尺对工件进行精密测量，记录测量结果。

二、操作流程

准备工作——→校正千分尺——→测量工件——→读测量数据——→取值——→清洁。

三、准备工作

（一）项目操作人员及劳保要求
1. 操作人员 1 人，持有初级及以上职业资格证。
2. 按照 HSE 要求正确穿戴劳动保护用品。
3. 女工不得长发外露。
（二）安全风险识别及风险控制措施
安全风险：工件脱落伤人。
风险控制措施：确保工件摆放平稳。
操作前先学习操作步骤，操作中应严格按照采油工标准化操作程序进行。
（三）工具、用具、材料
被测工件 1 个，0~25mm 外径千分尺 1 把，侧面孔钩扳手（专用扳手）1 把，记录纸，记录笔，擦布 2 块。

四、操作步骤

(一) 校正千分尺

1. 检查外径千分尺的固定测试面、测砧、测微螺杆、主尺、尺架、副尺、微分筒、棘轮等是否完好,其结构如图3-48所示。

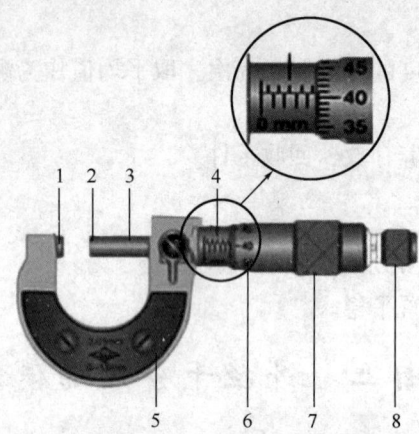

图3-48 外径千分尺结构示意图

1—固定测试面;2—测砧;3—测微螺杆;4—主尺;5—尺架;6—副尺;7—微分筒;8—棘轮

2. 用软布擦净外径千分尺的测量面。

3. 转动微分筒,当微分筒与校准件接触,转动棘轮发出"嗒嗒"两声时,转动锁紧装置手柄锁紧测微螺杆,检查主尺的"0"刻度线与副尺刻度的中线是否在一条直线上。如果不在一条直线上,用如下方法:

(1) 当测砧误差不超过0.02mm(微分筒刻线两格之内)时,先用锁紧装置锁紧测微螺杆,再用扳手扳动微分筒,直至零线对齐。

(2) 当测砧误差超过0.02mm(微分筒刻线两格以上)时,先用锁紧装置锁紧测微螺杆,再用专用扳手松动测力装置,重新对齐主尺和微分筒上的"0"刻度线。

(二) 测量工件

1. 将被测件表面擦拭干净,置于固定测试面和测砧之间,手握尺架部位转动微分筒,使外径千分尺的测砧面接近被测件表面。

2. 转动棘轮,当棘轮发出"嗒嗒"两声时,转动锁紧装置手柄,锁紧测微螺杆,读测量数据。

(三) 读测量数据

1. 读整数:读取主尺中线下侧露出的刻度值,每小格为1.0mm,读出微分筒端面露出刻度线的整数。例如:露出刻度线是4.5mm,外径千分尺测出的整数为 4.5mm。

2. 读小数部分：读取微分筒中线上侧露出的刻度线，每小格的间距是 1.0mm，每条刻度线处于主尺刻度中线下侧露出刻度线的 1/2 处，即 0.5mm。测量时，微分筒端面露出刻度线小于 0.5mm（主尺刻度线中线上侧露出部分不及半刻度线），直接读出微分筒上的数值，例如，外径千分尺测出的小数值为 40.9mm，0.9 为估值，则微分筒测得的小数位为 $40.9 \times 0.01 = 0.409$mm，此时，外径千分尺所测得的数值为 4.5mm+0.409mm=4.909mm。

（四）取值

用同样的方法测取 3 个不同方位的数据，取平均值作为测量结果。

（五）清洁

清洁外径千分尺，保养存放，回收工件。

五、不安全行为

1. 未按 HSE 要求正确穿戴劳动保护用品。
2. 测量时工件未放置平稳。

项目三 数字式钳形电流表的使用

一、操作目的

数字式钳形电流表的使用是采油工必须掌握的一项操作技能，主要目的是使用数字式钳形电流表测量负载情况下导线的电流值，根据测试结果，计算出抽油机平衡率，判断抽油机平衡情况。

二、操作流程

准备工作——→检查电流表——→选择挡位——→验电——→测量电流——→计算平衡率——→清理现场。

三、准备工作

（一）项目操作人员及劳保要求

1. 操作人员 1 人，持有初级及以上职业资格证。
2. 按照 HSE 要求正确穿戴劳动保护用品。
3. 女工不得长发外露。

（二）安全风险识别及风险控制措施

安全风险：

1. 电气设备操作不当，造成电击、灼伤伤害甚至死亡。
2. 未正确使用工具、用具，造成人身伤害。

3. 使用未经检验合格的电流表,易发生触电事故。

风险控制措施:

1. 检测配电箱外壳,确认无电后,戴好绝缘手套打开配电箱门。
2. 正确选择使用工具、用具。
3. 使用检验合格的电流表。

操作前先学习操作步骤,操作中应严格按照采油工标准化操作程序进行。

(三) 工具、用具、材料

1000A 钳形电流表 1 块,试电笔 1 支,绝缘手套 1 副,计算器 1 个,记录纸,记录笔。

四、操作步骤

(一) 检查电流表

检查电流表钳口、表盘、铅封是否完好,是否在有效期内,旋钮调至电流挡归零,检查锁定键是否锁定。

(二) 选择挡位

依次从大到小选择挡位,测量值在电流表量程的 $1/3 \sim 2/3$ 之间,换挡时将钳口移开导线。一般抽油机电流值在 $10 \sim 60A$ 之间。

(三) 验电

用试电笔检验配电箱外壳,确认无电后,戴好绝缘手套打开配电箱门。

(四) 测量电流

把被测三相中的任一相导线垂直卡入表钳中央,钳形电流表应水平放置,当电流表反映上下冲程电流较平稳后,读取电流值,分别测出三相电流在抽油机驴头上冲程的峰值电流和下冲程的峰值电流,如图 3-49 所示。

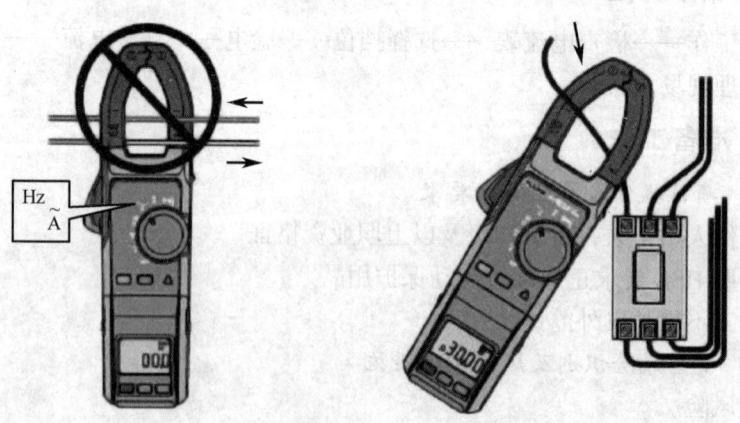

图 3-49 钳形电流表使用方法示意图

（五）计算平衡率

根据三相电流平均值计算抽油机平衡率，判断抽油机平衡状况。

$$平衡率=(下冲程电流÷上冲程电流)×100\% \qquad (3-1)$$

平衡率合格范围：85%~115%。

（六）清理现场

收拾工具、用具，清理现场，填写报表。

五、不安全行为

1. 未按照HSE要求正确穿戴劳动保护用品。
2. 使用不合格的电流表。
3. 接触电气设备前未用试电笔验电。
4. 未戴绝缘手套接触电气设备。

项目四　活动扳手的使用

一、操作目的

活动扳手的使用是采油工必须掌握的一项操作技能，主要目的是正确使用活动扳手紧固或拆卸螺母、螺栓类紧固件。

二、操作流程

准备工作——选择、检查活动扳手——拆装螺母——保养、清理。

三、准备工作

（一）项目操作人员及劳保要求

1. 操作人员1人，持有初级及以上职业资格证。
2. 按照HSE要求正确穿戴劳动保护用品。
3. 女工不得长发外露。

（二）安全风险识别及风险控制措施

安全风险：

1. 开口调整不合适，操作时易打滑摔伤。
2. 使用不当，用力过猛，造成人身伤害。
3. 站位不当造成摔伤。

风险控制措施：

1. 调整扳手至开口合适。
2. 推力时必须用手掌推，手指放开伸直向上。
3. 操作时选择合理的站位。

操作前先学习操作步骤，操作中应严格按照采油工标准化操作程序进行。

（三）工具、用具、材料

活动扳手1组，工件1个，擦布，黄油。

四、操作步骤

（一）选择、检查活动扳手

1.根据螺栓或螺母尺寸，选择合适的活动扳手。活动扳手的结构如图3-50所示，技术规格见表3-13。

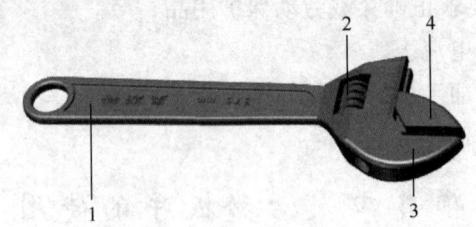

图3-50　活动扳手结构示意图

1—手柄；2—调节丝杆和调节螺母；3—固定扳唇；4—活动扳唇

表3-13　活动扳手的技术规格

活动扳手长度，mm	100	150	200	250	300	375	450
开口最大开口宽度，mm	14	19	24	30	36	46	55
适用最大螺栓直径，mm	M6	M10	M12	M16	M22	M27	M30

2.检查活动扳手的调节螺母是否灵活好用，活动扳唇开合是否灵活。

（二）拆装螺母

1.开口调到合适尺度，使扳手开口与螺栓或螺母不松旷、不滑脱。

2.使用时，活动扳唇在前，固定扳唇在后，使力量大部分承担在固定扳唇上，若反方向用力，扳手应翻转180°。

3.手的用力方向与扳手手柄垂直，以得到最大扭力，直到将螺母卸松或紧固。扳动大螺母时，手应握在手柄尾部；扳动较小螺母时，手应握在接近扳手开口部位，用拇指按住螺母顶面，防止扳手滑脱。

4.用扳手紧固螺母时，用力要适当。若有弹簧垫片时，螺母紧固至弹簧垫片压平为止。

（三）保养、清理

1.检查、清洁活动扳手，涂抹黄油，合拢扳唇。

2.收好工具，清理现场。

五、不安全行为

1. 未按 HSE 要求正确穿戴劳动保护用品。
2. 推扳手时，未伸开手指，未用手掌推。
3. 使用时拉力方向未和扳手的手柄成直角。
4. 使用扳手时接套筒加力。
5. 活动扳手作为手锤使用。

项目五　管钳的使用

一、操作目的

管钳的使用是采油工必须掌握的一项操作技能，主要目的是正确使用管钳，紧固和拆卸圆形管件，完成操作任务。

二、操作流程

准备工作──→检查──→拆装工件──→保养、清理。

三、准备工作

（一）项目操作人员及劳保要求

1. 操作人员 1 人，持有初级及以上职业资格证。
2. 按照 HSE 要求正确穿戴劳动保护用品。
3. 女工不得长发外露。

（二）安全风险识别及风险控制措施

安全风险：

1. 管钳开口调整不合适，操作时易打滑摔伤。
2. 使用较小管钳时用力过大，用加力杠猛压或用手捶击打钳柄，造成打滑摔伤。
3. 管钳牙块和调节环有油污，操作时易打滑摔伤。

风险控制措施：

1. 管钳钳口咬管件（或管子）时，开口要合适。
2. 禁止使用加力杠猛压。
3. 清除钳口油污。

操作前先学习操作步骤，操作中应严格按照采油工标准化操作程序进行。

（三）工具、用具、材料

管钳 1 组，圆形管件 1 个，润滑脂若干，擦布，黄油。

四、操作步骤

（一）检查

1. 根据待装卸管件（或管子）的外径，选择合适的管钳。其结构如图3-51所示，技术规格见表3-14。

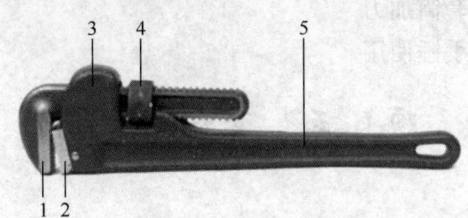

图3-51 管钳结构示意图
1—活动钳口；2—固定钳口；3—固定钳口架；4—开口调节环；5—管钳柄

表3-14 常用管钳的技术规格

技术规格，mm(in)	合理适用范围，mm	可钳管子最大直径，mm	力矩，N·m
450(18)	40以下	60	250
600(24)	50~62	75	1100
900(36)	62~76	85	1800
1200(48)	76~100	110	2500

2. 检查管钳的钳牙是否完好，钳柄是否断裂，调节环转动是否灵活。

（二）拆装工件

1. 转动调节环，使钳头开口等于管件（管子）的外径。
2. 一手扶活动钳头，另一手握住钳柄，将管钳的钳口咬在管件（或管子）上。待咬紧后，握钳柄的手四指伸直，用手掌下压钳柄，扳动管件（或管子）。
3. 当钳柄下压至一定角度后，抬起钳柄，重复咬管件（或管子）下压，紧固或拆卸管件。

（三）保养、清理

1. 保养工具、用具。
2. 收拾工具、用具，清理现场。

五、不安全行为

1. 未穿戴劳动保护用品。
2. 管钳钳口咬管件（或管子）时，开口不合适。
3. 使用加力杠或用手锤击打钳柄。
4. 反向使用管钳。

项目六　梅花扳手的使用

一、操作目的

梅花扳手的使用是采油工必须掌握的一项操作技能。主要目的是熟练使用梅花扳手，拆卸各类标准六角螺母、六角螺栓。

二、操作流程

准备工作──→选择──→梅花扳手的使用──→保养、清理。

三、准备工作

（一）项目操作人员及劳保要求

1. 操作人员1人，持有初级及以上职业资格证。
2. 按照HSE要求正确穿戴劳动保护用品。
3. 女工不得长发外露。

（二）安全风险识别及风险控制措施

安全风险：

1. 梅花扳手规格选择不合适，操作时易打滑摔伤。
2. 扳手头的梅花沟槽内有油污，操作时易打滑摔伤。
3. 使用扳手时因扭力过大而断开，造成摔伤。

风险控制措施：

1. 选择合适规格的梅花扳手。
2. 使用前清除扳手头的梅花沟槽内的油污。
3. 使用时不可用力过猛，禁止使用加力杠。

操作前先学习操作步骤，操作中应严格按照采油工标准化操作程序进行。

（三）工具、用具、材料

梅花扳手1组，工件1个，擦布，黄油。

四、操作步骤

（一）选择

根据螺栓或螺母尺寸，选择合适的梅花扳手，其技术规格见表3-15。

（二）梅花扳手的使用

1. 梅花扳手钳口为双六角形，可用于装配螺栓或螺母，也可以在一个有限空间内重新安装。同时，因为螺栓或螺母的六角形表面被包住，所以没有损坏螺栓角的危险，并可以施加大扭矩。由于手柄具有一定角度，因此可用于在凹进空间里或在平面上旋转螺栓或螺母。

表 3-15 梅花扳手的技术规格

序号	技术规格,mm	序号	技术规格,mm
1	5.5~7	5	14~17
2	8~10	6	17~19
3	10~12	7	19~22
4	12~14	8	24~27

2.在使用时，首先应当选择尺寸合适的扳手，否则，极易损伤扳手和螺母。应当尽量使用拉力，如果由于空间限制无法拉动工具，可用手掌推它。已经拧得很紧的螺栓或螺母可通过施加冲击力松开。但是不能使用锤子和管子（用来加长轴）来增加扭矩。

（三）保养、清理

1.检查、保养梅花扳手，将扳手清洁干净，涂抹黄油。
2.清理现场，收好工具、用具。

五、不安全行为

1.未按 HSE 要求正确穿戴劳动保护用品。
2.推扳手时，未伸开手指，用手掌推。
3.使用扳手时拉力方向未和手柄成直角。
4.使用扳手时接加长的套筒加力。
5.将梅花扳手作为手锤使用。
6.捶击扳手增加力矩。
7.使用带有裂纹和内孔已严重磨损的梅花扳手。

项目七 手钢锯的使用

一、操作目的

手钢锯的使用是采油工应掌握的一项操作技能。主要目的是正确、熟练地使用手钢锯锯割工件，使其符合要求。

二、操作流程

准备工作──→画标线──→锯割工件──→保养、清理。

三、准备工作

（一）项目操作人员及劳保要求

1.操作人员 1 人，持有初级及以上职业资格证。
2.按照 HSE 要求正确穿戴劳动保护用品。

3. 女工不得长发外露。

（二）安全风险识别及风险控制措施

安全风险：

1. 锯条松紧度调整不合适，操作时锯条断裂，造成人身伤害。
2. 工件脱落，造成人身伤害。
3. 锯割时站位不合理，姿势不对，易打滑摔伤。

风险控制措施：

1. 调整锯条松紧合适。
2. 将工件固定牢固，快要锯完时，尽量用手扶着工件。
3. 锯割时站立位置和姿势要正确。

操作前先学习操作步骤，操作中应严格按照采油工标准化操作程序进行。

（三）工具、用具、材料

2m 钢卷尺 1 把，可调式锯弓 1 把，300mm 锯条 2 根，$\phi25mm\times1000mm$ 钢管 1 根，250mm 平锉 1 把，管子压力钳 1 台，机油壶 1 个，石笔 1 支，机油，擦布。

四、操作步骤

以锯割钢管为例，对如何正确使用手钢锯进行说明。

（一）画标线

1. 检查管子压力钳是否完好。
2. 用钢卷尺量出所要锯割管子的长度，画好标线。
3. 将钢管在管子压力钳上夹紧，确保余量长度合适。

（二）锯割工件

1. 将锯条安装在锯弓上，锯齿向前，蝶形螺母不宜旋得太紧或太松，松紧适度，用手扳动锯条感觉硬实即可，手钢锯结构如图 3-52 所示。

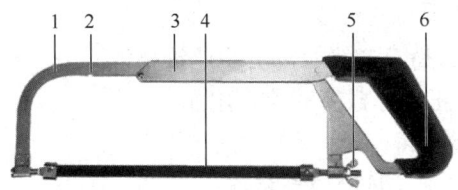

图 3-52 手钢锯结构示意图

1—活动锯弓架；2—锯弓调节槽；3—主锯弓架；4—锯条；5—蝶形螺母；6—手柄

2. 起锯时采用远边起锯或近边起锯。锯割管子时一只手拇指应靠住锯条，另一只手平稳地推拉锯柄。起锯时推拉距离要短，压力要小，速度要慢。

3. 割出锯口后，校对锯割管子长度，加少量机油。

4. 右手握住锯柄，左手压在锯弓前上部，身体稍向前倾，两脚距离适当。运锯时上身移动，两脚保持不动，并不断给锯口加入机油。锯条往返要直线，并用锯条全长进行锯割，使锯齿磨损均匀。锯速适中，锯软质工件每分钟拉 50~60 次，锯硬质工件每分钟拉 30~40 次。

5. 收锯：当快要锯完时，压力要轻，速度要慢，行程要小，并尽量用手扶着工件。

6. 修整和测量：用锉刀修整锯口，用钢卷尺测量长度。

（三）保养、清理

1. 将锯条和锯弓擦洗干净，涂上机油。

2. 清理现场，收好工具、用具。

五、不安全行为

1. 未按照 HSE 要求正确穿戴劳动保护用品。

2. 锯条安装得过松或过紧。

3. 快要锯完时，手未扶住工件。

项目八　锉刀的使用

一、操作目的

锉刀的使用是采油工必须掌握的一项操作技能。主要目的是正确使用锉刀锉平工作表面，使工件面光滑、无毛刺，符合表面要求。

二、操作流程

准备工作──→夹持工件──→运锉──→检查清理。

三、准备工作

（一）项目操作人员及劳保要求

1. 操作人员 1 人，持有初级及以上职业资格证。

2. 按照 HSE 要求正确穿戴劳动保护用品。

3. 女工不得长发外露。

（二）安全风险识别及风险控制措施

安全风险：

1. 使用新锉刀时，可能因表面的防锈油膜较厚而打滑，导致受伤。

2. 砸伤手指，扎伤手部。

3. 锉齿有铁屑堵塞时，用口吹，导致铁屑伤眼睛。

4. 用锉刀敲击、撬其他物体时折断锉刀，发生事故。

5. 锉刀重叠存放或与其他工具堆放在一起，拿取时碰伤。
风险控制措施：
1. 必须清除锉刀表面这层油膜后才能使用。
2. 新锉刀刃比较尖锐，不要先用来锉削毛坯硬皮或工件之棱角与狭面，防止砸伤手指。不得用手摸刚锉过的表面，防扎伤手部。
3. 锉齿堵塞，可用钢丝刷清除或用金属片剔出。
4. 不能用锉刀敲击、撬其他物体，免得折断锉刀。
5. 不得将锉刀重叠存放或与其他工具堆放在一起。
操作前先学习操作步骤，操作中应严格按照采油工标准化操作程序进行。

（三）工具、用具、材料

各种型号锉刀，钢丝刷1把，台虎钳1个，工件若干，擦布。

四、操作步骤

（一）夹持工件

1. 检查、清理台虎钳。
2. 将工件夹在台虎钳上。

（二）运锉

1. 搭上锉刀，锉刀结构如图3-53所示。
2. 锉削工件。使用较大的锉刀时，右手握住锉柄，左手压在锉刀前端，使其保持水平。使用中型锉刀时，因用力较小，可用左手的拇指和食指握住锉刀的前端，以引导锉刀水平移动。
3. 锉削时因始终保持锉刀水平移动，因此要特别注意两手的施力变化。开始推进锉刀时，左手压力大右手压力小，锉刀推到中间位置时，两手的压力大致相等，再继续推进锉刀，左手的压力逐渐减小，右手压力逐渐增大，以防止工件两头凹陷。
4. 回锉时，锉刀要轻离工件，不加压力。

图3-53　锉刀结构示意图
1—锉柄；2—锉齿

5. 粗锉时，可采用交叉锉法，就是将锉刀横向、纵向交替锉削。
6. 锉圆形工件时，要有微转动作，由上而下在锉刀向前动作时，左手慢慢升高，右手慢慢降低。

(三) 检查清理
1. 将锉刀铁屑清理干净。
2. 清理现场，收好工具、用具。

五、不安全行为

1. 未按照 HSE 要求正确穿戴劳动保护用品。
2. 口吹铁屑。
3. 手摸带铁屑的锉刀面。

项目九　拉马的使用

一、操作目的

拉马的使用是采油工必须掌握的一项操作技能。主要目的是正确、熟练使用拉马拆卸各种圆盘、法兰、齿轮、轴承、皮带轮、飞轮等牢固件，为维修提供方便。

二、操作流程

准备工作──→安装拉马──→拔卸皮带轮──→拆卸拉马──→清理现场。

三、准备工作

(一) 项目操作人员及劳保要求
1. 操作人员 2 人，持有中级及以上职业资格证。
2. 按照 HSE 要求正确穿戴劳动保护用品。
3. 女工不得长发外露。
(二) 安全风险识别及风险控制措施
安全风险：
1. 钩爪未抓牢所拉物体，滑出掉落造成人身伤害。
2. 工具使用不当，飞出造成人身伤害。
风险控制措施：
1. 钩爪必须抓牢所拉物体才能旋转丝杠。
2. 正确使用工具，卡位合适，用力均匀。
操作前先学习操作步骤，操作中应严格按照采油工标准化操作程序进行。
(三) 工具、用具、材料
合适拉马 1 个，375mm 活动扳手 1 把，1000mm 撬杠 1 根，手钳子 1 把，2 号铁丝适量，黄油，擦布。

四、操作步骤

以拆卸抽油机电动机皮带轮为例对拉马的正确使用进行说明。

第三章　仪器仪表、自动化系统及常用工具、用具的日常标准操作项目

（一）安装拉马

1. 按抽油机停抽标准化操作规程停抽，拉闸断电，刹紧刹车。
2. 松电动机固定螺栓及顶丝，拆下电动机轮皮带。
3. 检查拉马拉力链（板）的螺母是否上紧，拉力爪是否灵活好用，拉马结构如图3-54所示。

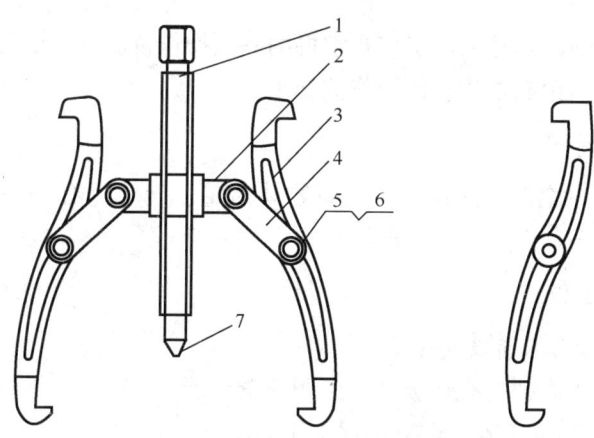

图3-54　拉马结构示意图
1—加力丝杠；2—支架；3—拉力爪；4—拉力链（板）；5—螺栓；6—螺母；7—顶尖

4. 旋转加力丝杠后退，将加力丝杠顶尖定位于轴端顶尖孔调整拉爪位置，使拉力爪挂钩于皮带轮外边缘，用手转动加力丝杠，使其受力。

（二）拔卸皮带轮

1. 将拉马3个拉力爪用铁丝捆绑牢固。
2. 把撬杠穿入拉力爪与电动机轴之间，别在设备基础上，使其卡住拉马至不能旋转。
3. 使用扳手卡住加力丝杠方棱处，慢慢旋转加力丝杠，逐渐拔出皮带轮。
4. 当皮带轮即将拔出时，抽出撬杠，一人托住皮带轮，另一人继续紧加力杠，一同取下皮带轮和拉马。

（三）拆卸拉马

1. 使用手钳子将铁丝拆除，旋转拉力丝杠，移开拉力爪，脱离皮带轮。
2. 检查拉马加力丝杠螺纹、拉力链（板）螺栓有无损坏，收拾擦拭拉马。

（四）清理现场

清理现场，收好工具、用具。

五、不安全行为

1. 未按HSE要求正确穿戴劳动保护用品。

2. 拆卸皮带轮时未固定拉马三爪。
3. 取拉马及皮带轮时未抓牢固。

项目十　螺旋千斤顶的使用

一、操作目的

螺旋千斤顶的使用是采油工应当掌握的一项操作技能。主要目的是正确使用螺旋千斤顶短距离顶起重物，便于作业施工。

二、操作流程

准备工作——→检查千斤顶——→估算物体质量、确定重心——→旋起螺旋千斤顶——→落下螺旋千斤顶——→清理现场。

三、准备工作

（一）项目操作人员及劳保要求

1. 操作人员 1 人，持有初级及以上职业资格证。
2. 按照 HSE 要求正确穿戴劳动保护用品。
3. 女工不得长发外露。

（二）安全风险识别及风险控制措施

安全风险：

1. 保养不到位，造成伤人。
2. 超载工作。
3. 操作时剧烈振动造成伤人。

风险控制措施：

1. 经常保持千斤顶表面清洁，定期检查内部结构是否完好，使摇杆内小齿轮灵活可靠、升降自如。
2. 操作前必须估算物体质量，选用适当吨位的千斤顶，不能超载工作。
3. 操作中升降重物时要缓慢平稳，不能出现剧烈振动，以防倒塌伤人。

操作前先学习操作步骤，操作中应严格按照采油工标准化操作程序进行。

（三）工具、用具、材料

螺旋千斤顶 1 台，重物工件若干，枕木若干，擦布。

四、操作步骤

（一）检查千斤顶

1. 检查千斤顶各部件是否灵活、好用，其结构如图 3-55 所示。
2. 加注润滑油。

第三章　仪器仪表、自动化系统及常用工具、用具的日常标准操作项目

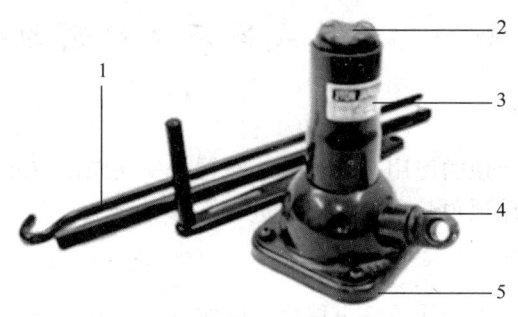

图 3-55　螺旋千斤顶结构示意图
1—手柄；2—螺杆；3—升降套筒；4—棘轮组；5—底座

（二）估算物体质量、确定重心

1. 估算重物的质量，选用适当吨位的千斤顶。
2. 确定物体的重心，选取好千斤顶的着力点，平稳放置千斤顶。
3. 遇到松软地面时，垫上坚硬的枕木，防止起重时发生歪斜倾倒现象。

（三）旋起螺旋千斤顶

1. 在被顶物的下方垫上枕木，将千斤顶放在枕木上，根据被顶物的高低，调整枕木的数量。
2. 使用时调整摇杆上的撑牙，先用手直接按顺时针方向转动摇杆，使升降套筒快速上升顶住重物。
3. 将手柄插入摇杆孔内，上下往返搬动手柄，重物随之上升。当升降套筒上出现红色警戒线时应该立即停止扳动手柄。

（四）落下螺旋千斤顶

下降时将撑牙调至反方向，转动摇杆使重物开始下降，将重物放下，从被顶物的下方取出千斤顶和枕木。

（五）清理现场

清理现场，收拾工具、用具。

五、不安全行为

1. 未按照 HSE 要求正确穿戴劳动保护用品。
2. 超载工作。
3. 升降重物时振动严重。
4. 枕木放置不牢固。

项目十一　一体式液压千斤顶的使用

一、操作目的

一体式液压千斤顶的使用是采油工应掌握的一项操作技能。主要目的是正确使用一体式液压千斤顶顶起重物,以便进行维修操作。

二、操作流程

准备工作──→检查千斤顶──→估算物体质量、确定重心──→起重物体──→放下物体──→清洁保养。

三、准备工作

(一)项目操作人员及劳保要求

1. 操作人员1人,持有初级及以上职业资格证。
2. 按照HSE要求正确穿戴劳动保护用品。
3. 女工不得长发外露。

(二)安全风险识别及风险控制措施

安全风险:
1. 千斤顶放置不平稳,造成人身伤害。
2. 超高超载使用不当,造成人身伤害。
3. 操作时泄压过快,造成人身伤害。

风险控制措施:
1. 平稳放置千斤顶,垫好枕木。
2. 选用合适的千斤顶。
3. 操作平稳,不能出现剧烈振动。

操作前先学习操作步骤,操作中应严格按照采油工标准化操作程序进行。

(三)工具、用具、材料

液压式千斤顶1台,重物工件若干,枕木若干,擦布。

四、操作步骤

(一)检查千斤顶

1. 使用前必须检查千斤顶各部件是否灵活好用,其结构如图3-56所示。
2. 检查活塞等是否漏油。
3. 检查大油缸的油量是否充足。
4. 检查螺杆螺纹是否完好。

(二)估算物体质量、确定重心

1. 正确估计重物的质量,选用适当吨位的千斤顶,切忌超载使用。

第三章　仪器仪表、自动化系统及常用工具、用具的日常标准操作项目

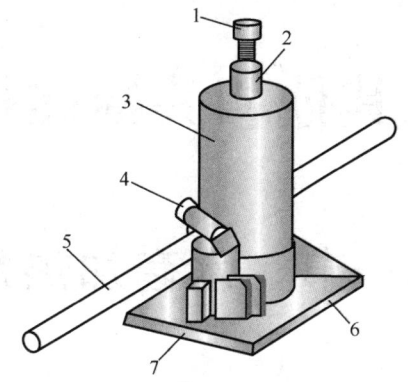

图 3-56　液压千斤顶结构示意图
1—调节螺杆；2—大活塞；3—液压缸；4—打压泵；5—加力杠；6—底座；7—回油阀

2. 确定物体的重心，选取好千斤顶的着力点，平稳放置千斤顶。

3. 遇到松软地面时，垫上坚硬的枕木，以防起重时发生歪斜倾倒。

（三）起重物体

1. 用手柄的开槽端套入回油阀螺杆，按顺时针方向旋转，关闭回油阀。

2. 在被顶物的下方垫上枕木，将千斤顶放在枕木上，根据被顶物的高低，调整枕木的数量。

3. 按逆时针方向旋出调节螺杆，使之接触到被顶物。

4. 将手柄插入小活塞压把孔中，上下缓慢往复压动手柄，大活塞向上伸出，被顶物就会渐渐升起。

（四）放下物体

1. 用手柄的开槽端套入回油阀螺杆，按逆时针方向旋转，缓慢打开回油阀，被顶物就会慢慢下降。

2. 按顺时针方向旋进调节螺杆，脱离被顶物。

3. 从被顶物的下方取出千斤顶。

（五）清洁保养

1. 清洁千斤顶。

2. 清理现场，收拾工具、用具。

五、不安全行为

1. 未按照 HSE 要求正确穿戴劳动保护用品。

2. 枕木放置不牢固。

3. 打开回油阀时泄压过快，升降重物时振动严重。

4. 未垂直使用液压千斤顶。

第四章 其他相关标准操作项目

第一节 水套加热炉

项目一 水套加热炉的检查操作

一、操作目的

水套加热炉的检查操作是采油工必须掌握的一项操作技能,主要目的是检查发现水套加热炉在生产过程中出现的问题并及时处理,确保水套加热炉能正常运行,保证原油的正常加热。

二、操作流程

准备工作──→检查燃烧及排烟情况──→检查进口温度、出口温度和压力──→检查水位及各安全配件──→检查炉体情况──→检查流程。

三、准备工作

(一) 项目操作人员及劳保要求

1. 操作人员 1 人,持有初级及以上职业资格证。
2. 按照 HSE 要求正确穿戴劳动保护用品。
3. 女工不得长发外露。

(二) 安全风险识别及风险控制措施

安全风险:
1. 未正确使用和有序摆放工具、用具,造成人身伤害。
2. 未执行"三不点火"规定操作,造成烧伤。
3. 放空管线距火嘴过近,引燃放空气体,造成烧伤。
4. 供气管线泄漏,引起中毒。
5. 盘管穿孔跑油时,未执行应急预案,引起火灾、爆炸事故。
6. 水套加热炉缺水,导致炉膛烧塌。
7. 安全阀失灵,造成憋压、爆炸。

风险控制措施：
1. 正确选择使用工具、用具，并有序摆放。
2. 严格执行"三不点火"规定操作。
3. 按安全规定设置放空管线距离。
4.加强检查，发现问题及时处理。
5. 严格执行盘管穿孔跑油应急预案。
6. 确保水套加热炉内的水位在1/2~2/3之间。
7. 定期检查、校验安全阀。
操作前先学习操作步骤，操作中应严格按照采油工标准化操作程序进行。

（三）工具、用具、材料

250mm 活动扳手 1 把，F 形扳手 1 把，红外线测温仪 1 个，手钳子 1 把，点火钩 1 个，火种，棉纱，燃料，记录本，记录笔，擦布。

四、操作步骤

（一）检查燃烧及排烟情况

1. 检查水套加热炉燃烧是否正常，调风板调整是否合适，火焰是否呈橙红色。
2. 检查烟囱有无黑烟。

（二）检查进口温度、出口温度和压力

1. 检查进口温度、出口温度是否正常，出口温度不低于60℃。
2. 检查水套加热炉工作压力是否超过0.2MPa。

（三）检查水位及各安全配件

1. 检查水套加热炉液位计是否完好，水位是否在1/2~2/3之间。
2. 检查安全阀定压是否符合要求，安全阀是否灵活好用，是否在校验有效期内。
3. 检查压力表校验是否合格。
4. 检查加水漏斗是否完好、阀门开关是否灵活好用。
5. 检查烟囱绷绳松紧是否合适。

（四）检查炉体情况

1. 水套加热炉体外观有无锈蚀、变形。
2. 炉膛有无塌陷、变形。
3. 底座基础是否牢固，有无倾斜。

（五）检查流程

1. 检查水套加热炉进口流程、出口流程是否正确，有无渗漏。
2. 检查标识是否齐全完整。

五、不安全行为

1. 未按照 HSE 要求正确穿戴劳动保护用品。
2. 未按巡检要求检查。
3. 在下风口放空。
4. 连续放空。
5. 正对加热炉点火口点火。
6. 加热炉点火时先开气，后点火。

项目二　水套加热炉加水操作

一、操作目的

水套加热炉加水操作是采油工必须掌握的一项操作技能，主要目的是按正确加水方法给水套加热炉加足水，确保水套加热炉水位达到运行要求，保障水套加热炉正常运行。

二、操作流程

准备工作——调整炉火——检查配套设施——加水操作——调整炉火——清理现场。

三、准备工作

(一) 项目操作人员及劳保要求

1. 操作人员 2 人，持有中级及以上职业资格证。
2. 按照 HSE 要求正确穿戴劳动保护用品。
3. 女工不得长发外露。

(二) 安全风险识别及风险控制措施

安全风险：

1. 未正确使用和有序摆放工具、用具，造成人身伤害。
2. 水套加热炉缺水，导致炉膛烧塌。
3. 水套加热炉烧干，导致炉膛爆裂。
4. 未执行"三不点火"规定操作，造成烧伤。
5. 加水过程中，打开放空阀门前未观察周围环境。

风险控制措施：

1. 正确选择使用工具、用具，并有序摆放。
2. 确保水套加热炉内的水位在 1/2~2/3 之间。
3. 水套加热炉烧干，待冷却后加水。

4. 严格执行"三不点火"规定操作。

5. 在上风口侧身缓慢打开放空阀门。

操作前先学习操作步骤，操作中应严格按照采油工标准化操作程序进行。

(三) 工具、用具、材料

450mm 管钳 1 把，F 形扳手 1 把，加水罐车 1 辆，加水管线适量，手钳子 1 把，点火钩 1 个，火种，棉纱，燃料，擦布。

四、操作步骤

(一) 调整炉火

将水套加热炉炉火调小或关闭。

(二) 检查配套设施

1. 检查水套加热炉液位计是否完好。

2. 检查水套加热炉附件是否齐全、完好。

(三) 加水操作

1. 连接泵车加水管线。

2. 加水管线放置在加水漏斗内。

3. 侧身缓慢打开加热炉放空阀门泄压。

4. 侧身缓慢打开加水漏斗阀门。

5. 打开加水罐车放水阀门加水。

6. 观察液位计水位，水位控制在 1/2~2/3 之间。

7. 关闭加水罐车放水阀门，关闭加水漏斗阀门和放空阀门。

8. 拆卸加水管线。

(四) 调整炉火

按水套加热炉点炉标准化操作进行点火并调整炉火。

(五) 清理现场

清理现场，收拾工具、用具，填写报表。

五、不安全行为

1. 未按照 HSE 要求正确穿戴劳动保护用品。

2. 压力未泄净就加水。

3. 水套加热炉烧干后立即加水。

4. 在下风口放空。

5. 正对加热炉点火口点火。

6. 加热炉点火时先开气，后点火。

项目三　水套加热炉的点炉操作

一、操作目的

水套加热炉的点炉操作是采油工必须掌握的一项操作技能，主要目的是启运水套加热炉，加热油井产出物，降低原油黏度，降低回压，保证油井产出物正常输送。

二、操作流程

准备工作──→点炉前检查──→点炉──→倒流程──→检查──→清理现场。

三、准备工作

（一）项目操作人员及劳保要求

1. 操作人员1人，持有初级及以上职业资格证。
2. 按照 HSE 要求正确穿戴劳动保护用品。
3. 女工不得长发外露。

（二）安全风险识别及风险控制措施

安全风险：

1. 未正确使用和有序摆放工具、用具，造成人身伤害。
2. 未执行"三不点火"规定操作，造成烧伤。
3. 放空管线距火嘴过近，引燃放空气体造成烧伤。
4. 供气管线泄漏，引起中毒。

风险控制措施：

1. 正确选择使用工具、用具，并有序摆放。
2. 严格执行"三不点火"规定操作。
3. 按安全规定设置放空管线距离。
4. 按时巡检，发现管线泄漏及时处理。

操作前先学习操作步骤，操作中应严格按照采油工标准化操作程序进行。

（三）工具、用具、材料

375mm 活动扳手1把，F形扳手1把，运行标识牌1个，手钳子1把，点火钩1个，火种，棉纱，燃料，擦布。

四、操作步骤

（一）点炉前检查

1. 检查水套加热炉各部件及附件是否灵活好用，安全阀、压力表是否在校检有效期内。

2. 检查水套加热炉连接流程部件有无渗漏，倒通进、出口流程。
3. 检查水套加热炉内的水位是否在 1/2/~2/3 之间。
4. 检查供气阀门和流程有无漏气，阀门是否灵活好用。
5. 检查水套加热炉炉膛内有无余气和死油。

（二）点炉

1. 点炉时严格执行"三不点火"规定。
2. 打开望火孔和挡风板通风 3~5min，排出炉膛内的余气。
3. 关闭挡风板，人站在侧面上风口点炉。
4. 将棉纱缠在炉火勾上，沾上燃料，点燃后放入点火孔。
5. 侧身背对点火孔，缓慢打开供气阀门。
6. 点火后先调小火预热。
7. 调整挡风板，控制炉火。

（三）倒流程

1. 水套加热炉炉火调节正常后，关闭水套加热炉直通阀门。
2. 挂运行标识牌。

（四）检查

1. 检查水套加热炉火嘴的火焰燃烧情况。
2. 检查水套加热炉烟筒的排烟情况。
3. 检查水套加热炉进口温度、出口温度。
4. 检查水套加热炉进口压力、出口压力。

（五）清理现场

清理现场，收拾工具、用具，填写报表。

五、不安全行为

1. 未按照 HSE 要求正确穿戴劳动保护用品。
2. 未执行"三不点火"规定。
3. 正对加热炉点火口点火。
4. 加热炉点火时先开气，后点火。
5. 点炉时供气阀门开得过猛。
6. 水套加热炉内的水位未在 1/2~2/3 之间。

项目四 水套加热炉的停炉操作

一、操作目的

水套加热炉的停炉操作是采油工必须掌握的一项操作技能，主要目的是正确操作水套加热炉，使之安全平稳地停止运行。通常水套加热炉停炉是由于油井关井后炉温升高过快，关闭炉火可避免发生水套加热炉烧塌事故；或是夏季高温原油无须加热，停炉可以减少天然气的大量损耗。

二、操作流程

准备工作──→停炉前的检查──→停炉操作──→清理现场。

三、准备工作

（一）项目操作人员及劳保要求

1. 操作人员1人，持有初级及以上职业资格证。
2. 按照HSE要求正确穿戴劳动保护用品。
3. 女工不得长发外露。

（二）安全风险识别及风险控制措施

安全风险：

1. 未正确使用工具、用具，造成人身伤害。
2. 倒错流程，导致憋压、泄漏，造成污染和人身伤害。
3. 供气管线泄漏，引起中毒。
4. 停炉后立即关闭进口阀门、出口阀门，造成人身伤害。
5. 长时间停炉时未将盘管内的残余油气吹扫干净，造成盘管堵塞。

风险控制措施：

1. 正确选择使用工具、用具。
2. 正确倒流程并确认。
3. 加强检查，发现问题及时处理。
4. 停炉后，待盘管内液体冷却后关闭进口阀门、出口阀门。
5. 长时间停炉时将盘管内的残余油气吹扫干净。

操作前先学习操作步骤，操作中应严格按照采油工标准化操作程序进行。

（三）工具、用具、设备

F形扳手1把，停运标识牌1个，污油罐车1辆，擦布。

四、操作步骤

（一）停炉前的检查

停炉前检查水套加热炉的运行状况。

（二）停炉操作

1. 停炉时提前调小炉火，使炉膛内的温度下降。
2. 关闭供气阀门，使炉膛内的火焰熄灭。
3. 待炉温下降后，打开直通阀门，关闭水套加热炉进口阀门、出口阀门。

4. 停炉超过24h或冬季停炉超过4h，需将水放入罐车内，放净炉内余水。
5. 长时间停炉时要对管线进行扫线。
6. 挂好停运标识牌。

（三）清理现场

清理现场，收拾工具、用具，填写报表。

五、不安全行为

1. 未按照HSE要求正确穿戴劳动保护用品。
2. 正对阀门进行开关操作。
3. 停炉后立即关闭进口阀门、出口阀门。

项目五　水套加热炉安全阀的更换操作

一、操作目的

水套加热炉安全阀的更换操作是采油工必须掌握的一项操作技能，主要目的是保证安全阀合格、有效地工作，防止水套加热炉超压造成设备损坏，确保人身及设备安全。

二、操作流程

准备工作──→操作前检查──→停炉──→更换安全阀──→点炉──→清理现场。

三、准备工作

（一）项目操作人员及劳保要求

1. 操作人员2人，持有中级及以上职业资格证。
2. 按照HSE要求正确穿戴劳动保护用品。
3. 女工不得长发外露。

（二）安全风险识别及风险控制措施

安全风险：

1. 未正确使用和有序摆放工具、用具，造成人身伤害。
2. 未执行"三不点火"规定操作，造成烧伤。
3. 打开放空阀门排出高温气体，造成烫伤。
4. 供气管线泄漏，引起中毒。

风险控制措施：

1. 正确选择使用工具、用具，并有序摆放。
2. 严格执行"三不点火"规定操作。
3. 在上风口侧身缓慢打开放空阀门。

4. 按时巡检，及时发现、处理管线泄漏问题。

操作前先学习操作步骤，操作中应严格按照采油工标准化操作程序进行。

（三）工具、用具、材料

600mm 管钳 1 把，校验合格的安全阀 1 个，点火工具 1 套，密封带，擦布。

四、操作步骤

（一）操作前检查

1. 检查放空阀门开关是否灵活好用。
2. 检查新安全阀规格型号是否一致，参数是否符合水套加热炉要求，阀体是否完好。
3. 检查新安全阀铅封、螺纹是否完好，是否在有效期内。
4. 检查手动放压提把是否灵活好用。

（二）停炉

1. 停炉时提前调小炉火，使炉膛内温度下降。
2. 关闭供气阀门，使炉膛内火焰熄灭。

（三）更换安全阀

1. 打开炉体放空阀门，排净炉体内压力。
2. 卸掉不合格的安全阀，清理安装部位螺纹。
3. 将校验合格的安全阀缠上密封带后进行安装。
4. 关闭加热炉炉体放空阀门。

（四）点炉

1. 按水套加热炉点炉操作规程进行点炉，并调整炉火。
2. 检查水套加热炉运行是否正常。

（五）清理现场

清理现场，收拾工具、用具，填写报表。

五、不安全行为

1. 未按照 HSE 要求正确穿戴劳动保护用品。
2. 未执行"三不点火"规定。
3. 正对加热炉点火口点火。
4. 加热炉点火时先开气，后点火。
5. 点炉时供气阀门开得过快。
6. 水套加热炉内的水位未在 1/2~2/3 之间。
7. 操作时站位不稳。

第二节 分气包

项目一 分气包运行检查

一、操作目的

分气包运行检查是采油工必须掌握的一项操作技能,主要目的是检查分气包在运行过程中是否正常、气管线中是否有分离水、系统压力是否符合运行要求等,保证分离出合格的天然气。

二、操作流程

准备工作──→检查流程──→检查压力表──→检查安全阀──→清理现场。

三、准备工作

(一) 项目操作人员及劳保要求

1. 操作人员1人,持有初级及以上职业资格证。
2. 按照 HSE 要求正确穿戴劳动保护用品。
3. 女工不得长发外露。

(二) 安全风险识别及风险控制措施

安全风险:

1. 未正确使用工具、用具,造成人身伤害。
2. 开关阀门操作不当,造成人身伤害。
3. 分气包超压运行引起爆炸或火灾,造成人身伤害。

风险控制措施:

1. 正确选择使用工具、用具。
2. 侧身缓慢开关阀门。
3. 合理控制分气包压力。

操作前先学习操作步骤,操作中应严格按照采油工标准化操作程序进行。

(三) 工具、用具、材料

250mm 活动扳手1把,擦布,记录本,记录笔。

四、操作步骤

(一) 检查流程

检查分气包流程是否正确,外观是否完好,配件是否齐全。

（二）检查压力表

1. 检查压力表的标签、铅封、表盘是否完好。
2. 记录压力值。
3. 关闭压力表控制阀门，打开放空阀门，放净压力。
4. 观察压力表指针是否落零，若指针归零则说明压力表完好，可继续使用，否则需进行更换。
5. 关闭放空阀门，打开压力表控制阀门。

（三）检查安全阀

1. 检查安全阀阀体是否完好，铭牌、标识是否在有效期内。
2. 检查安全阀铅封是否完好。

（四）清理现场

清理现场，收拾工具、用具，填写报表。

五、不安全行为

1. 未按照 HSE 要求正确穿戴劳动保护用品。
2. 未打开放空阀门泄压。
3. 跨越管线，造成摔伤。
4. 超压运行，造成气包憋压爆炸。
5. 正对阀门进行开关操作。

项目二　分气包的参数调整操作

一、操作目的

分气包的参数调整操作是采油工必须掌握的一项操作技能，主要目的是通过调整分气包的参数，确保分气包正常工作，从而保障加热炉的正常运行。

二、操作流程

准备工作——→判断分析卧式分离器液位及压力——→调节分气包控制阀门。

三、准备工作

（一）项目操作人员及劳保要求

1. 操作人员 1 人，持有初级及以上职业资格证。
2. 按照 HSE 要求正确穿戴劳动保护用品。
3. 女工不得长发外露。

（二）安全风险识别及风险控制措施

安全风险：

1. 未正确使用工具、用具,造成人身伤害。
2. 开关阀门操作不当,造成人身伤害。
3. 分气包超压运行,引起爆炸或火灾,造成人身伤害。

风险控制措施:
1. 正确选择使用工具、用具。
2. 侧身缓慢开关阀门。
3. 合理控制分气包压力。

操作前先学习操作步骤,操作中应严格按照采油工标准化操作程序进行。

(三) 工具、用具、材料

250mm活动扳手,擦布,记录本,记录笔。

四、操作步骤

(一) 判断分析卧式分离器液位及压力

1. 卧式分离器液位过高易引起气管线充油。
2. 卧式分离器压力高于气包承压,易造成爆炸危险。

(二) 调节分气包控制阀门

1. 确认分离器液位过高时,及时关闭分气包阀门,检查液位升高的原因,及时排除故障,防止液体进入气包。
2. 分离器压力超过气包承压时,应关闭气包进气阀门,检查压力升高的原因,及时排除故障,待压力正常时再打开。

五、不安全行为

1. 未按照HSE要求正确穿戴劳动保护用品。
2. 跨越管线,造成摔伤。
3. 用气量过大调节不及时,造成气管线充油。
4. 超压运行造成气包憋压爆炸。
5. 正对阀门进行开关操作。

项目三 分气包安全阀的更换操作

一、操作目的

分气包安全阀的更换操作是采油工必须掌握的一项操作技能,主要目的是保证安全阀合格、有效地工作,以便在系统压力达到设定压力时能够正常开启,对人身及设备起到保护作用。

二、操作流程

准备工作——→检查新安全阀——→倒流程——→更换安全阀——→恢复流程、记录压力──→清理现场。

三、准备工作

（一）项目操作人员及劳保要求

1. 操作人员2人，持有初级及以上职业资格证。
2. 按照 HSE 要求正确穿戴劳动保护用品。
3. 女工不得长发外露。

（二）安全风险识别及风险控制措施

安全风险：

1. 未正确使用和有序摆放工具、用具，造成人身伤害。
2. 开关阀门操作不当，造成人身伤害。
3. 带压操作造成人身伤害。
4. 跨越管线易造成摔伤。

风险控制措施：

1. 正确选择使用工具、用具，并有序摆放。
2. 侧身缓慢开关阀门。
3. 操作前必须放净压力。
4. 禁止跨越管线。

操作前先学习操作步骤，操作中应严格按照采油工标准化操作程序进行。

（三）工具、用具、材料

300mm 活动扳手2把，F 形扳手1把，撬杠1根，平刮刀1把，法兰垫片1个，校验合格的安全阀1个，黄油，擦布，记录本，记录笔。

四、操作步骤

（一）检查新安全阀

检查新安全阀规格型号是否一致，参数是否符合分气包要求，阀体是否完好，铅封是否完好，检验合格证是否在有效使用期内。

（二）倒流程

1. 侧身缓慢打开分气包直通阀门。
2. 侧身关闭分气包进口阀门。
3. 侧身关闭分气包出口阀门。
4. 侧身关闭分气包排气阀门。
5. 侧身缓慢打开放空阀门，放净压力。

（三）更换安全阀

1. 卸掉安全阀固定螺栓。
2. 取下安全阀，清理法兰面。

3. 将石棉垫片均匀涂抹黄油，居中放在法兰盘上。
4. 装上校验合格的安全阀，对角紧固螺栓。

（四）恢复流程、记录压力

1. 关闭放空阀门。
2. 打开出口阀门，缓慢打开进口阀门试压，不渗不漏为合格。
3. 关闭直通阀门。
4. 打开并控制排气阀门。
5. 记录压力值。

（五）清理现场

清理现场，收拾工具、用具，填写报表。

五、不安全行为

1. 未按照 HSE 要求正确穿戴劳动保护用品。
2. 未打开放空阀门泄压。
3. 跨越管线，造成摔伤。
4. 超压运行，造成气包憋压爆炸。
5. 正对阀门进行开关操作。

第三节　电加热器

项目一　井口电加热器巡回检查

一、操作目的

井口电加热器的巡回检查是采油工必须掌握的一项操作技能，主要目的是发现井口电加热器运行中的异常情况，如电加热器不工作、超负荷工作等问题，并及时处理，避免油井管线冻堵，确保油井正常生产。

二、操作流程

准备工作──→检查井口流程──→检查电路──→检查电加热器。

三、准备工作

（一）项目操作人员及劳保要求

1. 操作人员 1 人，持有初级及以上职业资格证。
2. 按照 HSE 要求正确穿戴劳动保护用品。

3. 女工不得长发外露。

(二) 安全风险识别及风险控制措施

安全风险：

1. 未正确使用工具、用具，造成人身伤害。

2. 电气设备操作不当，造成电击、灼伤伤害甚至死亡。

风险控制措施：

1. 正确选择使用工具、用具。

2. 接触电气设备前先用试电笔验电，戴绝缘手套侧身操作电气设备。

操作前先学习操作步骤，操作中应严格按照采油工标准化操作程序进行。

(三) 工具、用具、材料

试电笔1支，绝缘手套1副，F形扳手1把，擦布。

四、操作步骤

(一) 检查井口流程

检查井口流程是否正确，有无渗漏。

(二) 检查电路

1. 用试电笔检查井口电加热器控制柜外壳是否带电，控制柜结构如图4-1所示。

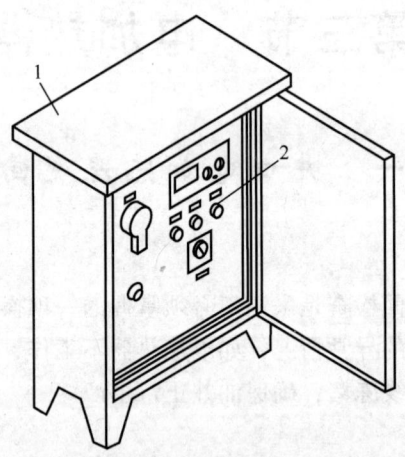

图4-1 井口电加热器控制柜示意图
1—控制柜；2—控制面板

2. 检查控制柜柜门开关是否灵活好用。

3. 打开控制柜门，检查内部有无灰尘、焦煳味。

4. 检查温控仪工作是否正常。

(三) 检查电加热器

1. 检查电加热器工作是否正常，出口温度是否高于40℃，电路有无老化现象。

2. 检查控制面板参数设置是否符合要求。

3. 检查电加热器接地是否正常无松动。

五、不安全行为

1. 未按照 HSE 要求正确穿戴劳动保护用品。

2. 接触电气设备前未用试电笔验电。

3. 未戴绝缘手套操作电气设备。

4. 未侧身操作电气设备。

项目二　井口电加热器的启停操作

一、操作目的

井口电加热器的启停操作是采油工必须掌握的一项操作技能，主要目的是通过启停井口电加热器，给井口出油管线加热，实现稠油降黏、设备加热维护，保证油井的正常生产。

二、操作流程

1. 启动井口电加热器操作流程：倒井口流程——→启动电加热器——→启动后检查。

2. 停止井口电加热器操作流程：停止电加热器——→倒井口流程——→清理现场。

三、准备工作

(一) 项目操作人员及劳保要求

1. 操作人员2人，持有初级及以上职业资格证。

2. 按照 HSE 要求正确穿戴劳动保护用品。

3. 女工不得长发外露。

(二) 安全风险识别及风险控制措施

安全风险：

1. 未正确使用工具、用具，造成人身伤害。

2. 电气设备操作不当，造成电击、灼伤伤害甚至死亡。

3. 开关阀门操作不当，造成人身伤害。

风险控制措施：

1. 正确选择使用工具、用具。
2. 接触电气设备前先用试电笔验电，戴绝缘手套侧身操作电气设备。
3. 侧身缓慢开关阀门。

操作前先学习操作步骤，操作中应严格按照采油工标准化操作程序进行。

（三）工具、用具、材料

试电笔1支，绝缘手套1副，F形扳手1把。

四、操作步骤

（一）井口电加热器的启动

1. 倒井口流程。
（1）检查井口流程有无渗漏，仪器仪表是否齐全、完好。
（2）检查电加热器接地是否正常无松动。
（3）侧身缓慢打开回压阀门、生产阀门。
（4）按油井开井操作规程开井。

2. 启动电加热器。
（1）用试电笔检查控制柜外壳是否带电。
（2）戴绝缘手套侧身合闸送电。
（3）将控制电路主开关拨通至"通"位置。
（4）按要求设定温控仪上限温度值、下限温度值。

3. 启动后检查。
（1）检查电压、电流是否稳定。
（2）检查温控仪工作是否正常。
（3）填写报表。

（二）井口电加热器的停止

1. 停止电加热器。
（1）用试电笔检查控制柜外壳是否带电。
（2）戴绝缘手套将控制电路主开关拨通至"关"位置。
（3）戴绝缘手套侧身拉闸断电。

2. 倒井口流程。
（1）侧身缓慢关闭生产阀门、回压阀门。
（2）按油井关井操作规程关井。

3. 清理现场。

清理现场，收拾工具、用具，填写报表。

五、不安全行为

1. 未按照 HSE 要求正确穿戴劳动保护用品。
2. 接触电气设备前未用试电笔验电。
3. 未戴绝缘手套操作电气设备。
4. 未侧身操作电气设备。
5. 正对阀门进行开关操作。

项目三　井口电加热器的参数调整

一、操作目的

井口电加热器的参数调整是采油工必须掌握的一项操作技能，主要目的是根据油井实际生产情况，合理调整井口电加热器的运行参数，达到降低原油黏度、保障油井正常生产的目的。

二、操作流程

准备工作——→调整上限和下限温度——→检查效果。

三、准备工作

（一）项目操作人员及劳保要求

1. 操作人员1人，持有初级及以上职业资格证。
2. 按照 HSE 要求正确穿戴劳动保护用品。
3. 女工不得长发外露。

（二）安全风险识别及风险控制措施

安全风险：

1. 未正确使用工具、用具，造成人身伤害。
2. 电气设备操作不当，造成电击、灼伤伤害甚至死亡。

风险控制措施：

1. 正确选择使用工具、用具。
2. 接触电气设备前先用试电笔验电，戴绝缘手套侧身操作电气设备。

操作前先学习操作步骤，操作中应严格按照采油工标准化操作程序进行。

（三）工具、用具、材料

试电笔1支，绝缘手套1副，记录本，记录笔。

四、操作步骤

（一）调整上限和下限温度

1. 用试电笔检查控制柜外壳，确认无电后，打开控制柜门。
2. 顺时针旋转上限设定旋钮，调高上限温度至合适；逆时针旋转上限设定旋钮，调低上限温度至合适，井口电加热器控制面板结构如图4-2所示。

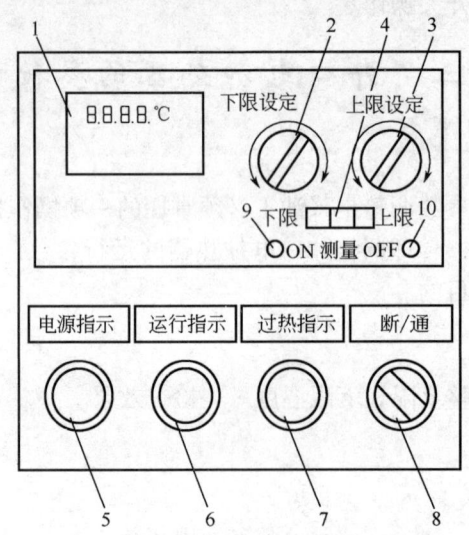

图4-2　井口电加热器控制面板示意图

1—显示屏；2—下限设定旋钮；3—上限设定旋钮；4—设定选择开关；5—电源指示灯；6—运行指示灯；7—过热指示灯；8—电源开关；9—设定状态ON指示灯；10—设定状态OFF指示灯

3. 顺时针旋转下限设定旋钮，调高下限温度至合适；逆时针旋转下限设定旋钮，调低下限温度至合适。
4. 记录显示温度，关好控制柜门。

（二）检查效果

电加热器运行稳定后，检查记录进口温度、出口温度，油井油管压力、回压。

五、不安全行为

1. 未按照HSE要求正确穿戴劳动保护用品。
2. 接触电气设备前未用试电笔验电。
3. 未戴绝缘手套操作电气设备。
4. 未侧身操作电气设备。

第四节 计量分离器

项目一 计量分离器更换液位计操作

一、操作目的

计量分离器更换液位计操作是采油工必须掌握的一项操作技能,主要目的是当计量分离器液位计由于损坏、爆裂、堵塞等问题而无法进行正常量油时,通过更换液位计,恢复计量分离器的量油功能。

二、操作流程

准备工作──→倒流程──→更换操作──→试压──→检查更换效果──→清理现场。

三、准备工作

(一) 项目操作人员及劳保要求

1. 操作人员 1 人,持有中级及以上职业资格证。
2. 按照 HSE 要求正确穿戴劳动保护用品。
3. 女工不得长发外露。

(二) 安全风险识别及风险控制措施

安全风险:

1. 未正确使用和有序摆放工具、用具,造成人身伤害。
2. 倒错流程,导致憋压、泄漏,造成污染和人身伤害。
3. 操作前未放空,造成人身伤害。
4. 操作前未通风,造成人身伤害。

风险控制措施:

1. 正确选择使用工具、用具,并有序摆放。
2. 正确倒流程并确认。
3. 操作前必须放净压力。
4. 操作前开窗通风。

操作前先学习操作步骤,操作中应严格按照采油工标准化操作程序进行。

(三) 工具、用具、材料

200mm、250mm 活动扳手各 1 把,100mm 平口螺丝刀 1 把,刮刀 1 把,相同规格液位计 1 套,密封垫片 2 个,污油桶,擦布,黄油,红色贴纸。

四、操作步骤

(一) 倒流程

1. 关闭液位计下流阀门，关闭上流阀门。
2. 打开液位计放空阀门，将压力放净。

(二) 更换操作

1. 卸掉液位计上流法兰和下流法兰连接螺栓，取下旧液位计。
2. 清理法兰面，将新密封垫片均匀涂抹黄油并装好。
3. 安装新液位计，对角紧固法兰连接螺栓。
4. 标记量油标高。

(三) 试压

1. 关闭液位计放空阀门，稍开液位计上流阀门，试压。
2. 若不渗不漏，全开液位计上、下流阀门。

(四) 检查更换效果

倒一口正常生产井进行量油操作，检查更换液位计效果。

(五) 清理现场

清理现场，收拾工具、用具，填写报表。

五、不安全行为

1. 未按照 HSE 要求正确穿戴劳动保护用品。
2. 未打开放空阀门泄压。
3. 正对阀门进行开关操作。

项目二　计量分离器量油操作

一、操作目的

计量分离器量油操作是采油工必须掌握的一项操作技能，其目的是员工通过熟练操作计量分离器，对油气井产量进行计量，取全取准油气井基础资料。

二、操作流程

准备工作——倒流程——量油测气——恢复流程——计算——清理现场。

三、准备工作

(一) 项目操作人员及劳保要求

1. 操作人员 1 人，持有初级及以上职业资格证。
2. 按照 HSE 要求正确穿戴劳动保护用品。
3. 女工不得长发外露。

（二）安全风险识别及风险控制措施

安全风险：

1. 开关阀门操作不当，造成人身伤害。

2. 倒错流程，导致憋压、泄漏，造成污染和人身伤害。

3. 排液不及时，安全阀泄压，造成环境污染。

4. 操作前未通风，造成人身伤害。

风险控制措施：

1. 侧身缓慢开关阀门。

2. 正确倒流程并确认。

3. 及时排液。

4. 操作前开窗通风。

操作前先学习操作步骤，操作中应严格按照采油工标准化操作程序进行。

（三）工具、用具、材料

2m钢卷尺1把，秒表，计算器，擦布，记录本，记录笔。

四、操作步骤

（一）准备工作

1. 核实计量分离器的量油标高。

2. 掺水井提前15min关闭掺水。

（二）倒流程

1. 打开计量分离器液位计上流阀门、下流阀门，观察液位计，判断分离器内原油液面情况。

2. 打开计量分离器出口阀门、进口阀门、气平衡阀门。

3. 打开单井计量阀门，关闭单井进集油干线阀门。

（三）量油测气

1. 观察液位计液面在下标线以下时，关闭计量分离器出口阀门，液位计液面上升到下标线时开始计时，并记录气表底数，当液面与上标线重合时再记下时间，并记下气表底数，两次的时间差即为一次量油时间，两次气表底数的差为一次测气量，观察液面时视线、标线、液面符合"三点一线"原则。

2. 打开计量分离器出口阀门，关气平衡阀门压液面。

3. 液面下降至液位计下标线以下时，关闭计量分离器出口阀门，开气平衡阀门，重复量油操作。

4. 根据油井产液量确定量油次数，计算出量油平均时间。

（四）恢复流程

1. 量油完毕后，打开计量分离器出口阀门，关闭气平衡阀门，将液面排至下标线以下。

2. 打开单井进集油干线阀门，关闭单井计量阀门。

3. 关闭计量分离器进口阀门、出口阀门。

4. 关闭液位计下流阀门、上流阀门。

5. 掺水井打开掺水阀门。

（五）计算

按公式计算出日产液量和日产气量：

日产液量=量油常数÷量油平均时间(s)。

日产气量=(气表测气后底数-气表测气前底数)÷测气时间(min)×1440。

（六）清理现场

清理现场，收拾工具、用具，填写报表。

五、不安全行为

1. 未按照HSE要求正确穿戴劳动保护用品。

2. 正对阀门进行开关操作。

3. 量油时离开量油现场。

项目三　计量分离器安全阀的更换操作

一、操作目的

计量分离器安全阀的更换操作是采油工必须掌握的一项操作技能，主要目的是保证安全阀合格、有效工作，防止计量分离器超压造成设备损坏，确保人身及设备安全。

二、操作流程

准备工作——检查新安全阀——泄压——卸旧安全阀——装新安全阀——倒流程试压——清理现场。

三、准备工作

（一）项目操作人员及劳保要求

1. 操作人员2人，持有中级及以上职业资格证。

2. 按照HSE要求正确穿戴劳动保护用品。

3. 女工不得长发外露。

（二）安全风险识别及风险控制措施

安全风险：

1. 未正确使用和有序摆放工具、用具，造成人身伤害。

2. 倒错流程，导致憋压、泄漏，造成污染和人身伤害。
3. 操作前未放空，造成人身伤害。
4. 高处作业时抛掷工具及配件，造成落物伤人。
5. 操作前未通风，造成人身伤害。

风险控制措施：
1. 正确选择使用工具、用具，并有序摆放。
2. 正确倒流程并确认。
3. 操作前必须放净压力。
4. 高处作业时严禁抛掷工具及配件。
5. 操作前开窗通风。

操作前先学习操作步骤，操作中应严格按照采油工标准化操作程序进行。

（三）工具、用具、材料

250mm、300mm 活动扳手各 1 把，F 形扳手 1 把，200mm 平口螺丝刀 1 把，刮刀 1 把，500mm 撬杠 1 根，石棉垫片 2 个，校检合格安全阀 1 个，黄油，擦布。

四、操作步骤

（一）检查新安全阀

检查新安全阀规格型号是否一致，参数是否符合计量分离器要求，阀体是否完好，铅封是否完好，检验合格证是否在有效使用期内。

（二）泄压

1. 检查确认计量分离器进口阀门、出口阀门、气平衡阀门是否关闭。
2. 打开计量分离器底排污阀门泄压，将压力放净。

（三）卸旧安全阀

1. 卸掉安全阀泄压管线连接螺栓。
2. 卸掉安全阀固定螺栓。
3. 取下旧安全阀。

（四）装新安全阀

1. 清理法兰面，将垫片均匀涂抹黄油并安放到法兰面上。
2. 安装新安全阀，对角上紧螺栓。

（五）倒流程试压

1. 关闭计量分离器底排污阀门。
2. 打开气平衡阀门。
3. 打开液位计上流阀门、下流阀门。
4. 补充计量分离器底水。

5. 打开计量分离器进口阀门。
6. 倒一口油井进计量分离器。
7. 计量分离器压力恢复正常后,观察安全阀及法兰面是否不渗不漏。
8. 将油井倒回集油干线生产。
9. 打开计量分离器出口阀门,关闭气平衡阀门,观察液位计液面下降到下标线以下时,关闭计量分离器出口阀门、进口阀门。
10. 关闭液位计上流阀门、下流阀门。

(六) 清理现场

清理现场,收拾工具、用具,填写报表。

五、不安全行为

1. 未按照 HSE 要求正确穿戴劳动保护用品。
2. 未打开放空阀门泄压。
3. 正对阀门进行开关操作。
4. 操作时站位不稳。

项目四 计量分离器冲砂操作

一、操作目的

计量分离器冲砂操作是采油工必须掌握的一项操作技能,主要目的是清理计量分离器底部沉砂,保证计量分离器的正常运行。

二、操作流程

准备工作──→倒流程──→憋压──→冲砂──→补底水──→恢复流程──→清理现场。

三、准备工作

(一) 项目操作人员及劳保要求

1. 操作人员 2 人,持有中级及以上职业资格证。
2. 按照 HSE 要求正确穿戴劳动保护用品。
3. 女工不得长发外露。

(二) 安全风险识别及风险控制措施

安全风险:

1. 未正确使用工具、用具,造成人身伤害。
2. 倒错流程,导致憋压、泄漏,造成污染和人身伤害。

风险控制措施:

1. 正确选择使用工具、用具。
2. 正确倒流程并确认。
操作前先学习操作步骤，操作中应严格按照采油工标准化操作程序进行。
（三）工具、用具、材料
F形扳手1把。

四、操作步骤

（一）倒流程
1. 打开计量分离器出口阀门、进口阀门，观察仪表是否正常。
2. 关闭液位计下流阀门、上流阀门。
（二）憋压
1. 找一口高含水油井倒入计量分离器。
2. 关闭计量分离器出口阀门、气平衡阀门，憋压至0.4~0.6MPa。
（三）冲砂
1. 缓慢打开计量分离器底排污阀门进行冲砂。
2. 按上述步骤重复操作3~5次。
3. 当计量分离器底排污出口处无脏物，压力降为零时，冲砂完毕，关底排污阀门。
4. 将高含水油井倒回集油干线。
（四）补底水
1. 打开气平衡阀门。
2. 打开液位计上流阀门、下流阀门。
3. 补充计量分离器底水。
（五）恢复流程
1. 关闭计量分离器进口阀门、气平衡阀门。
2. 关闭液位计下流阀门、上流阀门。
（六）清理现场
清理现场，收拾工具、用具，填写报表。

五、不安全行为

1. 未按照HSE要求正确穿戴劳动保护用品。
2. 正对阀门进行开关操作。

项目五 计量核产车量油操作

一、操作目的

计量核产车量油操作是采油工应当掌握的一项操作技能，主要目的是用计量核产车在油井井口录取油气产量,与油井远程计量结果进行核实,使油井产量计量值更接近实际生产值。

二、操作流程

准备工作──→检查核产车──→连接量油管线──→量油测气──→恢复流程──→计算产液量──→清理现场。

三、准备工作

(一) 项目操作人员及劳保要求

1. 操作人员2人,持有中级及以上职业资格证。
2. 按照HSE要求正确穿戴劳动保护用品。
3. 女工不得长发外露。

(二) 安全风险识别及风险控制措施

安全风险:

1. 未正确使用和有序摆放工具、用具,造成人身伤害。
2. 倒错流程,导致憋压、泄漏,造成污染和人身伤害。
3. 操作前未放空,造成人身伤害。
4. 开关阀门时操作不当,造成人身伤害。

风险控制措施:

1. 正确选择使用工具、用具,并有序摆放。
2. 正确倒流程并确认。
3. 操作前必须放净压力。
4. 侧身缓慢开关阀门。

操作前先学习操作步骤,操作中应严格按照采油工标准化操作程序进行。

(三) 工具、用具、材料

核产车1台,600mm管钳1把,F形扳手1把,快速阀扳手1把,300mm、375mm活动扳手各1把,连接短节2个,污油桶,生料带,秒表,计算器,擦布,记录本,记录笔。

四、操作步骤

(一) 检查核产车

1. 检查核产车配件是否齐全,阀门开关是否灵活好用。
2. 检查连接管线有无破损,接头是否完好。
3. 检查核实分离器的量油标高。
4. 连接好接地线。

(二) 连接量油管线

1. 关闭非生产一侧的生产阀门,放空后卸掉压力表或压力变送器。

2. 卸下补心，装上短节，连接好核产车分离器进口管线。

3. 将核产车分离器出口连接在井口核产阀门上。

4. 关闭核产车分离器进出口短节上的放空阀门。

（三）量油测气

1. 打开分离器出口阀门、进口阀门、气平衡阀门。

2. 打开出口流程管线上的核产阀门，打开进口生产阀门，关闭生产侧生产阀门。

3. 分离器内压力与生产压力持平后，开液位计上流阀门、下流阀门，关分离器出口阀门，进行计量。

4. 观察液面到液位计下标线时开始计时，并记录气表底数，当液面与上标线重合时再记下时间，并记下气表底数，两次的时间差即为一次量油时间，两次气表底数的差为一次测气量，观察液面时视线、标线、液面符合"三点一线"原则。

5. 打开分离器出口阀门，关闭气平衡阀门，将分离器内液体排出，液面排到下标线以下时，关闭出口阀门，开气平衡阀门，重复量油操作。

6. 根据油井产液量确定量油次数，计算出量油平均时间。

（四）恢复流程

1. 量油完毕，打开分离器出口阀门，关闭气平衡阀门，将液面排至下标线以下。

2. 打开正常生产侧的生产阀门，关闭非生产侧的生产阀门，关闭井口核产阀门。

3. 关闭分离器的进口阀门、出口阀门，关闭液位计下流阀门、上流阀门。

4. 打开进口连接短节放空阀门和出口连接短节放空阀门，放净余压。

5. 拆卸进出口连接管线和短节。

6. 安装好非生产一侧的补心、压力表或压力变送器。

7. 拆掉接地线。

（五）计算产液量

按公式计算出日产液量和日产气量：

日产液量=量油常数÷量油平均时间（s）。

日产气量=（气表测气后底数-气表测气前底数）÷测气时间（min）×1440。

（六）清理现场

清理现场，收拾工具、用具，填写报表。

五、不安全行为

1. 未按照 HSE 要求正确穿戴劳动保护用品。

2. 未打开放空阀门泄压。
3. 正对阀门进行开关操作。
4. 量油时离开量油现场。

第五节　灭火器的使用

项目一　干粉灭火器的使用

一、操作目的

干粉灭火器的使用是采油工必须掌握的一项操作技能,主要目的是让采油工正确、熟练地操作干粉灭火器,及时扑灭固态及液态可燃物等的初期火情。

二、操作流程

准备工作——→灭火器适用范围——→检查——→灭火步骤——→清理现场。

三、准备工作

(一) 项目操作人员及劳保要求
1. 操作人员1人,持有初级及以上职业资格证。
2. 按照HSE要求正确穿戴劳动保护用品。
3. 女工不得长发外露。

(二) 安全风险识别及风险控制措施
安全风险:
1. 灭火时离火太近,造成人身伤害。
2. 可燃物燃烧时产生有毒、有害物质。
风险控制措施:
1. 灭火时要保持一定的安全距离。
2. 判明火情,有相应火灾应急措施。
操作前先学习操作步骤,操作中应严格按照采油工标准化操作程序进行。

(三) 工具、用具、材料
干粉灭火器1个。

四、操作步骤

(一) 灭火器适用范围
手提储压式干粉灭火器的主要成分是磷酸铵盐干粉,它适用于扑救石油及其制品、可燃液体、易燃液体、可燃气体和电气设备的初期火灾等，即适用于扑救 A 类、B 类和 C 类火灾，故称之为 ABC 类干粉灭火器。

（二）检查

1. 检查安全插销和铅封是否完好无变形。
2. 检查灭火器筒体是否有锈蚀、变形现象。
3. 检查灭火器压力表的外表面是否变形、损伤，指针是否指在绿区。
4. 检查灭火器压把、阀体等金属件是否有严重损伤、变形、锈蚀等影响使用的缺陷。
5. 检查喷筒等橡胶、塑料件是否变形、变色、老化或断裂。
6. 检查喷嘴是否变形、开裂、损伤。
7. 检查喷射软管是否畅通，是否变形、损伤和堵塞。
8. 检查灭火器是否在有效期内。

（三）灭火步骤

1. 将灭火器提到火场，置于上风口方向，在距燃烧物 5m 左右，放下灭火器，拔掉铅封和保险销。
2. 距火源约 2m 处，左手握着胶管喷头对准火焰的根部，右手压下压把，左右扫射，并向前推进，将火扑灭。
3. 当手放松时，压把受弹力作用恢复原位，阀门封闭，喷射停止，如果遇零星小火时，可重复开启灭火器阀门，以点射方式灭火。
4. 如被扑救的液体火灾呈流淌燃烧时，应对准火焰根部由近而远，并左右扫射，直至把火焰全部扑灭。
5. 如果可燃液体在容器内燃烧，使用者应对准火焰根部左右晃动扫射，使喷射出的干粉流覆盖整个容器开口表面。当火焰被赶出容器时，使用者应继续喷射，直至将火焰全部扑灭。
6. 在扑救容器内可燃液体火灾时，应注意不能将喷嘴直接对准液体表面喷射，防止喷流的冲击力使可燃液体喷出而扩大火势，造成灭火困难。
7. 如果可燃液体在金属容器内燃烧时间过长，容器壁温已高于被扑救可燃液体的自燃点，此时极易造成灭火后复燃的现象，可与泡沫类灭火器联用，灭火效果更佳。

（四）清理现场

1. 灭火后检查有无火灾再次发生的隐患，确保灭火的彻底性。
2. 清理现场，收拾工具、用具，收回灭火器。

五、不安全行为

1. 站在下风口灭火。

2. 灭火时距燃烧物太近。

3. 灭火时对起火燃烧物的有毒、有害情况不明。

项目二　二氧化碳灭火器的使用

一、操作目的

二氧化碳灭火器的使用是采油工必须掌握的一项操作技能，主要目的是让采油工正确、熟练地操作二氧化碳灭火器，及时扑灭仪器、仪表及各类文件档案等出现的初期火情。

二、操作流程

准备工作──→检查──→灭火步骤──→清理现场。

三、准备工作

（一）项目操作人员及劳保要求

1. 操作人员1人，持有初级及以上职业资格证。

2. 按照 HSE 要求正确穿戴劳动保护用品。

3. 女工不得长发外露。

（二）安全风险识别及风险控制措施

安全风险：

1. 灭火时离火太近，造成人身伤害。

2. 灭火时站在下风口，造成人身伤害。

3. 可燃物燃烧时产生有毒、有害物质。

4. 灭火时，手未握住胶木柄，造成冻伤。

风险控制措施：

1. 灭火时要保持一定的安全距离。

2. 站在上风口灭火。

3. 判明火情，有相应火灾应急措施。

4. 灭火时，手一定要握住胶木柄，以防止冻伤。

操作前先学习操作步骤，操作中应严格按照采油工标准化操作程序进行。

（三）工具、用具、材料

二氧化碳灭火器1个，防冻手套1副。

四、操作步骤

以鸭嘴式二氧化碳灭火器为例进行操作。

（一）检查

1. 检查安全插销和铅封是否完好无变形。

2. 检查灭火器筒体是否有锈蚀、变形现象。
3. 检查灭火器压力表的外表面是否变形、损伤，指针是否指在绿区。
4. 检查灭火器压把、阀体等金属件是否有严重损伤、变形、锈蚀等影响使用的缺陷。
5. 检查喷筒等橡胶、塑料件是否变形、变色、老化或断裂。
6. 检查喷嘴是否变形、开裂、损伤。
7. 检查喷射软管是否畅通、是否变形、损伤和堵塞。
8. 检查灭火器是否在有效期内。

（二）灭火步骤

1. 将灭火器提到火场，在距燃烧物 5m 左右，放下灭火器，拔出保险销。
2. 一手戴防冻手套，握住喇叭筒根部的手柄，另一只手紧握启闭阀的压把，置于上风口方向，在距火源约 2m 处开始喷射。
3. 对没有喷射软管的二氧化碳灭火器，应把喇叭筒往上扳 70°~90°，使用时不能直接用手抓住喇叭筒外壁，防止手被冻伤。
4. 灭火时，当可燃液体呈流淌状燃烧时，应将二氧化碳喷流由近而远向火焰喷射。
5. 如果可燃液体在容器内燃烧时，应将喇叭筒提起，从容器的一侧上部向燃烧的容器中喷射，但不能将二氧化碳喷流直接冲击在可燃液面上，以防止可燃液体冲出容器而扩大火势，造成灭火困难。

（三）清理现场

1. 灭火后检查有无火灾再次发生的隐患，确保灭火的彻底性。
2. 灭火器收好喇叭筒，插好保险销，回收备用。
3. 清理现场，收拾工具、用具。

五、不安全行为

1. 站在下风口灭火。
2. 灭火时距燃烧物太近。
3. 手抓喇叭筒外壁或金属连接管。
4. 使用二氧化碳灭火器灭火时二氧化碳喷到手上、身上，造成冻伤。
5. 对起火燃烧物的有毒、有害情况不明。
6. 在空气不通畅的环境条件下灭火，未及时通风。

参 考 文 献

［1］中国石油天然气集团公司职业技能鉴定指导中心. 采油工. 北京：石油出版社，2011.
［2］付宝祥，王桂云，施引萱. 仪表维修工. 2版. 北京：化学工业出版社，2008.